旱灾风险管理
理论、方法及应用

唐明　著

国家"973"计划课题（2003CB415206）
国家自然科学基金项目（50679068）
江西省水利厅科技项目（KT201128）
江西省教育厅重点项目（GJJ201901）

U0217598

www.waterpub.com.cn

· 北京 ·

内 容 提 要

本书系统阐述了旱灾、旱灾风险与旱灾风险管理的内涵；提出了旱灾风险分析的结构形式、主要任务与步骤，重点阐述了基于特征指标体系的旱灾风险分析与评价方法，并提出了基于风险传递机制的区域旱灾风险量化思路与方法。在此基础上，探讨了旱灾风险决策与抗旱资源配置等问题。最后，结合安徽省旱灾风险评估和干旱条件下南昌市水资源优化配置开展了案例研究。

本书可供从事旱灾管理和相关科研的工作者参考使用，也可作为水文与水资源工程、水务工程、应急管理等相关专业的学生参考用书。

图书在版编目（CIP）数据

旱灾风险管理理论、方法及应用 / 唐明著. -- 北京：
中国水利水电出版社，2023.12
ISBN 978-7-5226-2036-7

Ⅰ．①旱… Ⅱ．①唐… Ⅲ．①旱灾—风险管理—研究
Ⅳ．①P426.616

中国国家版本馆CIP数据核字(2023)第246102号

书　　名	旱灾风险管理理论、方法及应用 HANZAI FENGXIAN GUANLI LILUN FANGFA JI YINGYONG
作　　者	唐　明　著
出版发行	中国水利水电出版社 （北京市海淀区玉渊潭南路 1 号 D 座　100038） 网址：www.waterpub.com.cn E-mail：sales@mwr.gov.cn 电话：(010) 68545888（营销中心）
经　　售	北京科水图书销售有限公司 电话：(010) 68545874、63202643 全国各地新华书店和相关出版物销售网点
排　　版	中国水利水电出版社微机排版中心
印　　刷	清淞永业（天津）印刷有限公司
规　　格	184mm×260mm　16 开本　11.5 印张　280 千字
版　　次	2023 年 12 月第 1 版　2023 年 12 月第 1 次印刷
印　　数	0001—1500 册
定　　价	**78.00 元**

序

　　特殊的自然地理与气候条件，决定了我国是世界上干旱最为频发和旱灾最为严重的国家之一。干旱不仅对工农业生产造成影响，波及城乡居民生活用水安全，严重时还会给生态环境带来重大危害，影响经济社会可持续发展，是我国实现高质量发展过程中必须解决的重大问题之一。

　　我国政府高度重视防旱抗旱减灾工作，通过综合抗旱体系的建设，目前已基本形成工程措施和非工程措施相结合的综合抗旱减灾体系，基本具备了抗御中等干旱的能力，为保障我国经济社会稳定发展和人民安居乐业做出了巨大贡献。但是，我国在干旱应对方面存在的一些问题还没有根本解决，如：防旱意识不强，旱灾风险管理理念没有充分体现到日常旱灾管理当中；相关基础研究薄弱，缺乏一套较为科学合理的旱情、旱灾统计分析评价指标体系；等等。尤其是旱灾风险评估，作为旱灾风险管理的核心内容和关键环节，有关概念内涵、评估模型以及实践应用等都还处于探索阶段，国内外研究均处于起步阶段。

　　作者以灾害理论和风险科学为指导，从系统论的角度深入探讨了旱灾风险分析、评价和决策的理论与方法。系统阐述了旱灾、旱灾风险与旱灾风险管理的内涵；基于旱灾系统的构成与驱动机制，探讨了旱灾风险结构，明确了旱灾风险评估的内容，将其分成风险分析与风险评价两个阶段；重点研究了基于特征指标体系的旱灾风险分析方法与基于综合评价思想的旱灾风险评价方法。相关成果丰富了旱灾风险管理理论与方法，有助于推动防旱抗旱实践由危机管理向风险管理和常态管理相结合的管理模式的转变。

　　干旱传播是水循环的重要环节，理清干旱传播过程，揭示其动态变化规律，对加强流域水资源管理、建立旱灾预警系统具有重要影响，亦是水文水资源领域近年来的热门话题。令人高兴的是，作者也关注到这个方向，聚焦区域旱灾风险传递机制与评估技术瓶颈，阐述了区域旱灾风险的量化思路，构建了基于深度学习的旱灾灾情模糊识别模型，提出了基于干旱传递水平的旱灾风险测度理论与方法，解决了旱灾风险传递过程描述与定量计算问题。其技术路线合理避开了区域承灾体脆弱性曲线的推求，降低了问题复杂性，为情景模拟在区域旱灾中的应用提供了一个新的解决方案。

当前，我国已全面建成小康社会，开启了社会主义现代化新征程，社会经济发展对旱灾管理提出了更高的要求。希望从事旱灾管理的广大科技工作者，面向新要求，进一步加强旱情监测预报、旱灾风险评估、抗旱资源配置等理论方法的研究，全面提高我国防旱抗旱减灾的能力和水平，为保障国家粮食安全、饮水安全及生态安全贡献自己的力量。

　　是为序。

中国工程院院士

2023 年 10 月 5 日

于中国水利水电科学研究院

前 言

干旱是全球范围内频发的一种自然灾害，对社会经济发展的影响大、危害深，是最严重的自然灾害之一，也是世界各国共同关心的主题。受人类活动和全球气候变化的双重影响，我国干旱缺水问题日益突出。21世纪以来，全球气候变化与管理理念革新，推动旱灾风险管理成为自然灾害领域的研究热点。

旱灾系统是一个开放式复杂巨系统，旱灾风险管理的理论与方法亦是研究难点，目前依然存在不少问题亟待解决。首先，干旱和旱灾的成因复杂、影响广泛，尽管在旱灾系统组成方面，业界有了一定的共识，但是旱灾风险概念尚未完全统一；其次，由于旱灾系统存在高维、模糊、不确定等诸多特征，旱灾风险识别技术复杂，旱灾风险评估理论与方法还不完善；再次，旱灾风险决策理论应用研究较薄弱，在抗旱实践当中，决策者很难基于风险评估成果科学地配置各类抗旱资源。因此，以灾害理论和风险科学为指导，从系统论的角度深入探讨旱灾风险分析、评价和决策的理论与方法，对丰富与发展旱灾风险管理理论、指导防旱抗旱实践，具有重要的理论和实践价值。

本书的主要内容如下：

第一，系统阐述了旱灾、旱灾风险与旱灾风险管理的内涵；基于旱灾系统的构成与驱动机制分析，探讨了旱灾风险结构，明确了旱灾风险评估的内容，将其分成风险分析与风险评价两个阶段；并基于旱灾风险管理的本质，明确了旱灾风险管理的程序。

第二，提出了旱灾风险分析的结构形式；明确了旱灾风险分析的主要任务与步骤、旱灾风险结构特征指标体系的构建方法以及具体指标的筛选原则。重点研究了基于特征指标体系的旱灾风险分析方法，在介绍综合指数法、聚类分析法、多元函数拟合法等常规旱灾风险分析方法的基础上，分析了这些方法存在的主要问题，并针对性地提出了时空向量转换法、基于k-means聚类点的风险信息量化与分级方法、基于遗传程序设计的自动建模等改进的旱灾风险分析方法。

第三，针对目前普遍采用的基于综合评价思想的旱灾风险评价方法，作了较为深入的探讨。阐述了综合评价的内涵、适用场景以及常用方法与步骤。

在此基础上，分析了常规指标赋权类方法与常规突变评价法的缺陷，提出了基于突变理论的旱灾风险多准则评价法。既消除了常规指标赋权类评价方法的合成算子主观性问题，避免或减轻了常规突变评价法指标排序对评价结果的影响，又增加了突变评价结果的区分度，便于相关风险评价成果的后续利用。

第四，聚焦区域旱灾风险传递机制与评估技术瓶颈，解决了旱灾风险传递过程描述与定量计算问题。阐述了区域旱灾风险的量化思路，构建了基于深度学习的旱灾灾情模糊识别模型，提出了基于干旱传递水平的旱灾风险测度理论与方法，针对性地解决了当前区域旱灾风险量化面临的一些问题。

第五，阐述了旱灾风险决策的基本内容，旱灾风险控制的策略、手段与具体措施；重点研究了旱灾风险决策的核心工作——抗旱资源的配置，并依据大系统分解协调理论，构建了基于复合熵权的抗旱资源初始配置模型、子系统抗旱资源优化配置模型、抗旱资源配置总体协调模型，给出了相应的求解方法。

第六，结合安徽省的旱灾风险分析与评价和干旱条件下的南昌市水资源优化配置两个案例研究，验证了本书所提出的各种新方法的合理性。不论是在"综合评价"框架下提出的基于"时空向量"迭代转换的旱灾风险评价法，还是跳出"综合评价"框架提出的基于干旱传递水平的旱灾风险评价，都更加有利于相关风险评价结果在后续旱灾管理中的应用。

本书的旱灾风险管理理论框架与核心内容，形成于作者在武汉大学攻读博士期间，依托国家973子课题"流域水资源优化配置模型与方法"、国家自然科学基金"灌区水资源高效利用多维临界调控模型"（50679068）的研究，得到恩师武汉大学邵东国教授的精心指导，河海大学黄显峰副教授、武汉大学顾文权副教授等诸位同门，以及安徽省水利厅诸多老领导、老同事的大力支持，在此表达由衷的谢意！

在本书撰写过程中，作者主持完成了江西省水利厅科技项目"干旱条件下南昌市水资源合理分配方案研究"（KT201128）、江西省教育厅重点项目"基于干旱传递水平的旱灾风险测度理论与方法"（GJJ201901），对干旱条件下的南昌市水资源优化配置、基于干旱传递水平的旱灾风险评价方法进行了深入研究，进一步充实、完善了旱灾风险管理理论与方法。课题研究过程中，得到长江水利委员会杨丰顺博士、珠江水利科学研究院李旭东博士、河海大学博士生许文涛同学，以及江西省水利厅、南昌市水利局领导、同事的热心帮助，研究生张桓玮、曾燕林、王立凤、胡耀升等同学在文稿编辑整理过程中给予了大力协助，在此一并表示诚挚的谢意！同时，亦衷心感谢本书所引参考文献的作者们所做的大量工作！

由于作者水平有限，书中错误及不当之处难以避免，恳请读者批评指正。

作者

2023 年 9 月

于南昌工程学院

目　录

第1章 绪 论

1.1 研究背景

1.1.1 全球气候变化与旱灾发展

相关资料表明,近百年的气候变化已经给全球的自然生态系统和社会经济系统带来了重要影响,许多影响是负面的[1-5]。20 世纪 60 年代末至 90 年代初,长达 20 年的特大干旱横扫非洲萨赫勒—苏丹地区,导致河流干涸,地下水水位骤降,饥荒遍地,大批难民逃离家园;灾害加剧社会动乱,内战不断;因饥荒、疾病而死亡的人数超过 300 万人。美国在 1980 年、1983 年和 1988 年 3 次大旱与热浪灾害中,每年粮食减产 1/3 以上,造成的损失分别为 210 亿美元、131 亿美元和 390 亿美元。1988 年,苏联、南美东部和中国等地也发生了大旱。据世界监测研究所的估算,1988 年年底,世界谷物只有 54 天的储备,低于 60 天的安全线,比严重干旱的 1972—1973 年的 57 天还低,引起世界粮食价格的大幅度波动。2000—2019 年间共有 14 亿人受到干旱影响。在全球变暖的情况下,经常受到极端干旱事件袭击的热点地区是北美西南部、东亚过渡气候带、欧洲、亚马孙河流域、非洲和澳大利亚[6]。

政府间气候变化专门委员会(IPCC)第六次评价报告指出,自 1900 年以来,全球地表平均温度已上升约 1℃(图 1.1,引自文献 [7]);未来 20 年,全球所有地区的气候变化都将加剧,温升预计将达到或超过 1.5℃。报告还指出,全球温升 1.5℃时,热浪将增加,暖季将延长,而冷季将缩短;全球温升 2℃时,极端高温将更频繁地达到农业生产和人体健康的临界耐受阈值。气候变化正在加剧水循环,带来更强的降雨和洪水,但在许多地区则意味着更严重的干旱。

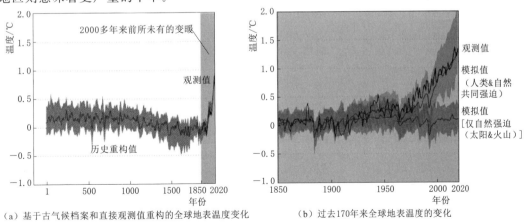

(a)基于古气候档案和直接观测值重构的全球地表温度变化　　(b)过去170年来全球地表温度的变化

图 1.1　全球温度变化的历史与原因分析

1.1.2　我国气候变化与旱灾发展

近百年来，我国气温变化总趋势比全球平均略高，年地表平均气温升幅约为 0.5～0.8℃，比同期全球平均值（0.6℃±0.2℃）略强。20 世纪下半叶，我国年平均地表气温增加 1.1℃，增温速率为 0.22℃/10 年，明显高于全球或北半球同期平均增温速率[8]。但年降水量变化趋势不显著，20 世纪 50 年代以来，长江中下游、东南地区和东北北部年降水量有不同程度增加，华北、西北、东北南部等地区年降水量出现下降趋势。中国六大江河的实测径流量都呈下降趋势，黄河等部分河流曾多次发生断流。

20 世纪下半叶，全国多年平均受旱面积约为 2114 万 hm^2，占全国播种总面积的 14.9%；其中成灾面积约为 912.5 万 hm^2，约占全国播种总面积的 6.3%。全国各年代平均受旱和受旱成灾面积均呈增加趋势（图 1.2）。

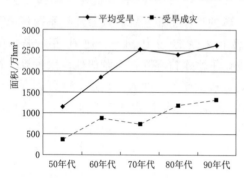

图 1.2　20 世纪全国各年代平均受旱和受旱成灾面积趋势图

50 年间，全国性的大旱（受灾面积超过 3066.7 万 hm^2，成灾面积超过 1066.7 万 hm^2）有 10 年，前 30 年和后 20 年各出现 5 次；另外，前 30 年间有 37% 的年份旱灾成灾率超过 40%，而后 20 年间有 90% 的年份旱灾成灾率超过了 40%。也就是说，旱灾对我国的影响愈来愈大[9]。

1999—2001 年，我国遭遇中华人民共和国成立以来最严重的干旱，波及东北、黄淮海、长江中下游、华南、西南和西北等六大区域，将近 20 个省份；2000 年，全国受灾面积 4054 万 hm^2，成灾面积 2678 万 hm^2[10]。2009 年，河北、山东、河南、山西、安徽、湖北、陕西等省遭遇大旱，各地受灾面积达同期农作物播种面积 90% 以上，全年农作物受灾面积 4.4 亿亩（2926 万 hm^2），成灾面积 1.97 亿亩（1320 万 hm^2），有 1751.6 万农村人口、1099.4 万头大牲畜因旱发生饮水困难，1670 万城市居民用水受到影响；全国因旱粮食损失 348 亿公斤、经济作物损失 433 亿元，直接经济损失 1206.6 亿元[11]。2022 年夏季，长江流域更是遭遇了史上罕见的高温干旱事件，给农业、生态和社会经济带来严重影响[12]。据统计，1972—2020 年间，我国平均成灾面积 1008 万 hm^2，受灾面积 2208 万 hm^2，受灾率 14.4%，成灾率 6.6%。

1.2　研究意义

1.2.1　气候变化趋势与灾害管理革新的客观需要

我国地域辽阔、地形复杂，三级阶梯地貌和季风气候决定了干旱是我国典型气象特征，经济、社会、生态系统极易受到全球气候变化的不利影响。我国水旱灾害与气候变化及环境退化密切相关[13]，随着气温、降水量等气候特征要素的变化而加剧[14]。旱灾对我国的影响愈来愈大，北方江河径流量减少，南方旱涝灾害交替出现，加剧了水资源的不稳定性与供需矛盾[15]。

21 世纪以来，国家防汛抗旱总指挥部提出"两个转变"的工作新思路[16-17]，在水旱灾害管理实践中实施了适度的风险管理[18]。2016 年，国家提出"两个坚持、三个转变"防灾减灾救灾理念；不论是"以防为主""常态减灾"，还是"注重灾前预防""减轻灾害风险"，都是灾害风险管理的要义，也推动了灾害管理体制改革，对旱灾风险管理水平提出更高的要求[19]。合理估算干旱对社会、经济、生态等领域的不同影响，为政府部门"分类施策、积极调控"提供技术支撑，客观评价各个子区域的风险水平，为政府合理配置各类防旱减灾资源提供理论依据[20]，都具有非常重要的应用价值。

1.2.2 旱灾风险管理理论和应用研究的内生需求

从理论层面，受自然和社会众多因素的综合影响，自然灾害风险系统非常复杂，其识别、评估与调控理论和方法一直以来都是自然灾害学术界的重大前沿[21-23]。旱灾系统是一个开放式复杂巨系统，涉及社会、经济、生态等众多因素，存在高维、模糊、不确定等诸多复杂性特征，旱灾风险系统的识别、评估和调控研究尚处于起步阶段[24]。

从实践层面，全国灾害综合风险普查已经启动，针对县级行政区、建制城市、代表性重点生态保护区等不同统计单元进行旱灾风险调查，以县级行政区为评估单元，开展全省干旱频率分析、旱灾损失评估、干旱灾害风险评估等；并在此基础上逐步集成，开展全国干旱灾害风险区划和干旱灾害防治区划的编制。但是，当前的旱灾风险评估理论与应用研究还不能满足实践需求，"旱灾风险调查与评估"的相关技术标准尚未出台，各试点单位在旱灾风险指标选择、数据处理和评估方法选择等方面，还缺少强有力的技术支撑。

1.2.3 加强旱灾风险管理的科学意义与实践价值

21 世纪以来，气候变化与管理革新，推动水旱灾害风险管理成为自然灾害领域的研究热点；旱灾系统又是一个开放式复杂巨系统，使得水旱灾害风险管理成为研究难点；加强水旱灾害风险管理，是我国自然灾害管理领域的重大战略需求。

旱灾风险评估与调控是一项系统性、专业性、科学性和综合性很强的工作，是旱灾管理实现"预防为主、关口前移"的重要基础性工作，是旱灾风险管理的核心环节[25-26]。但是，由于旱灾风险系统的评估和调控研究尚不完善，还不能满足我国防旱减灾工作需求。

本书以灾害理论和风险科学为指导，从系统论的角度深入探讨旱灾风险分析、评价和决策的理论与方法，结合常规理论方法的介绍与缺陷分析，针对性地提出改进方法，助力旱灾风险管理水平的提升，具有重要的科学意义；同时，推动相关理论方法在省、市两个空间尺度上的应用，对指导地方防旱抗旱具有重要的实践价值。

1.3 研究进展

1.3.1 风险管理的起源与发展

作为一门新兴的管理学科，风险管理经历了萌芽、探索、应用与完善的过程，纵观风险管理的历程，总体上可以分为 3 个发展阶段[27-31]。

从 20 世纪初到 60 年代，属风险管理的第 1 个阶段——技术风险阶段。人类开始关注风险问题，并逐步发展到研究重大工程项目的可靠性和相关风险问题。20 世纪初，德国人在第一次世界大战后就提出了一套风险管理的方案，包含风险控制、风险分散、风险补偿、风险预防、风险回避等思路；30 年代，美国企业为应对经济危机，设立了各种保险项目，极大地丰富了风险管理手段；40 年代，风险评价迅速应用到各个方面，并随着概率论与数理统计以及其他相关应用数学的发展，风险评价理论和方法也越来越充实，人们对风险的认识也逐渐加深；进入 50 年代，风险管理逐渐发展成为一门综合性学科。

20 世纪 70 年代到世纪末，属风险管理的第 2 个阶段——风险科学和综合风险管理探索阶段。除了深化技术风险的研究外，人们日益正视人口、资源与环境的矛盾所引发的风险问题。从 70 年代起，逐渐掀起全球性的风险管理运动，延伸至各个领域；美、英、法、德、日等国家先后建立起各种规格的风险管理协会；在风险和保险管理协会 1983 年学术年会上，讨论并通过的"101 条风险管理准则"标志着风险管理进入到一个快速发展阶段。人们对风险的复杂性、多样性、交叉性和不确定性有了进一步的了解；特别是美国学者 L. A. Zadeh 创建的"模糊集合论（1965）"、中国学者邓聚龙教授创立的"灰色系统理论"和王光远教授提出的"未确知信息及其数学处理"等许多新兴数学理论，为风险量化评价提供了全新手段和有效工具，极大地促进了风险管理的发展和创新。

21 世纪初，风险管理进入到第 3 个阶段——政府风险管理能力提升阶段。"经济合作与发展组织"研究重大系统风险管理面临的挑战，并于 2003 年出版了《二十一世纪凸现的风险》，强调各国政府如何在国际水平上评价预防和应对传统和新型危险的挑战。联合国"国际减灾十年"（IDNDR）和"国际减灾战略"及其相关计划的实施，表明了当前国际社会对风险的重视，充分显示了社会对防灾和减灾的重视，强调各级政府要将灾害风险管理纳入到可持续发展的主流规划中。同时，各种级别的综合风险管理机构纷纷成立，国际风险与管理理事会（IRGC）旨在建立一个综合风险管理的国际辩论平台，形成协商机制，提供风险管理方面的服务。欧洲诚信网络（trust net）是一个多元化、跨学科的欧洲风险管理网络，其研究范围包括可能导致危险和灾害的许多领域。

1.3.2　旱灾风险管理理论研究现状

在旱灾管理中引入风险的时间较晚，只是在 20 世纪 80 年代后期才出现一些旱灾风险研究成果。较早投身该领域的学者有美国的 Dennis Nullet 和 Thomas W、澳大利亚的 Peter Gillard 和 Richard Monypenny 等人；前者[32] 于 1988 年开始研究季节性农业旱灾风险，为农业发展规划制定了一个定量的干旱危险性分析模型；后者[33] 针对澳大利亚半干旱地区牧场管理，提出了基于干旱和股票市场风险的肉牛饲养决策模型。1991 年，肯尼亚的 Thomas R[34] 在探讨旱灾和蝗灾时，提出危害预测和风险估计。1994 年，美国的 David G[35] 在研究美国西南地区持续缺水问题时，借助随机模型和干旱情景假设，评价科罗拉多河流域和加州出现不同强度干旱的风险大小。1999 年，葡萄牙的 A. Henriques 和 M. Santos 提出了区域干旱分布模型[36]，能够分析干旱的空间分布，计算相应的风险，并通过瓜的亚纳河流域典型干旱年的分析对该模型进行了验证。2003 年，Stephen M 和 Dale E 等人[37] 开发了基于 GIS 的佛罗里达湿地生态旱灾风险评价模型，能够在整个干旱期间提供连续、适时的评价信息。

明确提出"旱灾风险管理"的概念则更晚一些。1998 年，美国的 Michael J 把旱灾风险分析分成风险评价（risk assissment）和风险管理（risk management）两部分；美国国家防旱中心领导下的风险控制工作组于当年出版了指导手册《如何降低干旱风险》（*How to Reduce Drought Risk*），提出基础筹备、干旱影响评价、影响等级划定、脆弱性评价、预期影响、寻求举措共 6 个减缓旱灾风险的步骤[38]。同年，澳大利亚的 David Thompson 和 Roy Powell[39] 也提出旱灾风险管理的概念，并为旱灾估计设计了一套分析框架。此后，专门针对旱灾的风险管理研究成果却难得一见。

20 世纪 90 年代后期，我国才有少数学者逐步将风险引入到旱灾研究之中，但研究成果很少，且主要集中在农业旱灾方面。王石立等[40] 根据华北地区冬小麦受旱特点，建立了干旱概率、产量损失、抗灾性能和承灾体密度四个子模型，来评价华北地区冬小麦旱灾损失风险。朱琳等[41] 以冬小麦种植比例判断承灾体易损性；以灌溉比率判断抗灾能力，以干旱损失率、易灾性指数及防灾的不充分程度的乘积作为风险指数，来划分陕西省冬小麦干旱风险区。王素艳、张金泉等人[42-43] 就北方冬小麦和玉米的干旱风险评价及风险区划进行了研究，构建了旱灾综合风险模型，并实现模型参数区域化。王晓红等[44] 利用相对产量指标，建立了灌区农业旱灾风险评价模型。雷治平[45] 等人在农业旱灾灾害评价中引入信息扩散理论[46-48]，利用历年农业旱灾统计面积，建立了陕西干旱灾害风险评价模型。王积全等人[49] 针对小区域历史灾情资料缺乏，传统统计模型的风险分析精度不高的问题，利用正态信息扩散技术，构建了甘肃省民勤县农业旱灾风险定量分析模型。黄文成等人[50] 在台湾省北部石门水库调度中建立了早期干旱风险预警系统（DEWS），定义出一套能够刻画决策者风险承受能力的指标体系。

在中国水利学会 2005 年学术年会上，国家防办才明确提出水旱灾害风险管理，要求社会各界加强对旱灾风险管理的认识与研究。同时，李昌志、黄朝忠[51] 阐述了水旱灾害风险管理的基本概念、主要内容、基本方法和工作流程；成福云、朱云[52] 则专门探讨了干旱风险管理的含义和作用，并提出干旱风险管理的工作重点。在此之后，桑国庆[53] 将风险管理引入到区域干旱管理中，提出区域干旱风险管理模式。

1.3.3　区域旱灾风险评估方法的研究进展

当前的区域旱灾风险评估方法大致可以分为两类：一类是基于历史旱灾损失的风险量化；另一类是基于旱灾系统结构的风险量化。

第一类，基于历史旱灾损失的风险量化。主要是利用数理统计方法，分析和提炼研究区域历史灾害损失数据，建立灾害损失量与相应的损失概率间的函数曲线[54]。该方法又可根据构建旱灾概率分布函数方法的不同，分为"参数法"和"非参数法"两种。前者属于传统概率统计范畴；假设旱灾指标为随机变量，并符合某一概率分布，然后根据历史旱灾数据来估计该样本分布函数的参数。后者则不用假设概率分布，无须进行参数估计，适用性较广；较为常用的非参数模型有核密度估计模型和信息扩散模型[55]。

历史旱灾损失是旱灾风险系统本身演化的结果，在统计上可视为未来灾情的可能重现[56]，在一定程度上能反映旱灾风险的不确定性特征，评估原理简明；历史旱灾损失序列资料易于获得，计算简便，其结果反映了评估对象的绝对风险值，容易从时间和空间尺度上进行比较。其不足之处，主要是基于旱灾损失的评估不能直观反映致灾因子与孕灾环境、承灾体共同作用并产生旱灾损失的物理过程，难以建立致灾因子与旱灾损失的定量关系，而且评估结果对旱灾损失历史数据序列长度和精度的要求较高。

第二类，基于旱灾系统结构的风险量化。学术界对旱灾系统构成有了基本共识之后，形成了一类基于系统构成要素的旱灾风险评估方法。旱灾系统可看成由致灾因子、孕灾环境、承灾体和旱灾灾情共同构成的复杂系统；旱灾灾情（损失）的大小取决于致灾因子、孕灾环境和承灾体的共同作用。根据旱灾风险水平表达方式的不同，该类方法也可分为两种方向。一种是不考虑具体旱灾损失，而是按照旱灾风险大小取决于孕灾环境变动性、干旱危险性、灾损敏感性、承灾体暴露性和防灾减灾能力这 5 个基本要素的思路[57]，选取能够表征各要素的代表性指标建立指标体系，采用系统综合评价方法进行旱灾风险评估；也称基于指标体系的旱灾风险评估法。另一种是考虑旱灾损失，通过建立干旱强度与旱灾损失之间定量关系来量化风险的方法，也称基于旱灾损失风险物理成因过程的旱灾损失风险曲线评估法[24]；根据灾害风险系统各要素相互作用机制和灾害系统动力学机制，以实验调查、试验模拟、统计模型、机理模型等方式，采用情景模拟等方法分析旱灾的情景变化过程[58-59]，通过历史灾损资料和灾害过程模拟方法建立干旱强度与旱灾损失之间定量关系的承灾体脆弱性曲线。

基于指标体系的旱灾风险评估法，主要是通过旱灾风险指标筛选、指标体系构建、相关权重确定来计算旱灾风险指数，可反映不同旱灾风险因素的影响程度，有利于宏观成因解析，可以从整体上反映区域风险，是目前常用的方法[57]。其不足的地方为：风险指数为评估对象之间的相对值，不同评估项目的区域风险大小没有可比性；指标体系的建立和相关权重的确定存在较大的不确定性。

基于旱灾损失风险物理成因过程的旱灾损失风险曲线评估方法，通过设置致灾因子发生概率情景和承灾体中社会经济变化情景等灾害情景过程模拟途径，建立在给定孕灾环境条件下承灾体损失风险与干旱危险性和承灾体脆弱性之间的关系，构建基于干旱不确定性与相应可能损失的旱灾风险动态评估模型等内容[60]，适用于模拟变化环境下灾害风险的不确定性和动态变化过程，是当前旱灾风险评估研究的主要发展方向和前沿[61]。该方法的难点是对干旱事件的不确定性描述，不同旱灾情景下的损失模拟过程复杂、精度较低，关于旱灾损失或影响的全面量化评估在现阶段尚存在一定的难度[24]。

综上，旱灾风险评估理论与方法的研究，已经引起国内外专家的广泛关注，取得了一些研究成果。但是，由于旱灾系统存在诸多复杂性特征，风险精准识别困难，旱灾风险传递机制与评估方法成为旱灾风险管理理论与应用研究的技术瓶颈。

1.3.4 旱灾风险管理中存在的问题

总的说来，国内外在旱灾风险管理的理论方法研究及其应用方面取得了一些成果，但还远远不能满足社会经济发展的需要；旱灾风险管理还处在起步阶段，存在着诸多不足，具体如下：

（1）在国内外的抗旱实践中，还没有清晰界定干旱与旱灾的概念，经常混为一谈；旱灾风险、风险管理和旱灾风险管理的定义也尚未统一；没有从系统论的角度去认识旱灾管理本质，并针对性地提出旱灾管理程序。也就是说，没有建立起一套系统的旱灾风险管理基本理论。

（2）目前的旱灾研究中，成果最多的是旱灾成因与特性分析，许多学者从不同的空间尺度和时间跨度上对旱灾的形成与影响、类型与特征做了很多探讨。但不足的是，绝大多数研究都是从旱灾本身出发，没有考虑经常与之相伴产生的洪涝灾害的影响。旱灾管理要解决水少问题，洪涝管理则要解决水多问题，它们是一对矛盾的统一体，如果不能统筹考虑，就不能从根本上解决"旱涝急转"问题。

（3）由于缺乏对旱灾风险结构的科学认识，用来估算旱灾损失、评价旱灾风险的指标繁多，如气象干旱指标、农业旱灾指标、水文干旱指标等，不少指标缺少系统的历史数据支撑；同时，由于相关理论方法研究不够，现行的旱灾风险评估方法较为简单，大多基于综合评价理念计算"风险指数"。但是，这种风险指数是评估对象之间的相对值，不能直接用于不同时空的区域旱灾风险水平的集成；区域旱灾风险量化面临着较多问题。

（4）在国内外有关部门的共同努力下，干旱、旱情的监测与预报取得了长足的进步，旱灾管理手段丰富，措施众多；但是由于缺乏对旱灾风险决策的研究，在抗旱实践当中，决策者很难科学地运用各类抗旱手段来落实具体的抗旱措施，通常还是凭借自身经验去配置水资源等各类抗旱资源，进行相关决策。

1.4 研究内容

1.4.1 旱灾风险管理的基本概念与基础理论

以灾害理论和风险科学为指导，探讨旱灾系统的构成及其驱动机制；重点辨析干旱与旱灾两个概念之间的区别与联系，探讨旱灾风险与旱灾风险管理的内涵，探寻旱灾风险管理的本质，梳理旱灾风险管理的程序，为后续研究提供理论基础；同时，广泛借鉴自然科学、社会科学的理论方法和前人研究成果，寻找支撑旱灾风险管理的基础理论。具体内容见第2章。

1.4.2 旱灾的成灾机理研究

重点从自然地理、社会经济发展、不合理的人为因素等方面讨论旱灾的成因，调查分析干旱对生活、生产与生态系统等领域的影响，研究旱灾的类型，分析旱灾的基本特征。以安徽省沿淮淮北地区为例，探讨"旱涝急转"现象。具体内容见第3章。

1.4.3 常规旱灾风险分析与评价方法的研究

深入研究旱灾系统结构，分析致灾因子危险性的决定性因素，辨别出关键指标；调查旱灾孕育发生的环境背景，归纳表征孕灾环境脆弱性的指标；分析社会经济与生态环境因素对承灾体易损性的影响，归纳表征承灾体易损性的指标；总结历史旱灾损失特点，分析产生旱灾损失的过程。在此基础上，研究旱灾风险分析与评价的常规方法，并针对这些方法存在的缺陷提出改进的方法。具体内容见第4章、第5章。

1.4.4 旱灾风险传递过程描述与定量方法研究

基于成灾过程，研究致灾因子通过与孕灾环境的相互作用后在承灾体上产生旱灾损失的风险量化方法，重点研究基于深度学习的旱灾灾情模糊识别模型，实现旱灾风险系统模拟；尝试基于旱灾系统的输入—转换—输出的框架，直接寻求致灾因子与旱灾风险的关系量化，从而建立基于干旱传递水平的旱灾风险测度理论与方法。具体内容见第 6 章。

1.4.5 旱灾风险决策与抗旱资源配置研究

结合抗旱实践，讨论旱灾风险决策的基本内容，全面梳理可以用于旱灾风险控制的各种策略、手段与具体措施；重点探讨抗旱资源配置的准则与计算方法，将可利用的抗旱资源在不同的区域和单位之间进行有序、高效的分配；同时，加强水资源优化配置研究，实现有限水资源的合理分配，从而协调资源、社会、经济和生态环境的动态平衡关系。具体内容见第 7 章。

1.5 主要研究成果

（1）系统阐述了旱灾系统的构成与驱动机制，定义了旱灾、旱灾风险与旱灾风险管理等相关概念，探讨了旱灾风险的结构和旱灾风险管理的本质，提出了旱灾风险评估和旱灾风险管理的程序。

（2）研究了旱灾风险分析内容与方法，建立了旱灾风险结构特征指标体系；系统梳理了旱灾风险分析与评价的常规方法，总结出这些方法存在的 3 类缺陷："风险指数为相对值""聚类结果的有类无值""常规函数拟合精度较差"，并针对性地提出了时空向量转换法、基于 k‐means 聚类点的风险信息量化与分级方法、基于遗传程序设计的自动建模等改进的旱灾风险分析方法。

（3）研究了旱灾风险评价的指标权重确定方法和评价模型；在分析基于复相关系数赋权的旱灾风险综合评价法与常规突变评价法的一般原理、存在问题的基础上，提出了基于突变理论的旱灾风险多准则评价方法。

（4）阐述了区域旱灾风险的量化思路与研究内容，明确了基于干旱传递水平的旱灾风险评价流程，重点介绍了旱灾风险特征指标集的 Monte‐Carlo 模型、基于 GWO‐BP 神经网络的旱灾灾情模糊识别模型的构建方法，可以解决具有相关性的指标 Monte‐Carlo 模拟问题，实现区域旱灾多情景模拟；在此基础上，基于干旱传递水平构建了旱灾风险测度计算模型，针对性地解决了当前区域旱灾风险量化面临的问题。

（5）阐述了旱灾风险决策的基本内容，旱灾风险控制的策略、手段与具体措施；重点研究了基于旱灾风险水平的抗旱资源初始配置方法；并依据大系统分解协调理论，构建了子系统抗旱资源优化配置模型、抗旱资源配置总体协调模型，给出了相应的求解方法。

（6）分别将上述理论方法应用到安徽省旱灾风险评价及干旱条件下的南昌市水资源优化配置研究当中，从省、市两个不同的空间尺度上验证相关理论方法的合理性，指导地方防旱抗旱的工作实践。

第2章 旱灾风险管理的基本概念与基础理论

2.1 基本概念

2.1.1 旱灾系统的构成

结合国内外研究现状，本书认为，可以将旱灾系统看成致灾因子、孕灾环境、承灾体和旱灾灾情构成的复合系统（图2.1）。其中：

致灾因子是灾害发生的驱动因素，反映了灾害发生的物质、能量基础，是推动灾害发展的要素。致灾因子的强度决定了不同的干旱情景。

孕灾环境是指灾害孕育发生的环境背景。从广义上来说，即为自然环境与人文环境。自然环境包括大气圈、水圈、岩石圈、生物圈；人为环境则包括人类圈与技术圈。

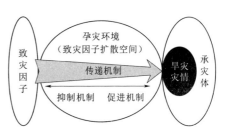

图 2.1 旱灾系统构成及驱动机制

承灾体是致灾因子作用的客体，包括人类本身、生命线系统、生产线系统，以及各种自然资源等。

旱灾灾情是指承灾体在致灾因子作用下的各类损失，包括由干旱引起的直接经济损失和间接经济损失、人员身心健康影响等社会损失、环境及资源破坏等生态损失。实践中，往往通过旱灾损失或其严重程度来描述某个生产领域的旱灾灾情，或者某个区域的整体旱灾灾情。

2.1.2 旱灾系统的驱动机制

旱灾系统的驱动机制可表述为：致灾因子被释放后，在孕灾环境内进行扩散传递，最终作用于承灾体，形成旱灾灾情。

孕灾环境的属性决定了扩散进程的快慢强弱，并直接影响到承灾体受损的大小。根据孕灾环境各因素对致灾因子和承灾体作用方式的不同，传递机制可分为两类：

一类是促进机制，即增加承灾体的暴露水平，加剧致灾因子对承灾体的影响，导致各类旱灾损失的增加。

一类是抑制机制，即降低承灾体的暴露水平，减少致灾因子对承灾体的影响，导致各类旱灾损失的降低。

事实上，这两种传递机制往往同时发生作用；其相对强弱与平衡，决定了孕灾环境对干旱的响应能力。

环境的脆弱性越低，抑制机制越强，旱灾对干旱的响应能力越弱；反之，环境的脆弱性越高，促进机制越弱，相应的响应能力越强。

2.1.3　干旱与旱灾

干旱，是指一个较长的时间内无雨或者少雨，造成淡水总量少，不足以满足环境需要、人类生存和社会经济发展的客观自然现象。通常以降水、蒸发等气象参数，以及河川径流、含水层水位降落等水文参数的变化来表征干旱的强度。

旱灾，是干旱这一客观自然现象对承灾体的部分或整体造成直接或间接的损害。通常按照干旱缺水对生态环境、城乡生活、工农业生产和人类社会经济系统造成的损失（经济损失和非经济损失）来评价（统计）旱灾的大小。

2.1.4　旱灾风险

美国风险分析协会曾列出了多达 14 种风险的定义，并指出不太可能取得完全统一，建议根据各自的工作，选定适宜的定义[62]。因此，从旱灾管理的实践需要出发，本书认为，不仅要综合国内外研究现状与趋势来定义旱灾风险的一般含义，而且，有必要在此基础上作出更加具体的旱灾风险定义，以区分单个的旱灾事件风险和整体的区域旱灾风险水平。

2.1.4.1　旱灾风险的一般含义

目前，旱灾风险概念亦尚未统一。综合当前国内外研究，本书认为，一般情况下，旱灾风险应当包含以下两层含义：

第一层含义，是干旱这种自然现象发生的可能性，即不同干旱情景发生的概率，属于气象、水文的范畴。

第二层含义，则是指通过致灾因子与孕灾环境和承灾体的相互作用后，干旱情景所导致的不同程度损失发生的可能性，即不同旱灾事件的发生概率，属于社会经济与生态环境的范畴。

本书参考凯博兰[63-64]的风险定义，对旱灾风险作如下规定：

定义 2.1

$$Dr = \{\langle x_i, y_j, p_{x_i}, p_{y_j} \rangle\}_c \tag{2.1}$$

式中：Dr 为旱灾风险；x_i 为第 i 个干旱情景（以下简称"旱情"）；p_{x_i} 为第 i 个干旱情景发生的概率（可能性）；y_j 为第 j 个旱灾事件（以下简称"旱灾"）；p_{y_j} 为第 j 个旱灾事件发生的概率（可能性）。

通常情况下，可以用不同频率的特征值来描述气象干旱或水文干旱情景。比如，可以用不同的降水、来水频率来表示干旱情景 x_i，$i = 1, 2, \cdots, I$；I 为需要考虑的干旱频率个数；也可以用不同的干旱程度来描述干旱情景，则 x_i 表示相应的干旱严重程度，$i = 1$, $2, \cdots, I$；I 为拟定的干旱严重程度分级个数。

同样，通常情况下，可以用不同的旱灾损失程度来描述旱灾事件，y_j 表示对应的损失严重程度，$j = 1, 2, \cdots, J$；J 为拟定的旱灾严重程度分级个数。

2.1.4.2　单个旱灾事件风险的定义

本书对单个旱灾事件风险的概念作如下规定：

定义 2.2

$$r_{ij} = p_{(y_j/x_i)} \tag{2.2}$$

式中：r_{ij} 为旱灾风险；$p_{(y_j/x_i)}$ 为第 i 个干旱情景向第 j 个旱灾事件的转换概率。

2.1.4.3 区域整体旱灾风险的定义

区域整体旱灾风险，即是该区域所有可能的单个旱灾事件风险的综合表达。

本书"基于干旱传递水平"定义区域旱灾风险，通过统计干旱向旱灾转换过程中出现抑制或促进作用的条件概率，构造风险测度：

定义 2.3

$$r = \sum_{i=2}^{m} \sum_{j=1}^{i-1} \omega_{ij} p_{(y_j/x_i)} + \sum_{i=1}^{m-1} \sum_{j=i+1}^{m} \omega_{ij} p_{(y_j/x_i)} \tag{2.3}$$

$$p_{(y_j/x_i)} = \frac{p(x_i y_j)}{p(x_i)} \tag{2.4}$$

式中：m 为旱情（旱灾）分级数；ω_{ij} 为转换过程中出现的不同抑制或促进作用对区域风险水平的影响系数；i 和 j 分别为旱情等级和旱灾等级（通常情况下，分为 5 个等级，$i \in [1, 5]$，$j \in [1, 5]$）；$p(x_i)$ 为旱情等级 x_i 发生的概率；$p(x_i y_j)$ 为旱情等级 x_i 和旱灾等级 y_j 的联合概率。

2.1.5 旱灾风险管理

2.1.5.1 风险管理的概念

Finne 等将风险管理定义为"为了使系统收益最大、损失最小，而对系统的不确定性事件所进行的识别、评价和控制"[65]。加拿大标准协会（CSA）则将风险管理定义为"将管理政策、程序以及实践系统应用于风险分析、风险估计、风险控制的过程"[66]。也有人认为，风险管理是人们对潜在的、意外的损失进行计划、识别、分析、应对、跟踪和控制的过程[31]。综合以上各种文献，本书将风险管理定义为：

风险管理，就是研究风险发生规律和风险控制技术，并付诸实践的行动过程；是从系统内部出发，研究各组成部分与有害事件之间的关系，识别可能存在的风险因素，以及有害事件发生的可能途径，按照既定的管理目标，采取各种风险控制技术，把有害事件造成的损失降到最低限度。

2.1.5.2 旱灾风险管理的概念

有文献认为，干旱风险管理，是以干旱风险的科学分析为基础，能为评价旱灾损失提供科学的计算方法，又能用系统的方法比较各种抗旱措施的成本及抗旱效益，从而得到各种抗旱措施的最佳组合。即，通过分析、预测干旱发生发展规律，评价一旦发生干旱灾害可能造成的影响，优化组合各类抗旱措施，以求最大限度降低旱灾损失，并在干旱结束后对抗旱措施进行评价的全部过程[67]。

如前所述，干旱是一种客观自然现象；如果它没有对人类社会经济系统和自然系统造成损失，人类可能也注意不到它。针对干旱及其造成灾害的管理，首先应当基于承灾体来考虑；因此，将基于风险管理理念应对干旱的实践定义为旱灾风险管理，更加确切一些。

本书认为，旱灾风险管理，首先是一种公共危机管理，它是公共管理的一个重要领域，是一种有组织、有计划、持续动态的管理过程；是政府及其他公共组织针对干旱风险，在干旱发展的不同阶段采取一系列的控制行为，以期有效地预防、处理和消弭干旱带来的危机[68]。具体地说，就是旱灾管理主体引入风险管理理念，从旱灾系统研究出发，通过监测、预报、评价、预警、预防、应急处理、恢复、后评价等一系列工作，防止和减轻旱灾危害的管理活动。

2.2　旱灾管理系统的理论基础

2.2.1　旱灾管理的系统论

系统思想源远流长，但作为一门科学，则是由美籍奥地利人、理论生物学家贝塔朗菲（L. Von. Bertalanffy）创立的。他在 1952 年提出系统论的思想，又在 1968 年发表专著《一般系统理论—基础、发展和应用》，确立了这门科学的学术地位[69]。系统论的基本思想就是把所研究和处理的对象当作一个系统，分析系统的结构和功能，研究系统、要素和环境的相互关系和变动规律，从而优化系统。

2.2.1.1　旱灾管理系统的结构

旱灾管理是公共管理机构和公众通过建立必要的应对机制，采取一系列必要措施，以防范、化解干旱引发的危机，恢复社会秩序，维护社会稳定，促进社会和谐的一系列活动，它涉及社会经济、生态环境、资源等各个方面。因此，从系统论的角度看，旱灾管理本身就是一个要素众多、层次复杂、关系错综、功能多样的复杂系统。

可以从不同的层次或角度对系统作出不同的划分，寻找出不同的要素，建构不同的系统框架。本书把旱灾管理系统的运行看成一个"旱灾管理主体通过资源配置子系统对旱灾管理客体进行管理"的动态过程；"旱灾管理客体"又可划分为社会、经济和生态环境 3 个子系统（图 2.2）。

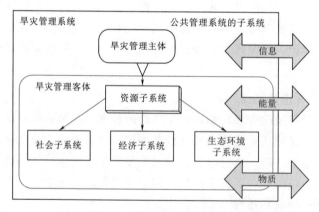

图 2.2　旱灾管理系统结构图

资源子系统是一切社会经济活动的基础；即指一定技术条件下，能为人类利用的一切物质、能量和信息的总和，包括水、土等自然资源，人员、经费等社会经济资源。

社会子系统是指旱灾管理的主体（人类）的社会活动，具体包括物质生活和文化生活两个方面。

经济子系统是旱灾管理的物质基础，是提高人类生活质量的根本保证，是社会发展的主要方面；考察经济子系统的发展又可按产业划分为第一产业、第二产业和第三产业系统。

生态环境子系统是承载旱灾管理系统的物质基础，是人类赖以生存的根本[70]。

同时，旱灾管理又是公共管理这个大系统的一个子系统，它与外界环境进行着各种各样的物质、能量、信息交换，是一个开放的系统；系统内外的联系就是信息传递、能量流动和物质循环。旱灾管理系统的运动和演化是否合理，关键就看系统的信息、物质和能量的运转是否合理高效。

2.2.1.2 旱灾管理系统的属性

（1）系统的功能性和目标性：旱灾管理系统的活动或行为是以完成计划、组织、指挥、监督和调节这5个功能为中心，以达到社会、经济、生态环境3个子系统有序、协调发展为目标，实现系统的信息、物质、能量的高效运转，从而推动系统的稳定运行。

（2）系统的动态性和复杂性：旱灾管理系统与外界环境有信息、能量和物质的交换，系统内部结构也可以随时间变化。事实上，旱灾系统的运行是一个动态发展过程；动态过程的随机性和不确定性决定了旱灾管理系统的复杂性。

（3）系统的适应性：旱灾管理系统会随着外界环境的改变而变化，系统内各部分的相互关系和功能也随之变化；为了保持和恢复系统的原有特性，旱灾管理系统必须具有适应干旱期所处环境的反馈机制。如，旱灾发生区域的灌溉计划、种植结构等应当随着旱情的发展，根据反馈信息而适当调整。

（4）系统的有序性：旱灾管理系统的结构、功能和层次的动态演变向着系统更加有序的方向发展，并把系统的有序性和目标性同系统的结构稳定性联系起来；也就是说，有序，能使系统趋于稳定，有目标，才能使系统走向期望的稳定结构。

（5）系统的整体性：旱灾管理系统是由许多相互关联的部分形成的"部件集"，"部件集"中各部分的特性和行为相互制约或促进；因此，它们并不是各部分的简单组合，而是具有"非加和性"。旱灾管理系统各组成部分的充分协调与连接，是提高系统整体运行效果的基本保证。

2.2.1.3 旱灾管理系统的特征

旱灾管理系统通过信息、能量、物质的流动与转化，把资源、社会、经济、生态环境等子系统以及各子系统内部各要素联结成一个协调发展的有机整体。旱灾管理系统各因素之间的关系极其复杂多样，有线性的、非线性的，有确定的、不确定的，涉及的变量可能是连续的，也可能是分散的。我们能够找到一些影响因素，但很难确定全部因素，更不可能找到所有因素之间的映射关系。因此，旱灾管理系统是一个充满大量灰色现象的系统。旱灾管理系统中，不但干旱危险性存在着诸多不确定性，而且社会、经济等子系统也都存在随机因素的干扰；因此系统内大量存在的不是白色系统（信息完全明确），也不是黑色系统（信息完全不明确），而是灰色系统。

比利时理论物理学家普利高津（Prigogine）把开放系统在远离平衡的条件下，与外界环境交换物质和能量，通过能量耗散过程和内部非线性动力学机制，形成和维持的宏观时空有序结构，称为耗散结构。因此，旱灾管理系统也是一种典型的耗散结构，必然存在着涨落与突变现象。譬如，旱情的发生发展就是一个量变到质变的过程。由于孕灾环境的抑制机制，致灾因子强度的增加并不一定马上导致旱灾的发生；而是当它达到一定的阈值时，超过承灾体的适应能力，才会导致旱灾的发生。因此，旱灾是一个因量的积累与放大而产生的突变过程。

旱灾管理系统包含着众多的子系统和大量的元素，这些子系统和元素在环境作用的推动下，彼此之间发生着复杂的相互作用，并形成某种反馈机制；即形成自组织过程。这种自组织过程可以分为"自下而上地自发形成"和"自上而下地自觉组织"两种情况。前者是指子系统和元素之间自发的相互作用而形成的自我管理现象；后者是指为了实现共同目标，各子系统遵守既定的准则而协同运动。因此，旱灾管理系统还是一个自组织系统，遵守协同学的一般规律。如，抗旱资源的有限性和稀缺性，必然导致社会、经济子系统的相互竞争关系；而且，社会经济系统的生存和发展离不开生态环境提供的物质、能量和信息。可以说，旱灾风险管理期间，社会、经济与生态环境子系统之间既彼此冲突，又相互协调，它们之间的"协同作用"是旱灾系统可持续协调发展的内在因素，是实现旱灾管理目标的根本保证。

2.2.2　耗散结构理论

Prigogine 于 1969 年提出耗散结构理论（dissipative structure）。它的基本思想是一个远离平衡态的非线性开放系统（物理的、化学的、生物的、社会的、经济的系统）通过不断地与外界交换物质和能量，在系统内部某个参量的变化达到一定的阈值时，可能通过涨落发生突变（非平衡相变）；即由原来的混沌无序状态转变为一种在时间上、空间上或功能上的有序状态。要理解耗散结构理论，需要掌握开放系统、涨落、突变等概念。

2.2.2.1　开放系统

热力学第二定律告诉我们，一个孤立系统的熵一定会随时间增大，熵达到极大值，系统达到最无序的平衡态，所以孤立系统绝不会出现耗散结构。但是，在开放的条件下，系统的熵增量 dS 是由系统与外界的熵交换 $d_e S$ 和系统内的熵产生 $d_i S$ 两部分组成的，即 $dS = d_e S + d_i S$。尽管热力学第二定律规定 $d_i S \geqslant 0$；但是外界给系统注入的熵 $d_e S$ 可以为正、零或负；只要负熵流 $d_e S$ 足够强，它就能抵消系统内部的熵增量 $d_i S$，甚至可以使系统的总熵增量 dS 为负，总熵 S 减小；从而使系统进入相对有序的耗散结构状态。

2.2.2.2　涨落

一个由大量子系统组成的系统，其可测的宏观量是众多子系统的统计平均效应的反映。但系统在每一时刻的实际测度并不都精确地处于这些平均值上，而是或多或少有些偏差，这些偏差就叫涨落；涨落是偶然的、杂乱无章的和随机的。在正常情况下，这些涨落相对于平均值是很小的。即使偶尔有大的涨落，也会立即耗散掉，不会对宏观的实际测量产生影响，系统总要回到平均值附近；因此这些涨落可以被忽略掉。然而，在临界点（即所谓阈值）附近，情况就大不相同；这时涨落可能不自生自灭，而是被不稳定的系统放大，最后促使系统达到新的宏观态。因此，Prigogine 提出涨落导致有序的论断。

2.2.2.3　突变

阈值（即临界值）对系统性质的变化有着根本的意义。在控制参数越过临界值时，原来的热力学分支失去了稳定性，同时产生了新的稳定的耗散结构分支；在这一过程中，微小的涨落起到了关键的作用，系统从热力学混沌状态转变为有序的耗散结构状态。这种在临界点附近控制参数的微小改变导致系统状态明显的大幅度变化的现象，叫作突变。耗散结构的出现都是以这种临界点附近的突变方式实现的。

2.2.3　协同学

协同学是德国著名理论物理学家 H. Haken 在 1973 年创立的。协同学认为，尽管系统千差万别的，属性也各不相同；但在整个环境中，各个系统间存在着既相互影响、又相互合作的关系。其中，也包括通常的社会现象，如不同单位间的相互配合与协作，部门间的相互协调，企业间的相互竞争，以及系统中各部分之间的相互干扰和制约等[71]。

协同学是处理复杂系统的一种策略，其目的是建立一种用统一的观点去处理复杂系统的概念和方法。它的重要贡献在于通过大量的类比和严谨的分析，论证了各种自然系统和社会系统从无序到有序的演化，都是组成系统的各元素之间相互影响又协调一致的结果；并揭示了系统变化的普遍程式："旧结构-不稳定性-新结构"，即把系统从它们的旧状态驱动到新组态，并且是确定应实现的那个新组态[72]。

H. Haken 在协同论中，描述了临界点附近的行为，阐述了慢变量支配原则和序参量概念，认为事物的演化受序参量的控制，演化的最终结构和有序程度决定于序参量。序参量的大小可以用来标志宏观有序的程度；当系统是无序时，序参量为零。当外界条件变化时，序参量也变化；当到达临界点时，序参量增长到最大，此时出现了一种宏观有序的组织结构[73]。

2.2.4　突变论

法国数学家 Rene Thom 于 1972 年发表了《结构稳定性和形态发生学》，首次阐述了突变理论。突变论蕴含着丰富的哲学思想，主要包括：内部因素与外部相关因素的辩证统一；渐变与突变的辩证关系；确定性与随机性的内在联系；质量互变规律等等。它与耗散结构论、协同论一起，在有序与无序的转化机制上，把系统的形成、结构和发展联系起来，成为推动系统科学发展的重要学科之一。

突变论认为，系统所处的状态可用一组参数描述。当系统处于稳定态时，标志该系统状态的某个函数就只有唯一值；当参数在某个范围内变化，该函数值有一个以上极值时，系统必然处于不稳定状态。Rene Thom 指出，系统随参数的变化从一种稳定状态进入不稳定状态，又从不稳定状态进入另一种稳定状态，那么系统状态就在刹那间发生了突变。突变论还认为，在严格控制条件的情况下，质变中经历的中间过渡态是稳定的，那么它就是一个渐变过程；质态的转化，既可通过飞跃来实现，也可通过渐变来实现，关键在于控制条件。

作为一门数学分支，突变论是关于奇点的理论，它可以根据势函数把临界点分类，并且研究各种临界点附近的非连续现象的特征。同时，突变论又是一门着重应用的科学，既可以用在"硬"科学方面，又可以用于"软"科学方面。当然，突变论在某些方面的应用还有待进一步验证；如采用数学模型模拟社会现象时，还有许多技术细节要解决，在参量的选择和模型的设计方面还有大量工作要做。著名数学家斯图尔特说过，"突变理论本身还不完善，需要加以发展、检验、修改，经历一般成为可靠的科学工具的全部过程"。

2.3 旱灾风险管理的基础理论

2.3.1 旱灾风险特征

（1）旱灾风险具有客观普遍性。世界上干旱地区约占全球陆地面积的 25%，半干旱地区约占全球陆地面积的 30%；这些地区极易发生季节性干旱、常年干旱，甚至连年干旱；但是，人类无法完全控制干旱及其灾害性后果的发生。

（2）旱灾风险具有动态性。旱灾损失是致灾因子、孕灾环境、承灾体三者相互作用的结果，而这三个方面都是随时间变化的，旱灾风险随之发生变化。

（3）旱灾风险具有认知复杂性。影响旱灾风险的因素众多、关系复杂，风险分析不可能穷尽所有影响因素，即使对选择出的主要影响因素，囿于当时的认识水平和研究手段，也不可能完全了解它们之间的相互关系。

（4）旱灾风险具有可管理性。旱灾发生发展规律是可以认知的，旱灾造成的损失也是可以控制的；虽然旱灾风险客观存在，但可以通过提高人类的管理水平，增强社会综合防灾能力，减轻旱灾损失。

（5）旱灾风险具有利害双重性。旱灾风险主要是给人类带来各种各样的损失；但是从辩证法的角度看，任何事物都有利害两重性。研究灾害的两重性正是为了能够辩证地认识灾害，从而在防灾减灾中把握时机、开拓思路、趋利避害、化害为利。

2.3.2 旱灾风险结构

灾害理论宏观上将灾害产生因素分为致灾因子、孕灾环境和承灾体[74]。因此，可以认为：旱灾风险是由致灾因子的危险性、孕灾环境的脆弱性和承灾体的易损性，以及由此导致的旱灾损失所共同组成的宏观结构（图 2.3）。

致灾因子的危险性（干旱危险性）是指干旱严重程度，可以用第 i 个干旱情景 x_i 的发生概率 p_{x_i} 来反映。

孕灾环境的脆弱性，是指某一区域环境抑制致灾因子扩散能力的大小，与其对干旱的适应能力成反比。

承灾体的易损性，既反映了承灾体易于受到干旱的损伤或破坏的特性，也反映各类承灾体对干旱的承受能力。

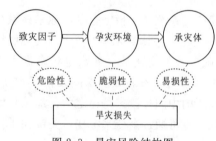

图 2.3　旱灾风险结构图

旱灾损失，是指在具有一定脆弱性的孕灾环境里，受到某一强度的干旱影响后的承灾体状态，是干旱危险性、孕灾环境脆弱性与承灾体易损性的复合函数，反映了特定频率的干旱强度所导致的损失大小 y_j 与可能性 p_{y_j}。

2.3.3 旱灾风险评估的内容与程序

2.3.3.1 旱灾风险评估的内容

目前，国际上通用的风险评估程序依然是美国《联邦政府的风险评估》（1983）中所制定的 4 个步骤[75-76]（图 2.4）。在不同的领域，这 4 个步骤之间的分割会有所不同。

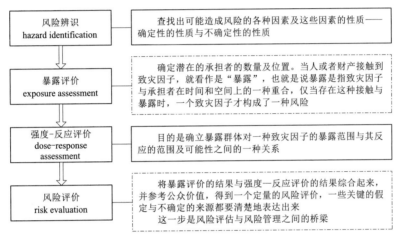

图 2.4 风险评估的程序

综合多种文献[77-79]，并根据旱灾形成机制，把旱灾风险评估分成旱灾风险分析和风险评价两大步骤（图 2.5）。

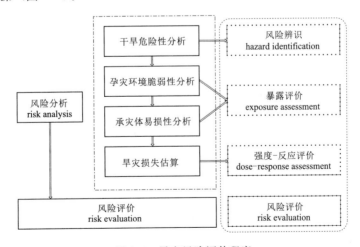

图 2.5 旱灾风险评估程序

可以认为，旱灾风险评估就是根据旱灾系统理论研究成果，全面分析该区域的旱灾风险结构，进而作出全面的风险评价，从而为旱灾管理提供科学的依据。即科学、合理地认识干旱情景或其严重程度 x_i，量化干旱情景（或干旱程度，下同）x_i 发生的概率 p_{x_i}，量化有害结果 y_j 及其发生的概率 p_{y_j}；并综合考虑该区域自然、社会、经济等各种因素，评价单个旱灾事件的风险水平，或者从整体上评价该区域所面临的旱灾风险水平。

2.3.3.2　旱灾风险分析

旱灾风险分析就是对旱灾风险结构进行全面分析[80-81]，包括干旱危险性分析、孕灾环境脆弱性分析、承灾体易损性分析、旱灾损失估算等四个部分，即分析 x_i 和 p_{x_i}，并基于旱灾风险结构，充分考虑孕灾环境的影响和承灾体自身特点，计算相应的 y_j 和 p_{y_j}。

干旱危险性分析，就是分析该地区各种导致干旱的因素（如降水量、蒸发量等气候因素，河道流量、地下水位等水文因素），识别合适的干旱危险性特征指标，确定干旱情景 x_i 及其出现的概率 p_{x_i}。

孕灾环境脆弱性分析，就是研究孕灾环境对干旱的响应能力。通过提取所在地的地形、地貌、水系、植被等自然环境特征，调查、统计和分析基础灌溉设施、抗旱保障体系、防旱抗旱意识等社会经济发展水平，研究不同强度干旱发生时的受灾范围。

承灾体易损性分析，就是研究旱灾承灾体易于受到干旱损伤或破坏的特性，即分析干旱影响地区的产业结构与种植结构，分析各类承灾体的抗旱能力，以及计算不同区域中各类承灾体在不同季节、不同持续时间、不同强度的干旱作用下的损失响应。

旱灾损失估算，就是在干旱危险性、孕灾环境脆弱性和承灾体易损性分析的基础上，依据该区域旱灾损失指标体系，建立旱灾损失估算模型，计算某区域在某一时间范围内可能发生的一系列不同强度的干旱给该地区造成的可能损失 y_j，并估算这些可能损失的发生概率 p_{y_j}。

2.3.3.3　旱灾风险评价

旱灾风险评价，则是在综合考虑某一区域的干旱危险性、孕灾环境脆弱性和承灾体易损性的基础上，评价单个旱灾事件的风险水平 r_{ij}，或者从整体上把握区域的旱灾风险水平 r，并给出等级评价。

2.3.4　旱灾风险管理的本质

旱灾风险管理的本质，就是在系统研究、风险分析与评价的基础上，通过风险决策，综合利用工程、行政、经济、科技、教育等控制手段，合理配置各类资源，以调整人与自然、人与人之间的利害关系。即通过落实各种风险控制措施，避免或减轻旱灾风险，实现人类活动的有序开展[82]、区域及部门之间的良好协作，以及社会、经济、生态环境的协调发展（图 2.6）。

从系统论的角度来看，旱灾管理的本质就是就是使各个子系统按照一定的方式相互作用、协调配合、同步产生主宰系统发展的序参量，支配系统向有序、稳定的方向发展，进而实现"协同效应"。

从管理学的角度来看，旱灾管理的本质就是通过旱灾管理主体的合理组织，使旱灾发生地的自然环境能够在旱灾影响期内不发生明显退化，同时又能满足当时社会经济发展对自然资源和环境的需求。

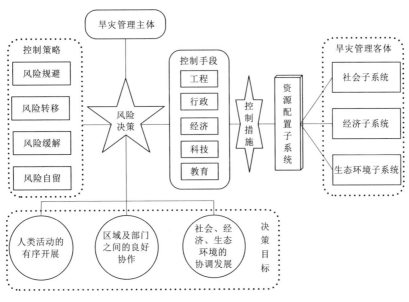

图 2.6 旱灾风险管理本质概化图

2.4 小结

本章首先明确了旱灾系统的构成，将其看成致灾因子、孕灾环境、承灾体和旱灾灾情构成的复合系统，并将旱灾驱动机制描述为：致灾因子被释放后，在孕灾环境内进行扩散传递，最终作用于承灾体，从而形成旱灾灾情。在此基础上，厘清了干旱与旱灾的内涵差异，给出了旱灾风险的一般内涵、单个旱灾事件风险与区域整体旱灾风险的定义，以及旱灾风险管理的概念与理论基础。最后，从旱灾风险特征、评估的内容与程序、旱灾风险管理的本质等方面，详细介绍了相关的旱灾风险管理的基础理论。

第3章 旱灾系统研究

3.1 旱灾的成因

旱灾是在自然和人为因素共同作用下形成和发展的，既有自然地理条件方面的原因，也有社会经济发展的原因，特别是人类不合理的生产活动对旱灾的发生有着不可忽视的影响[83]。对于某一地区，自然因素波动和人类社会经济活动调整之间，既存在着动态的相互冲突，又存在着动态的相互适应；旱灾就是在这样的情况和条件下演变和发展的，它的形成与强度变化是一个渐进、积累和突变的过程。

3.1.1 水文气象和水资源等自然地理条件的影响

降水量、地表水和地下水资源量的多寡及其年内、年际变化不仅是形成农业干旱及其灾害的主要因素，也是形成城市缺水、农村人畜饮水困难和牧区干旱的重要原因。

我国位于欧亚大陆东南部，属东亚季风气候区，由于受海陆分布、地形条件和季风的影响，降水量呈现出自东南沿海向西北内陆递减的分布特征。全国约有45%的国土属干旱、半干旱地区，年平均降水量在400mm以下。另外，由于受夏季季风和冬季西伯利亚高压控制，我国降水主要集中在夏季，年内分配不均衡；长江以南地区的多雨季节为3—6月或4—7月，其间降水量占年降水量的50%～60%，华北、东北、西北、西南广大地区的多雨季节为6—9月，其间降水量占年降水量的70%～80%；其他季节降水量较少，容易发生干旱。另外，即使在雨季，如果是农作物关键生长时段少雨干旱，农业生产也会受到很大影响。

我国水资源总量居世界各国前列，但我国人口众多，人均水资源量并不丰富。此外，我国水资源量的年内和年际变化大，水资源利用比较困难。我国河流丰水年和枯水年的年径流差异大，长江以南各河年径流差异一般在5倍以下，北方河流差异较高，部分河流可高达10倍以上；并具有夏季丰水、冬季枯水、春秋过渡的年内变化特点，长江以南、云贵高原以东大部分地区最大连续4个月径流量占全年的60%左右，华北平原和辽宁沿海平原，最大连续4个月径流量占全年径流量的80%以上，其中海河平原可高达90%。

此外，水土资源组合不平衡，南方水多地少、北方水少地多，地区间水土资源不平衡情况，是干旱灾害形成的主要原因之一。长江流域和长江以南地区，水资源量占全国的81.0%，而耕地只占全国的36.0%；黄淮海三大流域，水资源占全国的7.5%，而耕地却占全国的36.5%，单位耕地面积占有水资源量只是全国水平的20.7%。

3.1.2 社会经济发展的因素

随着人口的急剧增加和城市化进程的加快，城乡生活用水需求不断提高；同时，随着农业种植结构的调整、套种指数的增加和特色农业、绿色农业的发展，农业用水需求仍然较高；另外，随着生态文明建设的推进，生态需水不断增加；全国总用水量持续增加，水资源供需矛盾日益紧张，旱灾风险日趋严重。

2022年，全国用水总量为5998.2亿 m^3，比2021年多78.0亿 m^3，其中，生活用水量减少3.7亿 m^3，工业用水量减少81.2亿 m^3，农业用水量增加137.0亿 m^3，人工生态环境补水量增加25.9亿 m^3。但是，与2002年相比，用水总量多了501.2亿 m^3，其中，生活用水量多了290亿 m^3，农业用水量增加43.4亿 m^3，人工生态环境补水量增加342.8亿 m^3，工业用水量减少了175亿 m^3。全国用水情况对比见表3.1。

表 3.1　　　　　　　　　　　　全国用水情况对比表

年份	用水量/亿 m^3				
	生活用水	工业用水	农业用水	人工生态环境补水	总用水量
2022	905.7	968.4	3781.3	342.8	5998.2
2021	909.4	1049.6	3644.3	316.9	5920.2
2013	748.2	1409.8	3920.3	105.1	6183.4
2002	615.7	1143.4	3737.9	—	5497.0

中国水资源公报的统计数据表明，2000年以来，全国用水总量总体呈缓慢上升趋势，2013年后变化相对平稳。其中，生活用水量呈持续增加态势，工业用水量从总体增加转为逐渐趋稳，近年来有所下降；农业用水量受当年降水和实际灌溉面积的影响上下波动。生活与生态用水量占用水总量的比例逐渐增加。

3.1.3　不合理的人为因素

不合理的人为因素主要表现在三个方面。

一是人口增长的负面影响。人口增长加剧了土地和生存压力，导致陡坡垦殖和滥砍滥伐现象增多。陡坡垦殖造成水土流失，使土层变薄，保水能力下降，提高了孕灾环境的脆弱性；滥砍滥伐致使地面植被减少，蒸发强烈，加快土壤水分丧失的速度，提高了承灾体的易损性。

二是分块、多头的水资源管理方式使得真正意义上的统一管理无法落实，很多地区水资源利用处于无序状态。部分地区产业结构和作物种植结构极不合理，高耗水产业的规模和高耗水作物的面积与当地水资源量不相称；农业用水效率低下，在水资源不足的同时，又存在着严重浪费现象。

三是水环境污染带来的水质性缺水问题一度较为突出。由于污染治理技术、部门经济利益和管理体制等方面的原因，21世纪初叶，全国各地普遍存在工业废水达标排放率低、生活污水处理率低等问题，导致城乡水环境污染严重。2006年，有关部门对14万km的河流水质进行了评价，其中，Ⅰ类水河长占3.5%，Ⅱ类水河长占27.3%，Ⅲ类水河长占27.5%，Ⅳ类水河长占13.4%，Ⅴ类水河长占6.5%，劣Ⅴ类水河长占21.8%。但是，Ⅳ类、Ⅴ类和劣Ⅴ类水都是分布在工业发达、人口密集、用水需求高的地区（2006年中国水资源公报）。

3.2 旱灾的主要影响

干旱导致雨养农业区减产歉收,灌溉农业区出现失灌,其他需水产业的发展受到严重影响,导致城乡人畜饮水严重困难,还导致山荒草枯,生态环境恶化。具体地说,有以下三个方面的影响[84-86]。

3.2.1 干旱对经济的影响

干旱影响范围大、持续时间长,往往涉及几个省份,甚至十几个省份,而且还会出现持续多年的干旱。它对我国农业生产影响较大,危害较重,是对我国农业生产危害最大的自然灾害之一。国家发展和改革委员会研究发现,我国多年平均旱灾减产粮食占粮食总产量的5%,因旱灾减产粮食数量呈现大幅度增加的趋势,特别是东北、西北、西南和华北地区粮食因旱减产数量增幅较大。干旱对牧区经济造成的主要危害是牧草缺水不能正常生长,使草地可载畜量大幅下降;牲畜因饲料和饮水短缺而发育不良、质量下降,甚至死亡。

干旱缺水对工业及第三产业的影响主要表现在以下三个方面。一是工业发展和布局受到限制。我国北方地区能源、矿产资源丰富,但淡水资源匮乏,必须限制高耗水工业的发展;城市要依托当地优势资源发展加工业,就受到水资源条件的约束。二是在遭遇重干旱年或极干旱年,为了确保居民生活用水,不得不严格控制工业和服务业的用水,一部分企业可能被迫停产或半停产,造成企业产量下降,生产能力闲置;继续维持生产的企业产品质量还可能因水质变差而下降。三是干旱缺水城市的生产用水价格提高,增加生产成本,影响企业利润。

3.2.2 干旱对社会的影响

干旱缺水对城市的影响主要表现在实际供水的质量与数量不能满足实际生产需要,生活用水也受到一定的限制。尤其是特殊干旱年份,只能定时限量供应饮用水,给居民生活带来极大的不便。

干旱对农村的影响是多方面的。除了导致生产收入下降外,还会造成农村人畜饮水和生活用水供应困难;使农村居民生存条件恶化,生活质量下降。据《中国农业年鉴》(1991—2001年)统计,全国不同年份因干旱造成饮水困难的人口数量为2000万~7000万。严重旱灾还会造成疾病流行,牲畜死亡;甚至出现抢水纠纷,引发社会动乱和人口外流,直接影响到社会的稳定。

旱情严重地区,还会造成工业停产、学校停课,当地政府需要组织大量人力、物力进行各种形式的抗旱活动;旱灾打乱了社会正常秩序,破坏了社会安定局面。

3.2.3 干旱对生态环境的影响

从微观上看,干旱可以抑制光合作用,进而降低陆地生态系统总的初级生产力;同时,它还降低生态系统的自养呼吸,并影响部分生态系统的异养呼吸,直接减少陆地生态系统的生产力;或者通过增加火灾的发生频率与强度、提高植物的死亡率等其他的干扰形式，间接减少陆地生态系统的生产力。

从宏观上看，干旱可以引起部分地区土地沙漠化和城市热岛效应的加剧，导致生态环境退化、居民生活质量下降；还会引起水资源过度开发，导致水环境恶化。地表水资源的过度利用，增加河湖断流的概率，诱发生态环境危机；地下水资源的过度开采，可能引发地面沉降、海水入侵、泉水消失等一系列的地质灾害。

3.3 旱灾的类型与基本特征

3.3.1 旱灾的类型

根据不同的划分标准，旱灾的分类也各不相同。本书根据国家防办制定的抗旱规划，将旱灾分为农业旱灾、城市旱灾和生态旱灾。

农业旱灾，指因水量不足，不能满足农作物及牧草正常生长需求而发生的水分短缺现象。根据干旱的季节特征，农业旱灾又可以分成春旱、伏旱、冬旱等季节性干旱，冬春连旱、伏秋连旱等季节性连旱，连年干旱等。北方地区发生冬旱或春旱的概率很大，并且范围大、持续时间长；长江中下游地区夏季经常处在单一的副热带高压控制下，晴热少雨，蒸发量大，出现夏伏旱或秋旱的概率较大；西南地区以冬旱和春旱为主；华南地区秋季、冬季、春季常有干旱发生。

城市旱灾，指城市供水不足，导致实际供水量低于正常供水量，影响到居民生活、企业生产和生态环境。根据缺水类型的不同，城市旱灾又可分为资源型干旱、工程型干旱、水质型干旱和混合型干旱 4 种类型。资源型干旱是指水资源匮乏导致的缺水，或者由于人口膨胀、经济建设高速增长，工业用水和城市生活用水大大增加，突破当地水资源承载能力而造成水量性缺水；工程型干旱是指由于工程建设没跟上，水资源总量并不短缺的地区发生水资源供需失衡；水质型干旱就是由水污染造成的缺水；混合型干旱则是上述三种干旱形式的任意组合。

生态旱灾，是指遇到水资源过度开发或者遭遇连续枯水年，造成水量不足、水质标准过低；不能维持生态系统中生物体水分平衡所需要的水量，不能满足保护和改善人类居住环境及其水环境所需要的水量[87]。

3.3.2 旱灾的基本特征

3.3.2.1 地域性

根据历史旱灾资料分析，我国北方地区旱灾较为严重，发生频次多，受灾面积大，灾情比较严重，且容易发生连续性的多年干旱；南方地区干旱发生频次相对较少，虽也出现过旱灾面积较大、灾情严重的情况，但发生大面积连年干旱的情况相对较少，灾后生产恢复也较快；全国南北方发生严重干旱的情况多在北方连年干旱和南方大旱遭遇时出现，灾情最为严重（表 3.2，引自文献 [88]）。

3.3.2.2 波动性

我国历史上的旱灾呈高频、低频相间出现的特点，自 1470 年以来，我国旱灾大致可分为3个阶段：1470—1691年为旱灾高频期，1692—1890年为干旱低频期，1891年以后至今又转入干旱高频期。在每个阶段中，还可根据干旱发生频次，再分出若干个次一级的干旱高频期和低频期[89]。同时，我国属大陆季风气候，受大气环流和气候的准周期性影响，旱灾的时间序列也具有准周期变化的特点。

表3.2　　　　　　　　　　1949—2000年中国旱灾分布类型

分布类型		年　份	年数	比例/%
东部型	东部分散型	1953，1955，1958，1961，1962，1963，1964，1965，1979，1980，1985，1987，1988，1991，1992，1993，2000	17	42.5
	黄河以北型	1949，1950，1982	3	7.5
	黄河以北＋长江以南型	1951，1956	2	5
	黄河以南型	1952，1959，1960，1998	4	10
	长江以北型	1994，1997，1999	3	7.5
全国型	东西分散型	1957，1978，1981，1983，1984，1986，1989	7	17.5
	西北—东南型	1954，1990，1995，1996	4	10
合　计			40	100

3.3.2.3　连续性

受季风影响，我国年降水和月、季降水年际变化很大。偏枯的年降水和月、季降水不利组合出现，便导致不同地区出现连季和连年持续干旱现象。统计表明，我国历史上经常出现持续几个月甚至几年的连续干旱，其中持续2年的重旱和极旱发生频次最高。长江中下游地区多发生伏秋连旱；西南地区以冬春连旱为主；华南地区秋冬春连旱时有发生；北方干旱持续时间一般较长，连年干旱出现的频次较多。海河流域1637—1643年出现持续7年的干旱，黄河流域1632—1642年出现长达11年之久的干旱[90]。

3.3.2.4　广泛性

全国年降水量少于400mm的干旱、半干旱地区占国土面积的45%，而且水土资源组合很不平衡，北京、天津、河北、山西、内蒙古、辽宁、吉林、黑龙江、陕西、甘肃、宁夏、新疆等12个北方省（自治区、直辖市）耕地面积占全国的40.2%，人口占27.1%，而水资源只占9.2%〔《中国农业年鉴》（1991—2001年）〕。再加上年际、年内降水分布极不均匀，我国四季都有可能发生干旱。在许多地区，干旱是一种不可避免的经常性自然灾害。

3.3.2.5　有限性

受技术和经济水平的限制，我们目前还不能完全战胜干旱灾害；但是在长期与干旱斗争的过程中，我国广大人民群众积累了许多有效的防旱抗旱办法。实践表明，只要尊重自然规律，通过工程、行政、经济、科技、教育等手段，合理配置和利用水资源，规范人类自身活动，建设节水型社会，就能够有效降低旱灾对城乡居民生产生活、经济社会发展和生态环境的影响。

3.3.2.6　相关性

我国幅员辽阔，各区域发生旱涝的时间并不相同；有时，某个区域有涝，而另一个区域则有大旱。但是，各区域的旱涝并非完全孤立，它同雨带范围大小和南北位置的关系比较密切；在雨带中心的区域往往容易发生洪涝现象，而在远离雨带的区域容易发生干旱现象。因此，各区域的旱涝程度与同期雨带的强弱、范围的大小及摆动位置有关。另外，对于同一区域，夏半年的旱涝趋势与逐月降水的分布也有较大的关系。

因此，尽管旱、涝灾害具有不同的时空特点、地域特征和致灾规律；但是它们又是相互依存、彼此关联的，同时异地或同地异时地危害着人类。

3.4 旱涝急转的含义、特性与成因

3.4.1 旱涝急转的含义

旱涝急转包含两层含义。

第一层含义，它是由干旱转向洪涝的一种自然现象，属于客观的范畴，通常表现为从一段持续干旱的天气突然转为易涝的暴雨天气。

第二层含义，则是指由抗旱转向排涝的一种人类行为方式的变化，属于主观的范畴，表现为某一区域正在大张旗鼓地抗旱，在一场突如其来的大暴雨或持续强降雨之后，工作重心必须立即从抗旱转移到排涝上。

3.4.2 旱涝急转的特性

（1）时间特性。旱涝急转具有发生时间的特定性，一般在主汛期，并且是暴雨多发期和作物关键需水期的结合时期。对于沿淮淮北地区来说，夏季既是秋季作物的关键需水期，也是作物缺水的多发时期（图 3.1），还是暴雨集中的时间段（图 3.2）。因此，夏季是最容易发生旱涝急转的时间，特别是 6 月下旬到 7 月下旬这一暴雨特别集中的时间段。

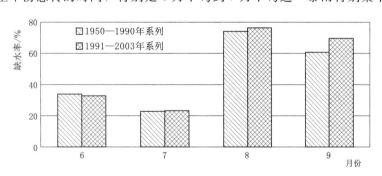

图 3.1 沿淮淮北地区作物分月缺水率

（2）空间特性。旱涝急转是就某个易旱易涝地区整体而言的，但是旱灾与涝灾的重点区域具有弱重叠性；也就是说，旱灾的重点区域一般是灌区的尾部，是地势相对高的地方，而涝灾最严重的地方一般是低洼地，是地势相对低的地方。

3.4.3 旱涝急转的形成原因

形成旱涝急转的因素很多，既有水文、气象、地理、土壤等自然因素，也有社会经济

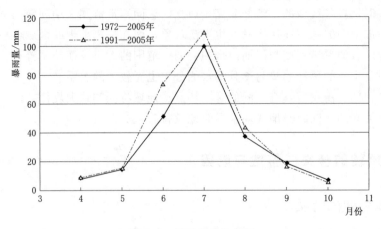

图 3.2 暴雨量月分布图

和人为因素；而且存在一定的区域差异。本书以安徽省沿淮淮北地区为例，分析旱涝急转的形成原因。

进入 21 世纪后的短短几年，沿淮淮北地区在 2000—2001 年连续遭遇干旱，2003 年大水，2005 年和 2006 年旱涝并发。不但旱涝灾害频繁发生，而且在一年内旱涝紧密交错进行，让很多人不理解；业外人士对旱涝急转更是大惑不解，究竟是自然变异等客观原因，还是工程建设与调度的原因？

总体上讲，除了阶段性气候不利变化因素外，主要是没有解决好易涝特性与其排涝能力、易旱特性与其抗旱能力之间的矛盾。具体来说，沿淮淮北地区容易发生旱涝急转的原因有以下四点：

1. 降水强度和暴雨频数的增加导致积涝威胁越来越大

沿淮淮北位于季风盛行区，降雨季节性强，夏季（6—8 月）降雨集中，且多暴雨，夏季降雨量占全年总降雨量的 52%，夏季暴雨量占全年暴雨量的 86%。沿淮淮北地区 10 个代表站 1972—2005 年逐日降水观测资料的分析表明：

（1）通过线性分析可知，春季降水量变化趋势不明显，夏季降水量总体上呈增加趋势；通过多项式分析可知，夏季降水量自 20 世纪 70 年代后期一度有所减少，但是到 90 年代以后有明显增加趋势；从而使得年降水量亦呈相应的变化趋势（图 3.3）。

（2）通过线性分析可知，年降水日数单调递减；通过多项式分析可知，进入 90 年代以后年降水日数稍有反弹，呈增加趋势，但增加幅度不显著，仍未达到 70 年代初期水平（图 3.4）；因此，由于年降水量的增加和年降水日数的微弱减少，平均降水强度呈明显增加趋势。

（3）通过对各站日暴雨统计分析可以看出，暴雨（日降水量≥50mm）日数及总量都呈增加趋势；由多项式分析可知，20 世纪 90 年代以来，年总暴雨量及夏季暴雨量均呈明显增加趋势，特别是 1996 年以来的 10 年，暴雨量的增加十分显著（图 3.5）。

2. 沿淮淮北地区的易涝特性与其排涝能力不足之间的矛盾

（1）沿淮淮北地区具有易涝的特性。除了上文所说的暴雨因素外，还有水文特点、地理特征、土壤特性和作物结构等因素。

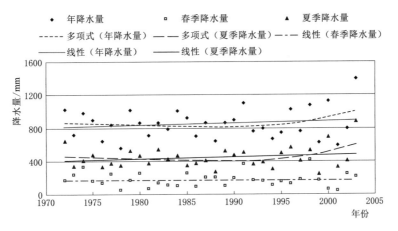

图 3.3　年、季降水量变化趋势分析图

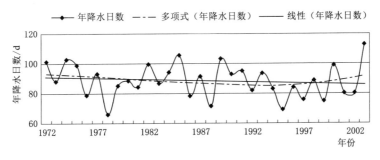

图 3.4　年降水日数变化趋势图

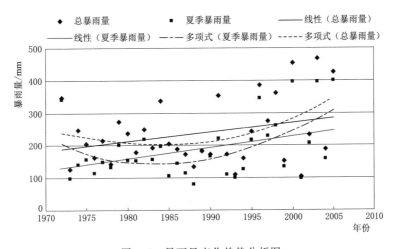

图 3.5　暴雨量变化趋势分析图

1）淮北平原在遭受黄河长期南泛之后，淮河干流以北的一些支流水系被打乱，淮河下游失去了入海通道，并且在淮河中游末端形成了洪泽湖；由于洪泽湖底的逐年淤高，大大抬高了淮河中、上游干支流水位，导致河道泄水不畅，排水标准难以提高，这也是该地区洪涝灾害频繁的主要病根[91-92]。

2）淮北平原北部为黄泛区，主要是砂土和潮土，排水沟渠边坡不稳定，容易淤积，导致排水能力减弱；中部为大面积的砂姜黑土，土质黏重致密，孔隙率小，透水性弱，横向地下水运动迟缓，加上田间排水沟渠缺乏，很容易发生涝、渍。

3）除部分沿河灌区有种植水稻的习惯外，沿淮淮北地区是传统的旱作区，冬季作物以小麦为主，秋季作物以大豆、玉米等旱作为主，这些旱作物耐涝、耐渍性能都很弱。

（2）沿淮淮北地区排涝能力不足。主要有以下三个原因。

1）淮北地区排涝体系还存有薄弱环节，主要是中小河道及其控制工程的建设标准偏低，面上工程不配套，阻水障碍物多，严重束水，致使排水不畅，影响行洪排涝。

2）淮北地区抽排能力严重不足，设计排涝标准偏低，固定装机不足；并且由于农村经济体制改革，大部分排涝站的管理权限不清，管理混乱，机械设备损坏严重，排涝运行经费难以筹集，现有的排涝站利用率非常低。

3）沿淮地区总体抽排能力尚可，但是泵站建设布局不理想，部分洼地虽然有排涝泵站，但是标准不足，甚至有些洼地没有固定抽排设施。

3. 气候的一时异常导致干旱缺水的威胁越来越大

沿淮淮北地区属南北过渡地带，气候温和，雨量适中，由南向北递减，多年平均降水量为 750～950mm；从严格意义上说，不属于干旱地区。但是，降雨年际变幅大，丰枯年降水极值比一般为 3～4 倍，年内雨量又过于集中，致使该地区短时气候异常几率非常大，阶段性干旱缺水现象频繁发生。

曾有专家对沿淮淮北各代表站 1950—1990 年降水资料进行分析，计算出几种主要旱作物分月缺水年份的数量及其占统计序列年数的比重。现收集整理了 1990 年以后的降水资料，同原序列进行了对比分析。结果表明，1990 年以来，在 6、7 月，主要旱作物的平均缺水情况与以前基本持平，缺水概率分别为 33％和 23％，在 8、9 月，主要旱作物的平均缺水情况较以前更为严重，缺水概率分别达到 76％和 70％，短时气候异常导致阶段性干旱的威胁越来越大。

另外，从 6 月旬降雨分析可以看出，上中旬降水量不足，其多年平均值仅占当月的50％，实际缺水率为 52％，阶段性干旱时有发生发生；相反，下旬降雨偏多，暴雨频发，大范围积涝经常出现，这就是该地区在 6 月下旬以后出现旱涝急转的气候原因。值得注意的是，自 1990 年以来，上中旬降水量呈明显减少的趋势，而下旬降雨却呈明显的增加趋势（图 3.6），这种背向发展的趋势将导致旱涝急转发生概率愈来愈大。

4. 沿淮淮北地区的易旱特性与其抗旱能力不足之间的矛盾

（1）沿淮淮北地区具有易旱的特性。主要是降雨变幅大且蒸发量大，地表水资源较贫乏，丰枯年份之间相差 7～8 倍，而且年内分布也极不均匀，加上该地区引、调、蓄的条件又特别差，从而导致当地径流利用率很低，经常造成农作物生长关键时期严重缺水；其次，淮北地区土壤粗粉粒含量较高，土壤易板结，蒸发大，保水能力差；尤其是占一半以上面积的砂姜黑土，质地黏重、湿时泥泞、干时坚硬、易涝易旱。

（2）沿淮淮北地区抗旱能力不足。抗旱能力的强弱主要决定于地表水资源的调节利用程度、地下水资源的开发利用程度、水利工程的建设与管理水平。淮北平原降雨集中在主汛期，且多为暴雨，不利于利用，导致调蓄利用率极小；现有调蓄库容占多年平均水资源

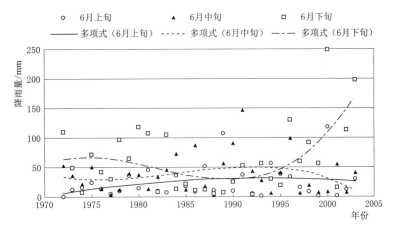

图 3.6　沿淮淮北地区 6 月旬降雨趋势分析

量及入境水量的 4%。地下水资源的开发利用主要靠井灌，以旱作物灌溉为主要对象；但是旱作物灌溉多次起伏，80 年代初期，由于管理工作没有跟上而使机电井遭到很大的损坏，1986 年以后才开始恢复、巩固和适当发展；但是受思想认识和管理水平的影响，实际灌溉面积增长不大。截至 2004 年年底，沿淮淮北地区总灌溉面积为 137.6 万 hm²，其中，有效灌溉面积 134.6 万 hm²，旱涝保收面积 90.4 万 hm²，分别占耕地面积的 64%、62%、42%。

通过前面的分析可知，淮北旱作物在 8、9 月的缺水率在 75% 左右，旱作物对灌溉的依赖程度非常高；与此同时，有超过 1/3 的土地不能得到有效灌溉，这些土地因此几乎年年遭受旱灾。

3.5　小结

本章首先从水文气象和水资源等自然地理条件的影响、社会经济发展的因素、不合理的人为因素等方面分析了旱灾的成因，阐述了干旱对经济、社会与生态环境的影响，简要介绍了旱灾的类型，并从地域性、波动性、连续性、广泛性、有限性、相关性等方面分析了旱灾的基本特征。最后，结合安徽省沿淮淮北地区的区域特点，探讨了旱涝急转的含义、特性与成因。

第4章 旱灾风险分析

4.1 旱灾风险分析的结构形式

4.1.1 现有旱灾风险分析的结构形式

如前所述，旱灾风险的定义并没有统一，因此，基于什么样的结构形式来分析旱灾系统中的自然因素与社会、经济和环境等因素的相互作用机制，亦有不同的选择。综合当前国内外研究，可以将旱灾风险分析结构的形式分成四种：

（1）由致灾因子和承灾体组成的两要素旱灾风险分析结构[93]。

（2）由致灾因子、孕灾环境和承灾体组成的三要素分析结构[94]。

（3）由致灾因子、孕灾环境、承灾体和抗旱能力组成的四要素分析结构[95]。

（4）由致灾因子、孕灾环境、承灾体、抗旱能力和旱灾损失组成的五要素分析结构[96]。

两要素组成的旱灾风险分析结构，反映自然因素和社会经济因素间因灾致损单向作用机理；三要素旱灾风险分析结构，则进一步反映孕灾环境的空间不均匀性对致灾因子、承灾体的影响，反映因空间分布不均匀的因灾致损作用机理；四要素旱灾风险分析结构，是在三要素系统的基础上进一步反映人类活动对致灾因子产生的作用，综合反映各种自然因素和社会因素相互作用的因灾致损作用机理，以及防灾减灾对成灾的反馈机理；五要素旱灾风险分析结构，则是在四要素系统的基础上进一步考虑了干旱造成的实际旱灾损失大小。

4.1.2 旱灾风险分析结构形式的选择

虽然以上四种旱灾风险分析结构有所不同，基于不同的视角来描述旱灾风险；但都可以反映致灾因子发生的不确定性，以及作用于承灾体后产生灾损的不确定性。

结合对旱灾系统结构（图2.1）与旱灾风险分析结构的认识，本书认为，旱灾风险分析的结构形式并非一成不变，而是要根据对旱灾形成机制的认识，以及采用的分析方法，来选择合适的结构形式。

例如，本书认为旱灾系统是由致灾因子、孕灾环境、承灾体和旱灾灾情构成的复合系统，则抗旱能力可以归结到孕灾环境当中；抗旱能力越强，孕灾环境的脆弱性越低，反之亦然。

又如，在基于干旱的传递效应来分析、评价旱灾风险时，就可以将旱灾风险分析结构看成由致灾因子危险性、孕灾环境脆弱性、承灾体易损性和旱灾损失构成的四要素结构。而在进行旱灾损失估算，或者基于传统的"综合指数"来评价旱灾风险时，则可以将旱灾风险分析结构看成由致灾因子危险性、孕灾环境脆弱性与承灾体易损性构成的三要素结构；旱灾损失、旱灾风险均是这三要素相互作用的产物。

4.2 旱灾风险分析的主要任务与步骤

4.2.1 干旱危险性分析

干旱危险性分析，就是综合分析各种致灾因子（如降水量、蒸发量等气候因素，河道流量、地下水位等水文因素），确定干旱严重程度。可以针对上述致灾因子，选择合理的干旱危险性特征指标来描述干旱情景 x_i，如国家防汛抗旱总指挥部办公室（以下简称国家防办）选用的降雨距平和连续无雨日数（表4.1～表4.2），并基于这些指标的历史统计资料，计算干旱情景 x_i 发生的概率 p_{x_i}。

表4.1　　　　　　　　　　　降水距平百分比 旱情等级划分表

季　节	计算期	轻度干旱	中度干旱	严重干旱	特大干旱
夏季（6—8月）	1个月	$-20 > D_p \geqslant -40$	$-40 > D_p \geqslant -60$	$-60 > D_p \geqslant -80$	$D_p < -80$
春、秋季（3—5月、9—11月）	2个月	$-30 > D_p \geqslant -50$	$-50 > D_p \geqslant -65$	$-65 > D_p \geqslant -75$	$D_p < -75$
冬季（12月至次年2月）	3个月	$-25 > D_p \geqslant -35$	$-35 > D_p \geqslant -45$	$-45 > D_p \geqslant -55$	$D_p < -55$

注　应根据不同季节选择适当的计算期长度。夏季宜采用1个月，春、秋季宜采用连续2个月，冬季宜采用连续3个月。计算期内的多年平均降水量宜采用近30年的平均值。

表4.2　　　　　　　　　　　连续无雨日数 旱情等级划分表　　　　　　　　　单位：d

评价时段	区号	轻度干旱	中度干旱	严重干旱	特大干旱
春、秋季（3—5月、9—11月）	I-2	15～30	31～50	51～75	>75
	II-2	15～30	31～50	51～75	>75
	III-2	15～25	26～45	46～70	>70
	IV-2	10～20	21～45	46～60	>60
	V-2	10～20	21～45	46～60	>60
	VI-2	10～20	21～45	46～60	>60
夏季（6—8月）	I-2	10～20	21～35	36～50	>50
	II-2	10～20	21～35	36～50	>50
	III-2	10～20	21～30	31～45	>45
	IV-2	5～10	11～20	21～30	>30
	V-2	5～10	11～20	21～30	>30
	VI-2	5～10	11～20	21～30	>30
冬季（12月至次年2月）	I-2	—	—	—	—
	II-2	20～30	31～60	61～90	>90
	III-2	15～30	31～50	51～80	>80
	IV-2	15～25	26～45	46～70	>70
	V-2	15～25	26～45	46～70	>70
	VI-2	15～25	26～45	46～70	>70

注　国家防办根据气候类型和地理位置，将全国划分为6个一级区；再根据灌溉状况和农牧业特点，在一级区内进行二级分区，最后形成16个二级分区。

降水量距平：

$$D_P = \frac{P - \overline{P}}{\overline{P}} \times 100 \tag{4.1}$$

式中：D_P 为计算期内降水量距平百分比，%；P、$\overline{P}$ 分别为计算期内降水量和多年平均降水量，mm。

连续无雨日数法适用于尚未建立墒情监测点的雨养农业区和水浇地主要作物需水关键期的旱情评价。

4.2.2　孕灾环境脆弱性分析

孕灾环境脆弱性分析，就是研究孕灾环境对干旱的响应能力，分析孕灾环境的传递机制。一般通过提取地形、地貌、水系与植被等旱灾影响地区的自然环境特征，调查、统计和分析社会经济发展水平、基础灌溉设施建设、防旱抗旱保障体系建设以及人们防旱抗旱意识等有关的风险区特性，研究不同强度干旱发生时的受灾范围，并分析其孕灾环境的脆弱程度。比如，水资源利用率表征当地水资源的开发潜力，有效灌溉率（灌溉面积占总耕地面积的比例，也称有效灌溉比例）和人均 GDP 两项指标表征当地防旱抗旱能力。

为了满足灾害估算和风险评价的需要，必须遵循重要性、可比性、定量性、相关性等原则，突出区域特色，揭示主要因素，进行相关指标的选择。比如，只针对某一研究区域，从整体上进行旱灾损失估算和风险评价，地形、地貌、水系及植被等自然特征的变化通常不会很大，可以主要研究社会经济发展带来的影响，选择当地水资源利用率、有效灌溉率和人均 GDP 等既有统计指标作为旱灾损失的主要影响因素；并用它们来衡量孕灾环境脆弱性大小的特征指标。

4.2.3　承灾体易损性分析

承灾体易损性分析，就是研究旱灾承灾体易于受到干旱损伤或破坏的特性，分析承灾体适应干旱的能力，以及各类承灾体的体量、分布等可能影响灾害程度的因素；分析和计算不同区域中各类承灾体在不同季节、不同持续时间、不同强度的干旱作用下，所具有的不同的损失响应。

但是，这种损失响应的定量计算非常复杂；实践中，过于细化的分析也没有必要。因此，相关文献往往选择相对宏观的指标来分析承灾体易损性。

对于区域旱灾风险而言，区内产业结构与规模是影响其易损性的主要因素。比如，在三大产业中，农业更易于受到干旱的影响；而在农业中，旱作物又比水稻、蔬菜等其他作物的易损性要低。因此，区域农业旱灾风险分析可以选择第一产业比例（第一产业 GDP 占总GDP 的百分比）和旱作物比例（旱作物占全部农作物的比例）来衡量承灾体易损性。

4.2.4　旱灾损失分析

4.2.4.1　旱灾损失特征指标的选择

旱灾损失分析的对象性很强，不同领域的指标各不相同。因此，需要根据所考察的承灾体特点进行旱灾损失特征指标的选择。对于农业旱灾损失，常选用"受灾面积"作为特征指标；对于城市旱灾损失，宜采用供水保证率等衡量缺水量的指标；对于生态旱灾损失，宜采用实际流量与生态基流的比值来衡量缺水量的指标。

国家防办出台的《干旱评价标准（试行）》中，选择受旱面积比率作为区域综合旱情的评价指标；并根据行政区划的层次的不同（县、市、省和全国），分别给予轻度、中度、严重、特大干旱不同的旱情阈值（表 4.3）。

表 4.3 　　　　　　　　　　　　区域综合旱情等级划分表

干旱等级		轻度干旱	中度干旱	严重干旱	特大干旱
受旱面积比率 /%	全国	5～10	10～20	20～30	＞30
	省级	5～20	20～30	30～50	＞50
	市（地）级	10～30	30～50	50～70	＞70
	县（市）级	20～40	40～60	60～80	＞80

对于农业旱灾，根据受灾农作物受损程度分别统计受灾面积、成灾面积和绝收面积，并按式（4.2）计算综合减产成数。再根据综合减产成数的大小，将农业旱灾划分为轻度、中度、严重、特大 4 个等级（表 4.4）。

综合减产成数：

$$C = 90\% I_3 + 55\% (I_2 - I_3) + 20\% (I_1 - I_2) \qquad (4.2)$$

式中：C 为综合减产成数，%；I_1 为受灾（减产 1 成以上）面积占播种面积的比例（用小数表示）；I_2 为成灾（减产 3 成以上）面积占播种面积的比例（用小数表示）；I_3 为绝收（减产 8 成以上）面积占播种面积的比例（用小数表示）。

表 4.4 　　　　　　　　　　　　农业旱灾等级划分表

旱灾等级	轻度旱灾	中度旱灾	严重旱灾	特大旱灾
综合减产成数/%	$10 < C \leqslant 20$	$20 < C \leqslant 30$	$30 < C \leqslant 40$	$C > 40$

对于城市旱灾，依据城市旱灾缺水率将城市旱灾分为四个等级，即特大干旱、严重干旱、中度干旱、轻度干旱（表 4.5）。依据城市供水预期缺水率将城市旱灾预警划分四个等级（表 4.6），即 Ⅰ 级预警（特大干旱）、Ⅱ 级预警（严重干旱）、Ⅲ 级预警（中度干旱）和 Ⅳ 级预警（轻度干旱）。城市供水预期缺水率是指预期内城市缺水总量与该时段内城市正常应供水总量的比值；"预期"一般可选择计算日至下一个来水季节前，也可以根据实际情况选择一个时间段，并加以说明。计算公式如下：

$$P_y = \frac{W - \sum W_i}{W} \times 100 \qquad (4.3)$$

式中：P_y 为城市供水预期缺水率，%；W 为预期内城市正常应供水总量，万 m^3；W_1 为预期内水库（湖泊）可供水量，万 m^3；W_2 为预期内河道（河网）可供水量，万 m^3；W_3 为预期内地下水可供水量，万 m^3；W_4 为预期内其他水源可供水量，万 m^3；i 为可供水源的各类，本式 $i = 1, 2, 3, \cdots$。

表 4.5 　　　　　　　　　　　　城市旱情等级划分标准

旱灾等级	特大干旱	严重干旱	中度干旱	轻度干旱
城市旱灾缺水率 P_g /%	$P_g > 30$	$20 < P_g \leqslant 30$	$10 < P_g \leqslant 20$	$5 < P_g \leqslant 10$

表 4.6 　　　　　　　　　　　　城市旱灾预警等级划分标准

预警等级	Ⅰ级预警（特大干旱）	Ⅱ级预警（严重干旱）	Ⅲ级预警（中度干旱）	Ⅳ级预警（轻度干旱）
城市供水预期缺水率 P_y /%	$P_y > 30$	$20 < P_y \leqslant 30$	$10 < P_y \leqslant 20$	$5 < P_y \leqslant 10$

4.2.4.2　旱灾损失大小 x_i 的估算

旱灾损失是干旱危险性、孕灾环境脆弱性和承灾体易损性共同作用的结果，即

$$L_{dk} = (y_1, y_2, \cdots, y_k) = \phi(f_1, f_2, \cdots, f_m) = \begin{cases} L_{d1} = \phi_1(f_1, f_2, \cdots, f_m) \\ L_{d2} = \phi_2(f_1, f_2, \cdots, f_m) \\ \cdots \\ L_{dk} = \phi_k(f_1, f_2, \cdots, f_m) \end{cases} \quad (4.4)$$

式中：y_1，y_2，$\cdots$，y_k 分别为受旱率、受灾率、经济损失、社会损失、生态损失等旱灾损失指标；f_1，f_2，$\cdots$，f_m 分别为致灾因子、孕灾环境和承灾体的一些特征指标。

因此，不能仅仅根据其中的一个因素或者这个因素的某一个指标来分析判断旱灾旱灾，而是应当综合考虑旱灾风险结构中的所有因素来判断旱灾。即在干旱危险性、孕灾环境脆弱性与承灾体易损性分析的基础上，建立旱灾损失估算指标体系，计算干旱情景 x_i 导致的某一类旱灾损失 y_j 的大小。

4.2.4.3　旱灾损失 y_j 发生概率 p_{y_j} 的计算

通常情况下，可以根据某地的历史旱灾损失统计资料，计算出当地的旱灾损失频率曲线，进而根据估算的旱灾损失 y_j，计算（查找）相应的旱灾损失发生概率。

如：可以利用@RISK 软件和《安徽省抗旱手册》提供的受旱率（1950—2005 年），生成安徽省受旱率的概率曲线（图 4.1）。

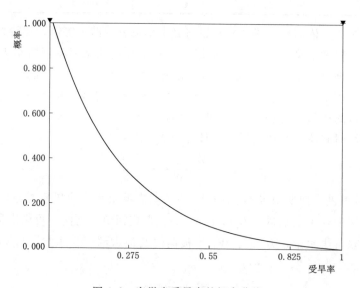

图 4.1　安徽省受旱率的概率曲线

安徽省受旱率的概率密度为

$$f(x) = \begin{cases} \dfrac{1}{0.257} e^{-(x-0.0058)/0.257} & (0 < x < 1) \\ 0 & (\text{其他}) \end{cases} \quad (4.5)$$

旱灾损失 x_i 的发生概率为

$$p_i(x_i) = \int_0^{x_i} f(x)\mathrm{d}x \tag{4.6}$$

当区域旱灾数据时间序列长短不一、数据缺失较为严重，总体样本偏小时，可以引入随机理论，在区域旱灾综合风险特征指标时空规律研究的基础上，构造 Monte - Carlo 随机模型，对区域旱灾进行多情景模拟，获取合适规模的研究样本。

4.2.5　旱灾风险分析的步骤

（1）明确分析对象、范围以及分析的最终目的，并根据分析目的构建指标框架；可以针对上述四个任务中的某一个，或者整体来构建指标框架。

（2）梳理对象的所有"属性"指标，并选定主要的、能够代表对象"属性"的指标；收集可以量化分析对象各项"属性"指标的相关信息和数据，并进行适当的一致性、合理性审查，以及开展指标无量纲化等数据处理工作。

（3）根据分析对象及其"属性指标"来选定分析方法，建立数学模型，得出分析结果。

（4）检验分析结果的合理性。若分析结果不合理，则需通过检查、调整、重新分析与再检验等步骤，直到得出合理的分析结果。

4.3　旱灾风险结构特征指标体系的构建

4.3.1　旱灾风险结构特征指标体系的作用

如前所述，旱灾风险 Dr 可以表达为 $\{\langle x_i, y_j, p_{xi}, p_{y_j} \rangle\}_c$；干旱情景 x_i 和旱灾事件 y_j 都需要通过特征指标来描述。因此，旱灾风险评价指标的确定，是旱灾风险评价的基础。而且旱灾事件的特征指标数值化，可以对旱灾风险进行量化和有效衡量。

另外，从旱灾系统的构成来看，孕灾环境和承灾体是决定致灾因子的干旱危险性向旱灾损失风险传递的关键要素。因此，可以将孕灾环境的脆弱性指标和承灾体的易损性指标看成危险性向旱灾损失传递风险的转换性指标。

随着国内外旱灾风险研究的逐渐深入，大家发现，不论是危险性和旱灾损失指标，还是脆弱性和易损性指标，单一角度的指标已无法全面反映旱灾风险的特征与演化规律，需要结合多种干旱类型对其重新审视。因此，基于旱灾系统结构，构建旱灾风险特征指标体系，成为旱灾风险分析的主流方法和研究热点。

4.3.2　旱灾风险结构特征指标筛选原则

旱灾形成的原因极其复杂，不同区域旱灾风险评价指标的适用性受到较大的考验，很难有适用于所有研究区域的旱灾风险指标，因此在建立该体系的过程中需要根据研究区域的特点进行针对性的修正，充分考虑不同区域之间的差异。旱灾风险结构特征指标筛选应遵循下列原则，选取最合适的指标：

（1）完整性，构建出来的旱灾风险结构特征指标体系能够比较全面、概括地反映干旱危险性、孕灾环境脆弱性、承灾体易损性对旱灾损失的影响。

（2）独立性，要求各个指标尽可能不相互交叉，以免人为地增加指标所包含的重复信息量。

（3）动态性，要求指标具有动态性，能够综合反映旱灾的发展趋势。

（4）针对性，要求指标既能从整体层面反映不同领域旱灾损失的大小，又能够分别量化干旱危险性、孕灾环境脆弱性、承灾体易损性的影响。

（5）可行性，要求指标的复杂性适中，有利于推广；过于简易，不能真实反映旱灾风险的内涵；过于复杂，则不利于风险评价工作的开展。同时，所选取的指标应该尽量与各统计部门保持一致，从而比较容易获取历史统计数据。

（6）层次性，要求所建立起的指标体系呈现出结构层次性，而不是无序组合；一般可分为总体指标、分类指标、分项指标三个层次。

4.3.3　旱灾风险结构特征指标体系的常规结构

任何一个具体的旱灾风险结构指标都只能反映旱灾风险结构的一个侧面，能否选取合适的指标将直接影响到评价结果。因此，需要在分析旱灾系统结构的同时，遵循上述原则建立一套科学的旱情风险结构特征指标体系，综合考虑气象水文、自然环境、社会经济，以及生产、生活与生态等领域。

区域旱灾风险要素特征指标体系示例如图 4.2 所示。

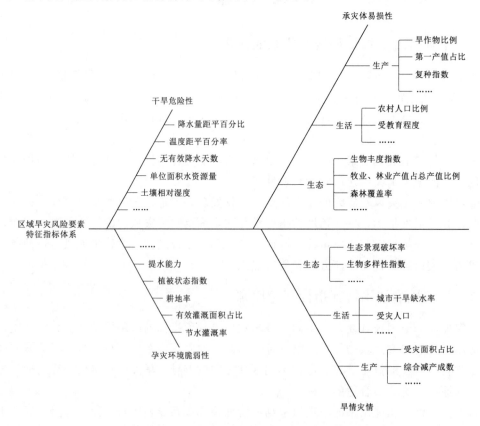

图 4.2　区域旱灾风险要素特征指标体系

4.4 基于特征指标体系的旱灾风险分析方法

4.4.1 常规的旱灾风险分析方法

4.4.1.1 综合指数法

综合指数法（comprehensive index method）是指将不同计量单位或属性的评价指标标准化（无量纲化）后通过加权综合为一个新的指标，即综合指数，然后依据综合指数完成综合分析与评价。综合指数法计算相对简单，在多因素评价中较为常用。

基于旱灾风险结构特征指标体系的综合指数评价法，就是通过构建旱灾风险指标体系、计算指标权重，并通过选择得出风险指数，反映区域旱灾时序或空间上的变化规律。

1. 特征指标权重的计算方法

目前主流的权重计算方法分为主观赋权与客观赋权两大类。其中，主观赋权法有层次分析法（AHP）、直接构权法和极值迭代法等；客观赋权法有熵权法、独立性权重法、CRITIC（criteria importance though intercrieria correlation）法、均方差法和极差法等[15]。本书介绍目前在各个领域得到广泛应用的主、客观赋权法。

（1）层次分析法（AHP）。

AHP 是美国运筹学家萨蒂提出的一种层次权重决策分析方法，将研究对象作为一个系统，按照分解、比较判断、综合的思维方式进行决策，是系统分析的一个重要工具。另外，它不是把所有指标放在一起比较，而是两两相互比较，并且通过一致性检验，以提高准度。具体步骤如下：

步骤 1 构建判断矩阵 A（方阵），可以表示为

$$A = (a_{ij})_{t \times t} \tag{4.7}$$

其中

$$a_{ji} = 1/a_{ij}$$

式中：a_{ij} 为因素 i 与因素 j 重要性的比较结果，取值为 1、3、5、7、9，分别对应同等重要、稍微重要、较强重要、强烈重要和极端重要，当重要性介于上述结果之间，则取值为 2，4，6，8；t 为指标个数。

步骤 2 矩阵 A 的一致性检验。为确保构建的判断矩阵合理，进行一致性检验；若判断矩阵不能通过一致性检验，则需重新设计判断矩阵。

步骤 3 权重的计算。对经过一致性检验的判断矩阵进行相应处理，即可得到指标对应的权重 ω_j。具体的处理方法包括特征值法、算术平均法和几何平均法。

（2）熵权法。

熵权法是根据指标数据的离散程度，利用信息熵来确定客观权重。

步骤 1 数据标准化处理。

正向型指标：

$$x'_{ij} = \frac{x_{ij} - x_j^{\min}}{x_j^{\max} - x_j^{\min}} \tag{4.8}$$

逆向型指标：

$$x'_{ij} = \frac{x_j^{\max} - x_{ij}}{x_j^{\max} - x_j^{\min}} \tag{4.9}$$

式中：x'_{ij} 为第 j 个指标中第 i 个样本标准化后的值；x_{ij} 为第 j 个指标中第 i 个样本值；$x_j^{\min}$ 和 $x_j^{\max}$ 分别为样本中第 j 个指标的最小值和最大值。

步骤2　计算信息熵 E_j。

概率矩阵：
$$p_{ij} = \frac{x'_{ij}}{\sum\limits_{i=1}^{n} x'_{ij}} \tag{4.10}$$

信息熵：
$$E_j = -\frac{1}{\ln n} \sum\limits_{i=1}^{n} p_{ij} \ln p_{ij} \tag{4.11}$$

步骤3　熵权的确定。

差异系数：
$$d_j = 1 - E_j \tag{4.12}$$

熵权：
$$W_j = \frac{d_j}{\sum\limits_{j=1}^{m} d_j} \tag{4.13}$$

（3）独立性权重法。

独立性权重法根据指标间的共线性强弱，利用复相关系数来确定权重。通过对任意两个指标进行回归分析来得到对应复相关系数 R，并计算其倒数 $\frac{1}{R}$，然后进行归一化即得到权重。计算公式如下：

$$R = \frac{\text{cov}(y, \hat{y})}{\hat{\sigma}_y \hat{\sigma}_{\hat{y}}} = \frac{\sum (y - \overline{y})(\hat{y} - \overline{y})}{\sqrt{\sum (y - \overline{y})^2 \sum (\hat{y} - \overline{y})^2}} \tag{4.14}$$

$$W_j = \frac{1/R_j}{\sum\limits_{j=1}^{m} 1/R_j} \tag{4.15}$$

式中：y 为各指标标准化后的值；$\overline{y}$ 为指标标准化后的均值；$\hat{y}$ 为回归分析后的指标值；R_j 为第 j 个指标的复相关系数。

（4）CRITIC 法。

CRITIC 法是由 Diakoulaki 在 1995 年提出，此方法基于指标间的对比轻度与冲突性来衡量指标的客观权重。其权重计算方法如下：

首先对数据进行标准化处理，再由式（4.16）和式（4.17）分别计算指标的变异性 S_j 和冲突性 R_j，接着计算信息量 C_j，最后计算得到各指标的权重 W_j，公式如下：

$$\begin{cases} \overline{y}_j = \dfrac{1}{n} \sum\limits_{i=1}^{n} y_{ij} \\ S_j = \sqrt{\dfrac{\sum\limits_{i=1}^{n} (y_{ij} - \overline{y}_j)^2}{n-1}} \end{cases} \tag{4.16}$$

$$R_j = \sum\limits_{i=1}^{n} (1 - r_{ij}) \tag{4.17}$$

$$C_j = S_j \times R_j \tag{4.18}$$

$$W_j = \frac{C_j}{\sum_{j=1}^{n} C_j} \tag{4.19}$$

式中：y_{ij} 为第 j 个指标标准化后的值；$\overline{y}_j$ 和 S_j 分别为样本中第 j 个指标的均值和标准差；r_{ij} 为评价指标中第 i 个指标和第 j 个指标间的相关系数。

2. 风险指数的综合加权计算

常见的综合指数法有算术平均法、加权算术平均法、几何平均法和加权几何平均法等综合加权计算方法。

一般情况下，常使用加权综合评价法来确定旱灾风险的综合评价值，计算公式如下：

$$R = \sum_{i=1}^{n} W_i \times y_i \tag{4.20}$$

式中：W_i 为第 i 个指标的权重（$i=1, 2, \cdots, n$）；y_i 为第 i 个指标标准化后的值；R 为综合评价值。

4.4.1.2 聚类分析法

聚类分析（cluster analysis），是一种理想的多变量统计技术，通过寻找一些能够度量指标统计值之间相似程度的统计量，并以这些统计量作为划分类型的依据；它是将若干个个体集合，按照某种标准分成若干簇，并且希望簇内的样本尽可能地相似，而簇与簇之间要尽可能的不相似。

聚类分析是一种静态数据分析方法，常被用于数据挖掘、机器学习、模式识别等领域。常见的聚类分析算法很多，其中最经典的是层次聚类和 k-means 聚类。

1. 层次聚类

层次聚类又称为系统聚类，是在不同层级上对样本进行聚类，并逐步形成树状的结构。R、SPSS 等统计分析软件都提供了系统聚类的计算功能，它的原理比较简单，基本过程如下：

步骤 1 （初始化）将每一个样本点都视为一个簇。

步骤 2 计算各个簇之间的相似度。

步骤 3 寻找最近的两个簇，将它们聚合成一个新簇。

步骤 4 重复步骤 2 和步骤 3，直至所有样本都归为一簇。

整个过程就是建立一棵树。在建立的过程中，也可以在步骤四设置所需分类的类别个数，作为迭代的终止条件。

2. k-means 聚类的分析方法

k-means 聚类是一种无监督的聚类算法，在干旱评估中有较好的适用性[97]。该算法具有实现简单、高效简洁的特点；通常根据欧氏距离将所要聚类的数据分为 k 个类，并通过不断迭代，对最初的聚类结果进行优化。主要步骤如下：

（1）选择初始化的 k 个样本作为聚类中心 $a = a_1, a_2, \cdots, a_k$。

（2）针对数据集中每个样本 x_i 计算它到每个聚类中心的距离，并将其分到距离最小的聚类中心对应的类中。

（3）根据聚类结果，重新计算它的聚类中心 a_j：

$$a_j = \frac{1}{|c_i|} \sum_{x_i \in c_i} x_i \tag{4.21}$$

（4）重复上述（2）（3）两步操作，直到达到设置的终止迭代条件（通常为迭代次数或最小误差）。

4.4.1.3 多元函数拟合法

多元函数拟合法，是一种寻找多元函数最优参数的方法；通过分析已有数据，得出最符合实际情况的函数参数。

计算中，首先需要确定一个模型函数，然后再寻找最优的模型参数，这个寻优过程通常采用最小二乘法来实现。具体来说，首先定义一个误差函数，它可以计算出当前模型与真实数据之间的误差；然后需要对这个误差函数进行求导，并令其等于 0，就可以得到最小化误差函数的解析解，从而得出最优拟合模型参数。

实践中，多元函数多参数拟合算法被广泛应用于物理学、化学、生物学等领域，旱灾风险分析也不例外，下面以旱灾损失估算为例来展示该方法的应用。

旱灾损失估算，就是依据该地区的旱灾损失指标体系和一系列的历史统计数据，建立旱灾损失特征指标与干旱危险性、孕灾环境脆弱性和承灾体易损性等特征指标的函数关系（估算模型）；再根据实时监测数据或其他子模型生成的数据，计算某地区在某一时间范围内可能发生的一系列不同强度的干旱给该地区造成的影响（旱灾损失 y_j 的大小）。

由于研究地区社会经济的不断发展，以及防旱抗旱能力的不断变化，孕灾环境脆弱性和承灾体易损性也在不断发生变化，与其相关的参数会导致旱灾损失与干旱强度指标的关系相当复杂，人们很难基于旱灾的成灾机理给出一个清晰明确的函数来描述旱灾损失与干旱强度之间的关系。因此，根据旱灾损失和其他相关指标的系列统计资料，用数理统计方法来估计旱灾损失，是较为常用的一种方法。

即对于给定的数据 (X_i, Y_i)（X_i 表示 i 组干旱危险性、孕灾环境脆弱性和承灾体易损性的参变量组成的向量，Y_i 表示第 i 组旱灾损失向量，且 $X_i, Y_i \in R_n$；其中 $i = 1, 2, \cdots, n$），要求在某个函数类的集合 Φ 中寻找一个函数 $\varphi^*(X)$，使得误差平方和最小：

$$\sum_{i=1}^{n} (\varphi^*(X_i) - Y_i)^2 \rightarrow \min \quad (i = 1, 2, \cdots, n) \tag{4.22}$$

式中：$\varphi^*(X_i)$ 为 Φ 中任意一个函数。

传统的解决方法都是将该问题转化为两个独立的步骤：

步骤 1　确定函数 $\varphi^*(X)$ 的结构。

步骤 2　采用最小二乘方法求解模型参数。先根据 $\varphi^*(X)$ 的特点，建立关于 $\varphi^*(X)$ 待定系数的法方程组，然后通过求解法方程组来确定系数。

例：基于多元线性拟合的旱灾旱灾估算方法。

应用该方法，必须首先假设旱灾损失特征指标 y 与 n 个干旱危险性、孕灾环境脆弱性及承灾体易损性特征指标之间存在线性关系：

$$y = a_0 + \sum_{j=1}^{n} a_j x_j \tag{4.23}$$

设变量 x_j 的第 i 次统计值为 x_{ij}（$i = 1, 2, \cdots, m$；$j = 1, 2, \cdots, n$），对应的旱灾损

失特征指标的统计值为 $y_i(i=1,2,\cdots,m)$，则偏差平方和：

$$s(a_0,a_1,\cdots,a_n)=\sum_{i=1}^{m}(y_i-\tilde{y}_i)^2=\sum_{i=1}^{m}(y_i-a_0-\sum_{j=1}^{n}a_jx_{ij})^2 \tag{4.24}$$

为使 s 取极小值，得正规方程组为

$$\begin{cases}\dfrac{\partial s}{\partial a_0}=-2\sum_{i=1}^{m}(y_i-a_0-\sum_{j=1}^{n}a_jx_{ij})=0\\[2mm]\dfrac{\partial s}{\partial a_1}=-2\sum_{i=1}^{m}(y_i-a_0-\sum_{j=1}^{n}a_jx_{ij})x_{i1}=0\\[2mm]\qquad\cdots\\[2mm]\dfrac{\partial s}{\partial a_n}=-2\sum_{i=1}^{m}(y_i-a_0-\sum_{j=1}^{n}a_jx_{ij})x_{in}=0\end{cases} \tag{4.25}$$

即
$$\begin{cases}ma_0+\sum_{j=1}^{n}(\sum_{i=1}^{m}x_{ij})a_j=\sum_{i=1}^{m}y_i\\[2mm]\sum_{i=1}^{m}x_{ik}a_0+\sum_{j=1}^{n}(\sum_{i=1}^{m}x_{ij}x_{ik})a_j=\sum_{i=1}^{m}(x_{ik}y_i)(k=1,2,\cdots,n)\end{cases} \tag{4.26}$$

将统计数据 (x_{ij},y_i) 代入上述正规方程组中，即可得出未知参数 $a_0,a_1,\cdots,a_n$，从而得出基于多元线性拟合的旱灾旱灾估算模型。

4.4.2 常规分析方法存在的主要问题

1. 风险指数为相对值

常规综合评价法的主要缺点，是它得出的风险指数只能表征评价对象之间的相对风险水平，不具备明确的物理意义。也就是说，它得出的风险指数不具备旱灾风险的绝对表达能力，不能实现旱灾风险水平的合理分类，也不能同时从时间和空间维度上对区域旱灾风险进行比较；无法开展区域旱灾风险指数的时空汇总分析，也无法模拟旱灾风险复杂系统的不确定性与动态过程，不能直接反映不同量级干旱情景与旱灾损失之间的对应关系。

2. 聚类结果有类无值

常规聚类分析方法的主要缺点，是它可以对多个待评估对象的旱灾风险水平进行分类，但各类之间的风险水平大小难以确定；而且也不能对同类中的待评价对象的风险值进行量化，即不能区分同类中不同待评价对象的旱灾风险大小。也就是说，常规聚类分析方法只能实现旱灾风险的定性分析，但是难以实现旱灾风险的定量分析。

3. 常规函数拟合精度较差

传统多元函数拟合法的主要缺点是拟合效率较低，精度较低。估计方程 $\varphi^*(X)$ 的结构需要用到特定领域的专门知识，因而比较困难。对于二维的情况，通常采用的方法是将 (X_i,Y_i) 描绘在图纸上，然后根据各点在图纸上的分布情况来估计并确定 $\varphi^*(X)$ 的结构；然而对于高于二维的情况，要确定 $\varphi^*(X)$ 的具体结构却非常困难。

此外，传统方法通常只适合求解结构较为简单的函数，多数情况下是初等函数或多项式。如果 $\varphi^*(X)$ 的结构过于复杂，求解 $\varphi^*(X)$ 待定系数的法方程组就会变得很复杂。一旦引入较多变量，采用传统方法又难于找到适合的函数，很难实现成功建模。正因为如此，现有的常规函数拟合方法中，不同程度地存在着人为简化的因素，从而导致引入变量过少，拟合精度较差。

4.4.3　改进的旱灾风险分析方法

4.4.3.1　时空向量转换法

针对"风险指数为相对值的问题"，本书提出基于"时空向量"迭代转换的旱灾风险评估方法，以解决常规综合评价法得出的风险指数非"绝对量化"问题。

首先，利用常规"综合评价"法进行区域旱灾风险评价。即：先通过"旱灾风险空间评估"法，利用所有子区域同一年统计数据，评价当年 m 个子区域的相对风险水平，得出基于空间评估的区域旱灾风险指数矩阵 A（n 个列向量组成）；再通过"旱灾风险时序评估"法，利用每个子区域的所有年份统计数据，逐一评价各个子区域的 n 年的相对风险水平，得出基于时间评估的区域旱灾风险指数矩阵 B（m 个列向量组成）。

其次，通过构建一个初始的"时间转换向量" T_1 与矩阵 A 相乘，生成一个"空间转换向量" S_1，将 S_1 与矩阵 B 相乘，生成一个新的"时间转换向量" T_2；继续将其与 A 相乘，如此往复，直到迭代 n 次后，T_n、T_{n-1} 及 S_n、S_{n-1} 趋于一致。

定义初始转换向量和初始矩阵如下：

"时间转换向量" $T_1 = \begin{bmatrix} t_{1-1} & t_{1-2} & \cdots & t_{1-n} \end{bmatrix}$；

"空间转换向量" $S_1 = \begin{bmatrix} s_{1-1} & s_{1-2} & \cdots & s_{1-m} \end{bmatrix}$；

基于空间的旱灾风险矩阵 $A = \begin{bmatrix} \vec{a}_{.1} & \vec{a}_{.2} & \cdots & \vec{a}_{.n} \end{bmatrix} = \begin{bmatrix} a_{11} & a_{12} & \cdots & a_{1n} \\ a_{21} & a_{22} & \cdots & a_{2n} \\ \vdots & \vdots & \vdots & \vdots \\ a_{m1} & a_{m2} & \cdots & a_{mn} \end{bmatrix}$；

基于时间的旱灾风险矩阵 $B = \begin{bmatrix} \vec{b}_{.1} & \vec{b}_{.2} & \cdots & \vec{b}_{.m} \end{bmatrix} = \begin{bmatrix} b_{11} & b_{12} & \cdots & b_{1m} \\ b_{21} & b_{22} & \cdots & b_{2m} \\ \vdots & \vdots & \vdots & \vdots \\ b_{n1} & b_{n2} & \cdots & b_{nm} \end{bmatrix}$

式中：n 为待评估的年数；m 为待评价的子区域数；t_{1-i} 为第 i 年的初始调整系数，其表征为评估区域第 i 年旱灾的总体风险水平（相对于时间序列中的其他年份）；s_{1-i} 为第 i 个子区域的初始调整系数，其表征为第 i 个子区域旱灾的总体风险水平（相对于空间序列中的其他子区域）；a_{ij} 为基于"旱灾风险空间评估"生成的风险矩阵中第 i 个子区域第 j 年的旱灾风险值；b_{ji} 为基于"旱灾风险时序评估"生成的风险矩阵中第 j 年第 i 个子区域的旱灾风险值。

具体迭代调整的步骤如下。

1. 时间转换向量的构建与调整

基于区域的时序风险水平或者典型子区域的平均时序风险水平，构建"时间转换向量" T_1，并对其进行标准化和区间映射调整；使经过它转换后的空间旱灾风险值具有时间特性，区分度得到增加，并依然保持矩阵元素 $a_{ij} \in (0, 1)$；记调整后"时间转换向量"

为 T_1':

$$T_1' = \begin{bmatrix} t_{1-1}' & t_{1-2}' & \cdots & t_{1-n}' \end{bmatrix}$$

$$t_{1-i}' = \frac{t_{1-i} - t_{1-\min}}{t_{1-\max} - t_{1-\min}} \times \left(\frac{2}{a_{ij-\max}} - 2 \right) + 2 - \frac{1}{a_{ij-\max}} \tag{4.27}$$

式中：$t_{1-\min}$ 和 $t_{1-\max}$ 分别为初始"时间转换向量" t_{1-i} 的最小值和最大值；$a_{ij-\max}$ 为空间矩阵 A 中所有元素的最大值。

2. 空间转换向量的构建与调整

利用空间矩阵 A 与"时间转换向量" T_1' 相乘的结果，得到"空间转换向量" S_1，并作与 T_1 类似的调整，得到 S_1':

$$\begin{aligned} S_1 &= A * T_1' \\ &= \begin{bmatrix} t_{1-1}' \cdot a_{11} + \cdots + t_{1-n}' \cdot a_{1n} & \cdots & t_{1-1}' \cdot a_{m1} + \cdots + t_{1-n}' \cdot a_{mn} \end{bmatrix} \\ &= \begin{bmatrix} s_{1-1} & s_{1-2} & \cdots & s_{1-m} \end{bmatrix}^{\mathrm{T}} \end{aligned} \tag{4.28}$$

$$S_1' = \begin{bmatrix} s_{1-1}' & s_{1-2}' & \cdots & s_{1-m}' \end{bmatrix}^{\mathrm{T}}, s_{1-i}' = \frac{s_{1-i} - s_{1-\min}}{s_{1-\max} - s_{1-\min}} \times \left(\frac{2}{b_{ji-\max}} - 2 \right) + 2 - \frac{1}{b_{ji-\max}} \tag{4.29}$$

式中：$s_{1-\min}$ 和 $s_{1-\max}$ 分别为初始"空间转换向量" s_{1-i} 的最小值和最大值；$b_{ij-\max}$ 为时间矩阵 B 中所有元素的最大值。

3. 时间转换向量的再调整

利用时间矩阵 B 与"空间转换向量" S_1' 相乘得到新的"时间转换向量" T_2，并作与 T_1 类似的调整，得到 T_2'，其中，T_2 的计算如下：

$$\begin{aligned} T_2 &= BS_1' \\ &= \begin{bmatrix} s_{1-1}' b_{11} + \cdots + s_{1-m}' b_{1m} & \cdots & s_{1-1}' b_{n1} + \cdots + s_{1-m}' b_{nm} \end{bmatrix} \\ &= \begin{bmatrix} t_{2-1} & t_{2-2} & \cdots & t_{2-n} \end{bmatrix}^{\mathrm{T}} \end{aligned} \tag{4.30}$$

$$T_2' = \begin{bmatrix} t_{1-1}' & t_{1-2}' & \cdots & t_{1-n}' \end{bmatrix}^{\mathrm{T}}, t_{2-i}' = \frac{t_{2-i} - t_{2-\min}}{t_{2-\max} - t_{2-\min}} \times \left(\frac{2}{a_{ij-\max}} - 2 \right) + 2 - \frac{1}{a_{ij-\max}} \tag{4.31}$$

式中：$t_{2-\min}$ 和 $t_{2-\max}$ 分别为 t_{2-i} 的最小和最大值；$a_{ij-\max}$ 为矩阵 A 中所有元素的最大值。

4. 持续迭代

重复 2～3 的步骤，直到前后两次计算得到的"时间转换向量" T_{n-1}、T_n 和"空间转换向量" S_{n-1}、S_n 满足 $\| T_n - T_{n-1} \|_2 < \varepsilon$ & $\| S_n - S_{n-1} \|_2 < \varepsilon$ 时，迭代计算终止，其中 ε 一般可取 10^{-3} 或更小的正数。

5. 区域旱灾风险矩阵的检验

将迭代终止时得到的"时间转换向量" T_n' 中的元素 t_{n-i}' 与空间矩阵 A 中第 i 个列向量进行数乘，得到最终的风险矩阵 A_{final}，公式如下：

$$A_{final} = \begin{bmatrix} \vec{a}_{\cdot 1}' & \vec{a}_{\cdot 2}' & \cdots & \vec{a}_{\cdot n}' \end{bmatrix}, \quad \vec{a}_{\cdot i}' = \begin{bmatrix} a_{1i} \cdot t_{n-i}' \\ a_{2i} \cdot t_{n-i}' \\ \vdots \\ a_{mi} \cdot t_{n-i}' \end{bmatrix} \tag{4.32}$$

式中：T'_n 为迭代终止时的 T_n 经过区间映射调整后的向量。

将"空间转换向量"S'_n 中的元素 s'_{n-i} 与基于时序的旱灾风险矩阵 B 中第 i 个列向量进行数乘，得到最终的风险矩阵 B_{final}，公式如下：

$$B_{final} = [\vec{b'}_{.1} \quad \vec{b'}_{.2} \quad \cdots \quad \vec{b'}_{.m}], \quad \vec{b'}_{.i} = \begin{bmatrix} b_{1i} \cdot s'_{n-i} \\ b_{2i} \cdot s'_{n-i} \\ \vdots \\ b_{ni} \cdot s'_{n-i} \end{bmatrix} \tag{4.33}$$

式中：S'_n 为迭代终止时的 S_n 经过区间映射调整后的向量。

并参照拟合优度构造判断指标 E^2 进行元素差异检验，判断指标计算公式如下：

$$E^2 = 1 - \frac{\sum\limits_{i=1}^{m}\sum\limits_{j=1}^{n}(A_{final-ij} - B_{final-ji})^2}{\sum\limits_{i=1}^{m}\sum\limits_{j=1}^{n}(A_{final-ij} - \overline{A}_{final})^2} \tag{4.34}$$

式中：$A_{final-ij}$ 和 $B_{final-ji}$ 分别为第 i 个子区域在第 j 年的旱灾风险值；$\overline{A}_{final}$ 为 A_{final} 的所有元素平均值。

E^2 越接近 1，两个矩阵的差异越小；当风险矩阵 A_{final} 和 B_{final} 满足预设的判断标准，则生成区域旱灾时空风险矩阵 R：

$$R = 0.5 * (A_{final} + B_{final}{}^{\mathrm{T}}) \tag{4.35}$$

如果不满足检验要求，再调整初始转换向量，继续迭代。

4.4.3.2 基于 k‑means 聚类点的风险信息量化与分级方法

针对旱灾风险常规综合评价法"不能合理分类"与常规聚类分析方法"有类无值"问题，本书提出基于 k‑means 聚类点的风险信息量化与分级方法，实现对旱灾风险的等级划分。即，在基于 k‑means 聚类进行分级的基础上，计算聚类点的旱灾风险值；再利用反距离权重插值、多维正态扩散等方法来量化所有待评估对象的旱灾风险大小；最后，通过区间的映射调整来提高待评估对象风险值的区分度，使其能够更加直观地显示等级高低，为区域旱灾风险评估提供一种新的思路。

1. 基于反距离权重插值法的聚类点信息再分配

基于反距离权重插值法的聚类点信息再分配，是将 k‑means 聚类与反距离权重插值法结合起来进行同级风险中的评价对象的风险值再量化。在 k‑means 聚类的得到 k 个类及其聚类中心后，基于 CRITIC 法得到的权重计算每个聚类中心对相应的风险值，并基于反距离权重插值法得到每个类成员对应的旱灾风险值。

主要步骤如下：

（1）计算类成员到每个聚类中心距离的平方和 D_{ij}：

$$D_{ij} = \sum_{j=1}^{k}(x_i - a_j)^2 \tag{4.36}$$

式中：x_i 为第 i 个成员；a_j 为第 j 个聚类中心。

（2）计算类成员到每个聚类中心的权重 W_{ij}：

$$W_{ij} = 1/D_{ij} / \sum_{j=1}^{k} 1/D_{ij} \tag{4.37}$$

（3）计算每个成员的风险值 R'_i：

$$R'_i = \sum_{j=1}^{k} W_{ij} \times r_j \tag{4.38}$$

式中：r_j 为第 j 个聚类中心对应的风险值。

2. 基于多维正态扩散的聚类点信息再分配

该方法与基于反距离权重插值法的聚类点信息再分配类似，区别在于计算每个聚类中心对应的风险值后，通过信息扩散的方法将聚类点的信息扩散到每个类成员，从而得到各个待评估对象的旱灾风险值。

主要步骤如下：

（1）设 P 为一个含有 m 个样本点的样本集，每个样本点包含 n 个分量，该样本记为 $P = \{(x_{11}, x_{12}, \cdots, x_{1n}), (x_{21}, x_{22}, \cdots, x_{2n}), \cdots, (x_{m1}, x_{m2}, \cdots, x_{mn})\}$，其论域分别为 U_1，U_2，$\cdots$，U_m，且 $U_i \subset R$，记为 $U_i = \{u_{1i}, u_{2i}, \cdots, u_{ti}\}$。本研究案例中，$P$ 为聚类中心样本集，U 为评估指标标准化后的数据集。

（2）根据信息扩散原理，由多维正态扩散公式将 P 中的样本点 $(x_{1n}, y_{2n}, \cdots, x_{mn})$ 携带的信息按 μ 分配给 U_i 中的点，公式如下：

$$\mu_{jk} = \frac{1}{2\pi h_1 h_2 \cdots h_n} \exp \left[-\frac{(u_{k1} - x_{j1})^2}{2h_1^2} - \frac{(u_{k2} - x_{j2})^2}{2h_2^2} - \cdots - \frac{(u_{kn} - x_{jn})^2}{2h_n^2} \right] \tag{4.39}$$

式中的扩散系数 h_m 计算公式如下：

$$h_n = \begin{cases} 0.8146(b-a), & n=5 \\ 0.5690(b-a), & n=6 \\ 0.4560(b-a), & n=7 \\ 0.3860(b-a), & n=8 \\ 0.3362(b-a), & n=9 \\ 0.2986(b-a), & n=10 \\ 2.6851(b-a), & n \geqslant 11 \end{cases} \tag{4.40}$$

其中　　　　　　　　　　　　$b = \max_{1 \leqslant i \leqslant n} \{x_i\}, \quad a = \min_{1 \leqslant i \leqslant n} \{x_i\}$

（3）根据步骤（2）计算出 P 在 U 上的信息矩阵 Q，由此计算论域中各点所分配到信息的权重 W：

$$W_{jk} = \frac{\mu_{jk}}{Q_j}, \quad Q_j = \sum_{k=1}^{t} \mu_{kj} \tag{4.41}$$

（4）计算论域中各点的风险值：

$$R'_k = \sum_{j=1}^{m} W_{jk} \times r_j \tag{4.42}$$

式中：r_j 为第 j 个聚类中心对应的风险值。

3. 旱灾风险区间的映射调整

考虑到基于 k‑means 聚类点的风险信息量化与分级方法受限于聚类中心的风险值大

小，若聚类中心的风险值较接近，则会出现量化后待评估对象风险值年际变化小，所属不同风险等级的年旱灾风险值区分度低的问题。故考虑将量化后的风险映射到 [0,1] 的范围内，既能不影响旱灾风险等级的划分结果，也可使同一等级中的风险值或不同等级中的风险值的区分度更明显。映射过程如下：

（1）将 k-means 聚类结果按类中心风险值由低到高设为无旱、轻旱、中旱、重旱、特旱这5个等级。设 R_1，R_2，R_3，R_4 分别为类内待评对象风险量化后对应轻旱～特旱这4个等级中评估对象旱灾风险的最小值，将它们定义为无旱～特旱的分级阈值，即：$[0,R_1]$，$[R_1,R_2]$，$[R_2,R_3]$，$[R_3,R_4]$ 和 $[R_4,1]$。

（2）将步骤（1）中的区间分别映射到 $[0,0.2]$，$[0.2,0.4]$，$[0.4,0.6]$，$[0.6,0.8]$ 和 $[0.8,1]$，映射公式如下：

$$r' = \frac{r - R_{\min}}{R_{\max} - R_{\min}} \times (t_{\max} - t_{\min}) + t_{\min} \tag{4.43}$$

式中：r 和 r' 分别为映射前后的风险值；$R_{\max}$ 和 $R_{\min}$ 分别为调整前各子区间的上下限；$t_{\max}$ 和 $t_{\min}$ 分别为目标子区间的上下限。

4.4.3.3 基于遗传程序设计的自动建模

针对传统多元函数拟合法存在"拟合效率较低，精度较低"的问题，本书引入遗传算法（genetic algorithm，GA），实现拟合函数的自动建模。它是一种基于自然群体遗传演化机制的高效探索算法，是美国学者 Holland 于1975年提出来的，是一种模拟达尔文生物进化过程的计算模型。它的思想源于生物遗传学和适者生存的自然规律，是具有"生存＋检测"的迭代过程的搜索算法，以一种群体中的所有个体为对象，并利用随机化技术对一个被编码的参数空间进行高效搜索[98]。

遗传程序设计（genetic programming，GP）是演化计算的一个分支，它提供了自动程序设计的一种可行方法，它采用 GA 的基本思想，用树的分层结构表示解空间，每个树结构对应于问题解空间中的一个计算机程序（本书中每个树结构则对应于1个函数）。遗传程序设计通过使用杂交、变异等遗传操作和选择操作动态地改变这些树结构，并且一代代地演化下去，直到找到合适于求解问题的计算机程序[99]。遗传算法的主程序流程如图4.3所示。

采用遗传程序设计方法进行建模时，可以对函数结构作灵活组合，因而采用这种方法所找到的模型比采用传统方法所找到的模型的拟合效果要好。特别是当所寻找的函数本身比较复杂时，遗传程序设计方法越发能够显示出其优越性，它能够发现人工难以发现的数据之间的内在规律和联系，找出更符合实际的模型[100]。

此外，采用遗传程序设计的方法，克服了传统曲线拟合方法中的一些不足之处。主要表现在它不

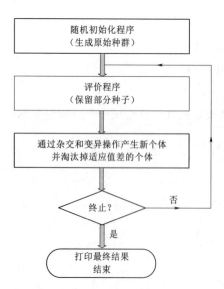

图4.3 遗传算法的主程序流程图

要求编程人员事先规定好所求的目标函数，而是通过遗传算法，自动找出数据内部隐含的关系，获得更能反映实际数据的复杂函数，从而实现复杂函数的自动建模[101]。

例：基于遗传程序设计的旱灾旱灾估算方法

如前所述，旱灾损失评价函数为简化为

$$L_{dk} = \phi_k(f_1, f_2, \cdots, f_m) \tag{4.44}$$

将历史统计资料整理为 $n \times (m+1)$ 维数据，$(L_{dki}, f_{1i}, f_{2i}, \cdots, f_{mi})(i=1,2,\cdots,n)$。

建模的目的就是在某个函数类的集合 Φ 中寻找 1 个函数 $\phi_k^*(f_1, f_2, \cdots, f_k)$，使得误差平方和最小，即

$$\sum_{i=1}^{n} [\phi_k \times (f_1, f_2, \cdots, f_k) - L_{dki}]^2 \rightarrow \min \quad (i=1,2,\cdots,n) \tag{4.45}$$

步骤 1 函数程序的结构表示。

若记函数程序的运算集合为 O，数据集合为 D，则所定义的函数程序结构 PS 为它们的复合，即 $PS = O \times D$，通常 $(PS \subset \Phi)$。O 和 D 共同决定了遗传程序设计（GP）的搜索空间。

一般在函数建模中，运算集合 O 被定义为简单数学函数的集合，如 $O = \{+, -, \times, /, \sin, \cos, \tan, \ctg, \exp, \ln, \cdots\}$；而数据集合 D 则被定义为自变量和常数的集合，如 $D = \{a, b, c, \cdots, f_1, f_2, \cdots, f_k\}$。由此，函数 $\phi_k \times (f_1, f_2, \cdots, f_k)$ 是 $PS = O \times D$ 中的一个元素。为了简化计算，在旱灾旱灾评价系统建模中，将运算集合定义为 $O = \{+, \times, x^y\}$，数据集合定义为 $D = \{a_0, a_1, a_2, \cdots a_k, b_1, b_2, \cdots b_k, f_1, f_2, \cdots, f_k\}$。

步骤 2 个体的初始化。

随机产生 s 组 $\{a_0, a_1, a_2, \cdots, a_k, b_1, b_2, \cdots, b_k\}$，构造因变量 L_{dk} 随自变量 $f_1, f_2, \cdots, f_k$ 变化的函数模型 $\phi_j = a_{0j} + a_{1j}f_1^{b_{1j}} + a_{2j}f_2^{b_{2j}} + \cdots + a_{kj}f_k^{b_{kj}}$，$j=1,2,\cdots,s$，$s$ 为种群规模。

步骤 3 个体的评价。

对应统计的 $m+1$ 维数据 $(L_{dki}, f_1, f_2, \cdots, f_k)(1 \leqslant i \leqslant m)$，

令新种群中个体的函数值：

$$L_{dkji} = \phi_j(f_1, f_2, \cdots, f_k) \tag{4.46}$$

则令个体适应值：

$$Q_j = \sum_{i=1}^{m} [L_{dkji} - L_{dki}]^2 (i=1,2,\cdots,m; \ j=1,2,\cdots,s) \tag{4.47}$$

式中：L_{dki} 和 L_{dkji} 分别为实际值和拟合值。

显然，Q_j 越小，其个体的性能越好。

对 Q_j 按从小到大的顺序排列，优先保留前 10% 的 Q_j 所对应的函数 ϕ_j（优质种子），剔除后 10% 的 Q_j 所对应的函数 ϕ_j（劣质种子），其余的函数 ϕ_j 则为普通种子。

步骤 4 个体的杂交和变异。

在所有优质种子和普通种子当中，随机选取父体进行杂交和变异，产生 r 个新个体。杂交（crossover）算子是选择 2 个父体，随机交换它们的 2 棵子树，从而得到子代的 2 个新个体。变异（mutation）算子是随机选择 1 个父体上的 1 棵子树，将其删除并重新生成

1 棵子树，从而得到子代的 1 个新个体。

步骤 5　新种群的生成。

计算 r 个新个体的适应值，并与所有普通种子的适应值进行比较，即将 $\{r+0.8\times s\}$ 个 Q_j 按从小到大顺序排列，接受前 $\{0.9\times s\}$ 个 Q_j 所对应的函数 ϕ_j，与步骤 3 中的优质种子合并，生成新的种群（规模数仍旧保持为 s）。

步骤 6　停机条件。

（1）重复上述步骤 3～步骤 5，直到群体中的最佳个体的适应值达到预定的误差范围 $e(Q_{best}\leqslant e)$，则停机。

（2）当遗传程序实际演化的代数超过预定的演化代数时，重复步骤 2～步骤 5，直到群体中的最佳个体的适应值达到预定的误差范围 $e(Q_{best}\leqslant e)$，则停机。

（3）当随机过程超过预定的次数时，则停机。

前两种停机时，种群中的最佳个体即为所求旱灾旱灾评价模型的最优解或近似最优解；第 3 种停机则表明所构造的自动建模程序还有缺陷，需要进一步改进。

4.5　小结

本章阐述了旱灾风险分析结构的形式、风险分析的主要任务与步骤；提出了旱灾风险结构特征指标体系的指标筛选原则与常用指标；详细探讨了基于特征指标体系的旱灾风险分析方法，如，综合指数法、聚类分析法、多元函数拟合法等常规方法，以及它们存在的"风险指数为相对值""聚类结果有类无值""常规函数拟合精度较差"等问题，并针对性地提出了时空向量转换法、基于 k - means 聚类点的风险信息量化与分级方法、基于遗传程序设计的自动建模等改进的旱灾风险分析方法。

第5章 基于综合评价思想的旱灾风险评价方法

5.1 综合评价的适用场景与计算方法

5.1.1 综合评价的内涵及适用场景

对事物的评价，在日常实践中普遍存在。人们在做出任何一项决策行为时，一般情况下，都需要参考一个既定的标准。这个标准既可能是客观的、清晰的、量化的，也可能是主观的、模糊的、不可量化的。因此，评价的本质，就是综合考虑同类研究对象的不同方面，以帮助决策者判断是否需要执行此项决策[102]。

综合评价，也称为多指标综合评价。即运用多个指标对多个参评对象进行评价的方法。其基本思想是将多个指标转化为一个能够反映综合情况的指标来进行评价，或者直接对评价对象进行分类、排序等操作。

相对于单一指标评价而言，综合评价的标准更复杂。首先，综合评价属于多属性决策（MADM），利用多属性模糊判断进行分类评价；其次，综合评价往往还包含对不同属性集合下的评价对象进行合理排序[103]，即，对评价对象的"综合属性"进行一定程度的量化。

综合评价，在工程、技术、经济、管理和军事等诸多领域中都有广泛的应用。典型的应用场景为：假定一组将要评估的方案，对于每个方案，一般需要对该方案从多个属性中进行综合评估，但每个属性通常具有不同的评估标准。从这些将要评估的方案中找到可以达到决策者目标的最优方案即为决策的目的，并且可以对这些方案进行综合评估和排序。

设在一个多指标综合评价中，一般包括一组待评价的对象 $O=\{o_1,o_2,\cdots,o_n\}$，待评价对象的多个属性 $Z=\{z_1,z_2,\cdots,z_m\}$，则初始的决策矩阵 $Y=(y_{ij})_{nm}$ 如下：

$$Y=\begin{bmatrix} y_{11} & y_{12} & \cdots & y_{1m} \\ y_{21} & y_{22} & \cdots & y_{2m} \\ \vdots & \vdots & \vdots & \vdots \\ y_{n1} & y_{n2} & \cdots & y_{nm} \end{bmatrix} \tag{5.1}$$

式中：y_{ij} 为第 i 个评价对象的第 j 个属性的初始决策属性值，既可以是定量的确定值，也可以是定性的模糊值。

5.1.2 综合评价对象属性指标的标准化方法

一般来讲，评价对象的属性包括正向型（效益型）、逆向型（损失、成本型）、中立型（区间型）等三种。正向型属性是指属性值越大则属性权重越大，即属性值越大越好；逆向型属性是指属性值越小则属性权重越大，即属性值越小越好；中立型属性指属性值越接近某个中间值，则属性权重越大。

由于不同属性通常具有不可度性，因此，不能直接对初始属性（指标）进行综合评价和排序，必须先消除各属性的量纲、数量级和类型影响后，再进行综合评价、分类和排序。

消除属性间各类差异的过程，称为属性（指标）的标准化，也可称作属性（指标）的无量纲化。一般情况下，都是把属性值转换到［0，1］区间上。

属性值标准化方法一般包括极差变换法、线性变换法、向量变换法、三角函数变换法等。其中，部分方法存在一定局限，如，线性变换法只适用于效益型属性和成本型属性的两种情况；向量变换法虽然适用于所有类型属性，但是它不能保证属性的最优值标准化后为 1、最差值为 0，也不能保证属性值标准化后的值处于［0，1］范围内，主要用于基于空间距离计算的多属性决策方法，如 TOPSIS 法、投影法等。

5.1.3　综合评价的常用方法

综合评价的方法有很多种，每种方法又各有优缺点。实践当中，可以基于研究对象的属性差异与研究的最终目标来选取合适的评价方法。事实上，不同方法得到的结果可能也不一致，需要研究者综合分析之后再进行决策。综合评价法大致可以划分为下面五类。

5.1.3.1　基于属性（指标）信息浓缩的综合评价法

因子分析和主成分法，均利用了数据的信息浓缩原理，对属性（指标）进行降维，利用方差解释率进行权重计算。

两者的区别在于，因子分析法增加了"旋转"的功能，提取出的因子更具有可解释性；而主成分法计算时效更高，但计算结果的可解释性相对较差。

5.1.3.2　基于专家知识确定权重的综合评价法

层次分析法（AHP），一般通过专家打分来确定权重，核心是要经过多位专家对属性（指标）相对重要性的判断生成判断矩阵，才能计算出各属性的权重。

5.1.3.3　基于属性（指标）数据序列蕴含信息的综合评价法

熵值法、独立性权系数法、变异系数法和 CRITIC 法等，均是利用属性（指标）数据序列自身所蕴含的信息进行权重计算。

熵值法，基于属性（指标）数据序列的信息熵来计算权重。熵是系统无序程度的一个度量；若某个指标的信息熵越小，表明指标值的变异程度越大，提供的信息量越多，在综合评价中所能起到的作用也越大，其权重也就越大。

独立性权系数法，是根据各指标与其他指标之间的共线性强弱来确定指标权重。它只考虑数据之间相关性，用复相关系数 R 值来表示相关性强弱；若复相关系数越高，则表示该指标越容易由其他指标来表达，重复信息越多，因此该指标的权重也就越小。

变异系数法，也称信息量权重法，根据各评价指标当前值与目标值的变异程度来对各指标进行赋权，当各指标现有值与目标值差距较大时，说明该指标较难实现目标值，应该赋予较大的权重。

CRITIC 法，同时考虑指标内部数据的波动性（对比强度）和指标之间的冲突性（相关性）。使用标准差表示"对比强度"，数据标准差越大，说明波动性越大，权重就越高；使用相关系数表示"冲突性"，指标之间的相关系数值越大，说明冲突性越小，权重也就越低。

5.1.3.4 基于待评价对象直接分组的综合评价法

模糊综合评价、秩和比综合评价、聚类分析评价等方法，则是基于属性（指标）数据序列直接对"待评价对象"进行分组。

模糊综合评价，是针对受多因素影响的事物做出全面评价的有效方法；可以较好地解决综合评价中的模糊性（如事物类间的不清晰性、评价专家认识上的模糊性等）。它既能对模糊现象作定性描述，又能根据模糊数学的隶属度理论把定性评价转化为定量评价，从而把定性描述和定量分析紧密结合起来，得到了极为广泛的应用[104-106]。

秩和比综合评价，是通过矩阵秩的转换，获得无量纲统计量 RSR；然后运用参数统计分析的概念与方法，研究 RSR 的分布；最终以 RSR 值对评价对象的优劣进行分档排序，从而得出综合评价。该方法可以有效消除异常值的干扰，既可以直接排序，又可以分档排序。

聚类分析评价，是通过寻找一些能够度量指标统计值之间相似程度的统计量，并以这些统计量作为划分类型的依据；它是将若干个个体集合，按照某种标准分成若干簇，并且希望簇内的样本尽可能地相似，而簇与簇之间要尽可能的不相似。

5.1.3.5 基于待评价对象直接排序的综合评价法

优劣解距离法（TOPSIS）、灰色关联度分析法（grey relational analysis）等方法，则是基于属性（指标）数据序列直接对"待评价对象"进行排序。

TOPSIS 法，是一种逼近于理想解的排序法，是多目标决策分析中一种常用的有效方法，又称为优劣解距离法。根据有限个评价对象与理想化目标的接近程度进行排序，从而对待评价对象进行相对优劣的分析。其中，"理想解"和"负理想解"是 TOPSIS 法的两个基本概念。所谓理想解是一设想的最优解（方案），它的各个属性值都达到各备选方案中的最好的值；而负理想解是一设想的最劣解（方案），它的各个属性值都达到各备选方案中的最坏的值。

灰色关联度分析法，是根据因素之间发展趋势的相似或相异程度，亦即"灰色关联度"，作为衡量因素间关联程度的一种方法。它意图透过一定的方法去寻求系统中各子系统（或因素）之间的数值关系。因此，灰色关联度分析对于一个系统发展变化态势提供了量化的度量，非常适合动态历程分析。

5.1.4 综合评价方法在旱灾风险管理中的应用

综上所述，基于综合评价思想的方法，既有主观的方法，也有客观的方法，更常用的是主客观相结合的方法。如何选择合适的方法，则需基于基础数据与研究目标的实际情况来定。其中，最为关键的是属性（指标）的选取，属性（指标）数据序列的构建，以及数据特性的分析，这些，都需要广泛的实地调研和扎实的业务知识，不是单纯的数学理论方法的比选。

各个领域的风险评价研究方兴未艾，各种风险评价方法也逐步在旱灾研究中得到应用。基于指标体系的旱灾风险评价法，主要是通过建立评价体系，并确定指标的权重来计算旱灾风险指数。如，赵宗权等[107] 则从致灾因子危险性、承灾体易损性、孕灾环境脆弱性和抗旱减灾能力中选取 8 个指标建立指标体系，并通过分层构权主成分分析对旱灾风险等级进行评价，发现分层构权主成分分析大大降低了直接主观赋权的缺陷，且比单一主成分分析更能体现不同指标在评估中的权重，对提取主控因子更加方便。又如，龚娟等[108] 指出粗糙集相对于上述方法可充分考虑数据间的不确定性关系，且能在一定程度上降低主观因素的影响。

基于指标体系的旱灾风险评价法，可以根据区域的不同进行差异化构建；相关权重的计算结果，可以反映造成旱灾风险的各因素的影响大小，有利于从整体上分析区域旱灾的时空变化；而且数据资料要求低，可操作性好，灵活性强。当前的旱灾风险管理中，基于指标赋权的旱灾风险评价，已经得到广泛应用。

5.2　基于指标赋权的旱灾风险评价

5.2.1　旱灾风险评价指标的赋权方法

评价指标的权重，反映了它在系统中的相对重要程度；即，在其他指标不变的情况下，该指标的变化对结果的影响。在旱灾风险评价指标体系中，不同的评价指标对风险的作用不同，所以评价指标的权重问题也是旱灾风险评价涉及的重要问题之一，它直接影响旱灾风险评价结果的合理性。

在上节提及的 5 类综合评价方法中，前 3 类均是基于指标赋权的综合评价方法。其中，既有主观赋权法，也有客观赋权法和主客观组合赋权法。

主观赋权法确定的指标权重真实与否，在很大程度上取决于专家的知识、经验与偏好。比如，AHP 层次分析法，由于目前人们对旱灾风险的研究还不够深入，认识也有限，赋权的随意性也就相对较大。

客观赋权法，主要是根据评价指标样本自身所蕴含的信息确定权重，比如，相关关系或变异程度。其基本思想是，指标权重应当是各个指标在指标总体中的变异程度和对其他指标影响程度的度量；赋权的原始信息直接来源于客观环境，并且可以根据指标自身提供的信息量来决定相应指标的权重。有代表性的客观赋权法包括上文提到的熵权系数法、相关系数分析法、主成分分析法、因子分析法等。

本书将以基于复相关系数的独立性权系数法为例，介绍客观赋权法在旱灾风险评价中的应用。

5.2.2　旱灾风险评价模型的选择

旱灾风险评价指标是从旱灾形成机制的角度分析筛选出来的。当某一指标较大且可能导致较大旱灾风险时，可以调整其他指标，降低总体风险水平；即各指标之间具有互补性。而线性加权综合评价模型正好具有较强的线性补偿性；因此，本书选择线性加权综合评价模型作为常规的旱灾风险评价模型。

线性加权综合评价模型就是将评价对象的各个指标值与其相应的权重相乘，并求和，得到一个综合评价值。

$$y = \sum_{j=1}^{m} w_j x_j \qquad (5.2)$$

式中：y 为待评价对象的综合评价值；x_j 为评价指标；w_j 为相应的权重。

5.2.3 基于复相关系数赋权的旱灾风险评价方法

5.2.3.1 复相关系数赋权的基本原理

一般说来，由于客观现象的极大复杂性，反映客观事物不同侧面的各项评价指标总有部分信息重复。某评价指标与其他评价指标信息重复越多，说明该指标的变动越能被其他指标的变化所解释，因而该指标在综合评价中所起的作用就越小，所以应赋予较小的权重；反之，其权重就应该大些。

两个指标间的重复程度可以由它们的简单相关系数来反映；但是在多指标综合评价中，评价指标往往不止两个，两两指标的简单相关系数会受到其他指标的传递效应而扩大或缩小。因此，不能简单地用一个指标与其他指标的简单相关系数求和的方法来衡量该指标与其他指标间的重复信息量；而要用该指标与其他指标间的复相关系数来衡量。这种复相关系数能消除多个指标间的共线性影响，能较准确地反映单项指标与其他多指标间的总的重复信息量大小[109]。

5.2.3.2 复相关系数赋权的计算步骤

步骤 1　先利用式（5.3），求出 p 个指标的相关系数矩阵 $\boldsymbol{R}$。

$$\boldsymbol{R} = \begin{bmatrix} 1 & r_{12} & \cdots & r_{1p} \\ r_{21} & r_{22} & \cdots & r_{2p} \\ \vdots & \vdots & \vdots & \vdots \\ r_{p1} & r_{p2} & \cdots & 1 \end{bmatrix}$$

其中
$$r_{ij} = \frac{\sum (x_i - \overline{x}_i)(x_j - \overline{x}_j)}{\sqrt{\sum (x_i - \overline{x}_i)^2 (x_j - \overline{x}_j)^2}} \qquad (5.3)$$

步骤 2　利用相关系数矩阵 $\boldsymbol{R}$ 求第 p 个指标的复相关系数。

假定要计算第 p 个指标 X_p 与其他 $p-1$ 个指标间的复相关系数，则对称矩阵 $\boldsymbol{R}$ 作如下分解：

$$\boldsymbol{R} = \begin{bmatrix} R_{-p} & r_p \\ r_p^\gamma & 1 \end{bmatrix}_1^{p-1} \quad (R_{-p} \text{ 为除去 } X_p \text{ 的相关阵}, r_p^\gamma \text{ 为 } r_p \text{ 的转置矩阵})$$

此时，X_p 对 X_1，X_2，$\cdots$，X_{p-1} 的复相关系数为

$$\rho_p^2 = r_p^\gamma R_{-p}^{-1} r_p \qquad (5.4)$$

将 $\boldsymbol{R}$ 的第 i 行、第 i 列置换到最后一行、最后一列，再根据式（5.4）即可求出 ρ_i^2；就能计算出 p 个复相关系数 $\rho_i (i=1,2,3,\cdots,p)$。

步骤 3　利用复相关系数求出各指标的权重。

如果 ρ_i 越大，就表示第 i 个指标 X_i 越能被其他 $i-1$ 个指标所决定。因此，它在综合评价中的作用就越小，其权重也应越小；反之，则权重越大。

基于此，可将复相关系数 ρ_i 求倒数，并作归一化处理，就能得到指标的权重 ω_i。

$$\omega_i = \rho_i^{-1} / \sum_{i=1}^{p} \rho_i^{-1} \tag{5.5}$$

5.2.3.3 基于复相关系数赋权的旱灾风险模糊综合评价计算步骤

步骤1 先根据风险分析的内容，建立旱灾风险评价指标体系（图5.1）。

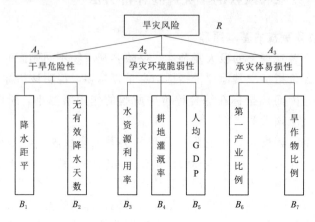

图 5.1 旱灾风险评价指标体系

步骤2 利用复相关系数赋权法计算旱灾风险评价底层指标的权重（具体计算过程详见5.2.3.2）。

步骤3 底层指标的赋值及无量纲化。

根据统计、实测或者预测数据对评价体系进行定量计算，首先给底层指标 $\{b_i\}$ 赋值，并进行无量纲化处理，得到初始控制变量 B_i。

对于初值 b_i 越大，导致的综合评价值越大的指标，其无量纲化处理采用：

$$B_i = \frac{b_i - b_{\min}}{b_{\max} - b_{\min}} \tag{5.6}$$

对于初值 b_i 越小，导致的综合评价值越大的指标，其无量纲化处理采用：

$$B_i = \frac{b_{\max} - b_i}{b_{\max} - b_{\min}} \tag{5.7}$$

步骤4 选择线性加权综合法进行旱灾风险的综合评价（详见第8章）。

5.3 常规指标赋权类方法的缺陷与改进思路

5.3.1 常规指标赋权类的评价方法分析

除了在第4章中提到的"风险指数为相对值"问题，只能表征评价对象之间的相对风险水平，不具备明确的物理意义之外；常规指标赋权类的评价方法中的线性加权模型亦存在一些缺陷。

线性加权模型简单、易用，便于推广和普及，是目前使用最广泛的方法。它可以使各评价指标间得以线性补偿，而且能够突出指标值或指标权重较大者的作用。即某些指标值的下降，可以由另一些指标值的上升来补偿；任一指标值的增加都会导致综合指标值的上升，特别是权重较大的指标变化对结果影响明显。

正是因为各指标值之间可以线性地补偿，所以线性加权模型对不同被评价对象间指标值的差异不大敏感；从而使得这种方法对区分各被评价对象之间差异的敏感度相对其他方法要低一些。而且，它更适用于各评价指标相互独立的场合；若各评价指标间不独立，"和"的结果必然是信息的重复，也就难以反映客观实际。

前面提到的旱灾风险评价方法，引入了复相关系数赋权，解决了权重确定的主观性和评价指标信息重复问题；但是无法从根本上消除合成算子的主观性问题。

在众多旱灾风险评价指标中，总有一些指标处在关键的位置，起着主导作用（如干旱危险性指标）。即，旱灾风险评价指标之间还存在差异性。也就是说，旱灾风险总会对某些指标更敏感；当它超过一定阈值时，就呈现较高的风险。

线性加权模型，则对这种差异性不大敏感；并且只考虑了指标对于整体的各自贡献，没有注意到多个指标共同作用时存在的效增与效减，对指标间相互关联、制约的程度并没有做内在的揭示。也就是说，指标间的相互关联、相互制约性在某种程度上能够使评价系统状态发生质的变化，而不仅仅是指标间线性组合所能达到的程度。仅仅考虑指标各自的重要程度而进行逻辑加权的合成结果，并不能完全表征所评价系统的客观状态。

5.3.2　常规指标赋权类评价方法的改进思路

根据前文分析可知，旱灾管理系统是一种典型的耗散结构，存在着涨落与突变现象；旱灾风险结构指标之间相互作用，产生突变后而呈现不同风险水平的旱灾。因此，本书引入基于突变理论的多准则评价方法（catastrophe theory evaluation method，CTEM）来研究旱灾风险。

CTEM 法汲取了现有层次分析法和模糊评价法的长处，通过对分歧集的归一化处理，得到了一种突变模糊隶属度函数。应用这种评价法时，无须确定各因素的权重，因而显得比较客观；也正是这个优点促成了突变评价法的广泛应用[110-117]。

本书利用突变系统的归一公式计算各评价指标（控制变量）在旱灾风险综合值中的作用，客观地反映评价指标之间的作用机理，既能避免主观赋权的随意性，又能化解加权法不能揭示各指标内在关联与制约关系带来的不合理性。

但是，在实际应用当中，CTEM 法也存在着两个主要缺陷，需要作针对性的改进：

（1）突变评价结果受到评价指标间的重要程度排序的影响。

史志富曾经运用突变评价法，从导弹的战术性能、技术性能、维护能力、经济性和先进性等方面，对一个导弹系统进行了分析评价[114]。在此之后，邓丽华通过调整各指标的排序，对同一案例进行了对比分析，发现评价结果出现差异[115]。周绍江对湖北部分城市空气质量进行评价时，发现采用非互补准则时，因 3 种污染因子重要性排序不同而导致总评结果存在一定的差异[116]。

（2）突变评价法的评价值趋近于 1，且不利于后续利用。

由于突变评价法的归一公式的聚集特点，最终的综合评价值一般均较高（靠近 1），且评价值之间的差距较小[117]。虽然可以通过综合评价值的大小顺序来判定评价对象的"优"与"劣"；但没有一般的综合评价法得出的评价值那么直观。一是最差的方案得出的突变综合评价值都很高，不符合人们根据评价值的绝对大小来评价对象"优"与"劣"的习惯，容易产生误解；二是优劣方案的综合评价值过于接近，既难有说服力，又不利于评价成果的后续利用，比如，按照这样的评价结果分配其他资源，就难以拉开优劣方案之间的真实差距。

5.4　基于突变理论的旱灾风险多准则评价方法

5.4.1　初等突变论的基本模型

初等突变论主要研究势函数，并根据势函数将临界点分类，进而研究临界点附近的不连续特征[118]。以应用较多的单状态变量突变模型为例，由势函数 V 出发，可求得平衡曲面 $M\left(\dfrac{\partial V}{\partial x}\right)$，奇点集 $S\left(\dfrac{\partial^2 V}{\partial x^2}\right)$，分歧集 B（S 在控制空间的投影）[119]。

初等突变论直接处理不连续性，而不联系任何特殊的内在机制，这使它特别适用于研究内部作用尚且未知的系统。它有 7 个基本模型（或称初等突变形式），不同文献所列公式略有差异，但其本质完全相同。现按文献［120］列入 7 种基本突变模型的势函数（表 5.1），其中，x、y 为状态变量；a、b、c、d 为控制变量。

表 5.1　　　　　　　　　　　　　　　　初等突变模型的势函数

突变模型	控制变量维数	状态变量维数	势　函　数
折叠突变	1	1	$V_a(x)=\dfrac{1}{3}x^3+ax$
尖点突变	2	1	$V_{ab}(x)=\dfrac{1}{4}x^4+\dfrac{1}{2}ax^2+bx$
燕尾突变	3	1	$V_{abc}(x)=\dfrac{1}{5}x^5+\dfrac{1}{3}ax^3+\dfrac{1}{2}bx^2+cx$
蝴蝶突变	4	1	$V_{abcd}(x)=\dfrac{1}{6}x^6+\dfrac{1}{4}ax^4+\dfrac{1}{3}bx^3+\dfrac{1}{2}cx^2+dx$
双曲脐点突变	5	2	$V_{abc}(x,y)=x^3+y^3+axy+bx+cy$
椭圆脐点突变	6	2	$V_{abc}(x,y)=x^3-xy^2+a(x^2+y^2)+bx+cy$
抛物脐点突变	7	2	$V_{abcd}(x,y)=x^2y+y^4+ax^2+by^2+cx+dy$

5.4.2　基于突变理论的多准则评价方法

5.4.2.1　常规突变评价方法的一般原理

CTEM 法是在突变理论上发展起来的一种综合评价方法。它的核心是利用突变理论分歧集方程所推导出的归一公式，建立一种多指标多层次综合评价问题的递归运算法则。

它是按照系统的内在作用机理，将研究对象分解为层状评价指标体系，并对底层指标的重要程度进行排序和无量纲化处理，得到类似于模糊隶属度函数的底层突变模糊隶属度值，再利用突变模型的归一公式进行递归运算，求出中间层和顶层的突变模糊隶属度值，并据此对系统进行综合评价。

与一般模糊评价法不同，突变模型中各控制变量对状态变量的作用是由模型本身确定的，这就避免了直接使用难于确定且主观性较大的"权重"和"加权模型"，提高了评价的客观性。而且，由于归一公式在一定程度上反映了评价指标之间的内在作用机理，所以使得突变评价模型能够更加合理地考虑各评价指标的重要性。

5.4.2.2 突变模型的归一公式[113]

几种常用突变模型的分歧集，写成分解形式如下：

尖点突变：$a = -6x^2$，$b = 8x^3$。

燕尾突变：$a = -6x^2$，$b = 8x^3$，$c = -3x^4$。

蝴蝶突变：$a = -6x^2$，$b = 8x^3$，$c = -3x^4$，$d = 4x^5$。

为了便于利用其他评价方法（如效用函数法，模糊隶属度函数）的资料，可将上述分歧集方程进行归一化处理，得到类似于模糊隶属度函数的突变模糊隶属度函数。

以尖点突变为例，分解形式的分歧集方程可改写为

$$x_a = \sqrt{\frac{a}{-6}}, \quad x_b = \sqrt[3]{\frac{b}{8}} \tag{5.8}$$

式中：x_a 和 x_b 分别为对应于 a 和 b 的 x 值。

如果令 $|x| = 1$，则有 $a = -6$ 与 $b = 8$；这就确定了突变评价时状态变量 x 和控制变量 a、b 的取值范围：x 为 0～1，a 为 0～6，b 为 0～8。但这样的取值范围不统一，运算不方便，也不便于利用其他评价方法的计算结果。因此，可以将 a 缩小到原来的 1/6，b 缩小到原来的 1/8，从而把状态变量和控制变量的取值范围都控制在 [0，1]（可以证明，缩小相对范围的方法，不影响突变模型的性质）。

由此可得到尖点突变模型的归一化公式：

$$x_a = \sqrt{a}, \quad x_b = \sqrt[3]{b} \tag{5.9}$$

同样处理，可得到：

燕尾突变：

$$x_a = \sqrt{a}, \quad x_b = \sqrt[3]{b}, \quad x_c = \sqrt[4]{c} \tag{5.10}$$

蝴蝶突变：

$$x_a = \sqrt{a}, \quad x_b = \sqrt[3]{b}, \quad x_c = \sqrt[4]{c}, \quad x_d = \sqrt[5]{d} \tag{5.11}$$

另外，根据突变模型内在的矛盾对立统一关系，各控制变量对状态变量的影响有主次之分。常用的 3 种模型，控制变量的作用和主次地位如下：

尖点突变：a（剖分因子），b（正则因子）。

燕尾突变：a（剖分因子），b（正则因子），c（燕尾因子）。

蝴蝶突变：c（剖分因子），d（正则因子），a（蝴蝶因子），b（偏畸因子）。

5.4.2.3　突变模型的递归计算准则

（1）非互补准则。一个系统的诸控制变量之间，其作用不可互相替代，即不可相互弥补对方不足时，按"大中取小"原则取值，即 $x = \min\{x_a, x_b, \cdots\}$。

（2）互补准则。诸控制变量之间可相互弥补对方不足时，按其均值取用，即

$$x = \frac{1}{n} \sum (x_a + x_b + \cdots) \quad (n \text{ 为控制变量个数}) \tag{5.12}$$

（3）过阈互补准则。诸控制变量必须达到某一阈值（限值）后才能互补。

5.4.3　常规突变评价法的改进方法

5.4.3.1　避免或减轻指标排序对评价结果的影响

合理选择评价指标，避免或减轻指标排序对评价结果的影响。

一般来说，评价体系中的因素很多，可以按照层次分析法，将各种影响因素划分成树状指标体系，并依据有关原则进行筛选。为避免非互补准则可能丢弃主导因素，从而影响到上层指标，使评价结果失去应有的公正性和科学合理性，需要采取省略、淡化次要控制变量，突出主导控制变量的方法进行处理。

建立评价指标体系时，尽量从系统的内部机制出发，选用互补型的控制指标，或者选用重要性排序有明确偏好的指标。如本书在进行旱灾风险评价时，就是按照旱灾形成机制，确定分层指标，其控制变量就具有明显的互补性（图 5.1）。

5.4.3.2　增加常规突变评价值的区分度

通过刻画突变评价指标的等级刻度和初始顶层突变模糊隶属度值的调整计算，改变常规的突变评价值趋近于 1 的缺陷。

首先，分别计算底层控制变量全部为 $\{0, 0.1, 0.2, \cdots, 1\}$ 时的顶层突变模糊隶属度值 r_i，并将这 11 个值作为刻画初始顶层突变模糊隶属值（以下简称初始综合值）的等级刻度，不同等级水平的相应区间为 (r_i, r_{i+1}) $(i = 0, 1, \cdots, 9)$。

其次，在递归计算得出待评对象的初始综合值后，再根据其落入的等级刻度区间 (r_i, r_{i+1}) $(i = 0, 1, \cdots, 9)$，将其映射到对应的均匀区间（$[0, 1]$ 上的 10 个均匀区间），得到初始综合值的调整值（以下简称调整综合值）。令突变评价法得出的初始综合值为 $R_j = \{R_1, R_2, \cdots, R_n\}$ （n 为待评对象的个数），调整综合值为 $R'_j = \{R'_1, R'_2, \cdots, R'_n\}$，若 $r_i \leqslant R_j \leqslant r_{i+1}$，则

$$R'_j = \left[\left(\frac{R_j - r_i}{r_{i+1} - r_i} \right) + i \right] \times 0.1 \tag{5.13}$$

5.4.4　基于突变理论的旱灾风险多准则评价法的计算步骤

基于突变理论的旱灾风险多准则评价法的 5 个步骤如图 5.2 所示。

步骤 1　组织旱灾风险评价指标体系（图 5.1）。

步骤 2　刻画突变评价指标初始综合值的等级刻度。

分别计算底层控制变量全部为 $\{0, 0.1, 0.2, \cdots, 1\}$ 时的顶层突变模糊隶属度值（具体

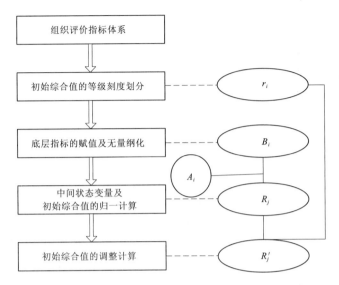

图 5.2 基于突变理论的旱灾风险多准则评价法计算流程图

计算过程详见表 5.2)。不同风险水平的相应区间为 $(r_i, r_{i+1})(i=0,1,\cdots,9)$。

步骤 3 底层指标的赋值及无量纲化（同前）。

步骤 4 中间状态变量与初始综合值的归一计算。

不同的突变模型选用如下的计算公式

表 5.2 安徽省 2005 年旱灾风险突变评价等级刻度计算表

底层 指标 刻度	B_1	0	0.1	0.2	0.3	0.4	0.5	0.6	0.7	0.8	0.9	1
	B_2	0	0.1	0.2	0.3	0.4	0.5	0.6	0.7	0.8	0.9	1
	B_3	0	0.1	0.2	0.3	0.4	0.5	0.6	0.7	0.8	0.9	1
	B_4	0	0.1	0.2	0.3	0.4	0.5	0.6	0.7	0.8	0.9	1
	B_5	0	0.1	0.2	0.3	0.4	0.5	0.6	0.7	0.8	0.9	1
	B_6	0	0.1	0.2	0.3	0.4	0.5	0.6	0.7	0.8	0.9	1
	B_7	0	0.1	0.2	0.3	0.4	0.5	0.6	0.7	0.8	0.9	1
中间 状态 刻度	A_1	0	0.390	0.516	0.609	0.685	0.750	0.809	0.862	0.911	0.957	1
	A_2	0	0.448	0.567	0.652	0.722	0.781	0.833	0.880	0.923	0.963	1
	A_3	0	0.390	0.516	0.609	0.685	0.750	0.809	0.862	0.911	0.957	1
等级 刻度	r	0	0.727	0.798	0.844	0.878	0.906	0.930	0.950	0.968	0.985	1
等级		1	2	3	4	5	6	7	8	9	10	

尖点突变：

$$x_1 = \sqrt{B_1}, \quad x_2 = \sqrt[3]{B_2} \tag{5.14}$$

燕尾突变：

$$x_1 = \sqrt{B_1}, \quad x_2 = \sqrt[3]{B_2}, \quad x_3 = \sqrt[4]{B_3} \tag{5.15}$$

干旱危险性、孕灾环境脆弱性、承灾体易损性和旱灾风险的各控制变量具有明显的互补性，如干旱强度与干旱历时，当一个指标偏小、另一个指标偏高时，其危险性仍旧较大；第一产业比例和旱作物比例也具有互补性；干旱危险性、孕灾环境脆弱性和承灾体易损性亦然。因此，递归计算准则全部选用互补准则来计算。

步骤 5　初始综合值的调整计算（详见 5.3.3.2）。

5.5　小结

本章阐述了综合评价的内涵与适用场景，介绍了综合评价对象属性指标的标准化方法以及常用的综合评价方法；并结合综合评价方法在旱灾风险管理中的应用综述，以复相关系数赋权为例，介绍了基于指标赋权的旱灾风险评价方法与步骤。在此基础上分析了常规指标赋权类方法与常规突变评价法的缺陷，以及改进思路，提出基于突变理论的旱灾风险多准则评价法。该方法既消除了常规指标赋权类评价方法的合成算子主观性问题，避免或减轻了常规突变评价法指标排序对评价结果的影响，又增加常规突变评价值的区分度，便于相关风险评价成果的后续利用。

第6章 基于干旱传递水平的旱灾风险评价方法

6.1 概述

6.1.1 区域旱灾风险量化面临的问题

当前区域旱灾风险研究中，一是针对不同领域的风险研究缺乏，要么不区分旱灾灾情发生的领域，要么主要针对农业生产，对农业之外的生产、生活、生态领域的影响考虑得不多；二是对不同时空的区域风险量化缺乏，不同时空尺度区域风险成果转换难。从空间分布来看，不同尺度的区域旱灾风险评估在数据获取、研究方法、风险表达和结果精度、尺度效应和耦合应用上均做得不够；各子区域风险大小对区域整体风险的影响研究得还不够。从时间尺度看，当前的区域旱灾风险评估也难以同时量化年内不同干旱时段旱灾对整体风险的影响。

导致这些问题的主要原因在于：不同领域的旱灾风险特征指标繁简不一、历史统计数据普遍缺乏；传统的基于综合评价思想得出的旱灾风险指数为评估对象之间的相对值，不能直接用于不同时空的区域旱灾风险水平的集成；受旱灾系统驱动机制与成灾机理认识的局限，区域旱灾情景模拟困难，导致致灾因子与旱灾损失的关系量化难。

6.1.2 区域旱灾风险的量化思路与研究内容

6.1.2.1 量化思路

基于第2章提出的旱灾风险的一般定义、单个旱灾事件风险与区域整体旱灾风险的定义，通过直接寻求区域旱灾中干旱与旱灾的关系，基于干旱传递水平计算旱灾风险测度，达到旱灾风险水平量化的目标。

鉴于实际统计样本过小，需要利用情景模拟生成的旱灾"大样本"进行相关概率分析。因此，需要在建立健全区域旱灾综合风险特征指标库的基础上，研究旱灾风险特征指标的时空变化规律，提升随机模型精度；通过随机理论框架下情景模拟与数据挖掘技术的运用，构建基于神经网络的旱灾灾情模糊识别模型，实现旱灾系统模拟；然后，从旱灾风险传递机制入手，直接寻求"干旱危险性与旱灾损失"之间的关系，基于干旱传递水平构造旱灾风险测度，达到风险量化的目标。

6.1.2.2 研究内容

首先，在加强旱灾系统驱动机制的研究的基础上，建立与完善区域旱灾综合风险特征指标库，优化旱灾风险特征指标体系；研究旱灾风险特征指标的时空变化规律，提升随机模型精度。

其次，加强致灾因子发展过程与定量方法的研究，分析不同危险等级的气象、水文等干旱事件发生的可能性，从随机性的角度对单个致灾因子危险性进行定量描述；并且综合考虑多个干旱事件的共同作用，研究干旱危险性的统一分类；同时，加强旱灾损失涉及的生产、生活、生态领域灾损指标提取与量化研究，综合考虑多领域旱灾损失，研究旱灾灾情的统一分类。

再次，基于成灾过程，研究致灾因子通过与承灾体在孕灾环境中的相互作用后产生旱灾灾情的量化方法。重点研究基于深度学习的旱灾灾情模糊识别模型，实现旱灾风险系统模拟；即，利用基于 Monte-Carlo 与 BP 神经网络的旱灾灾情模糊识别模型生成的 n 个二维数组 (x_i, y_j)。

最后，尝试从旱灾系统输入—转换—输出的角度，直接寻求致灾因子与旱灾灾情的关系量化。计算出某个旱情等级 x_i 条件下发生某一等级旱灾的条件概率 $p_{(y_j/x_i)}$。同时，基于干旱传递水平，通过旱灾情景模拟中出现抑制或促进作用的样本条件概率统计，构造风险测度。

研究内容示意如图 6.1 所示。

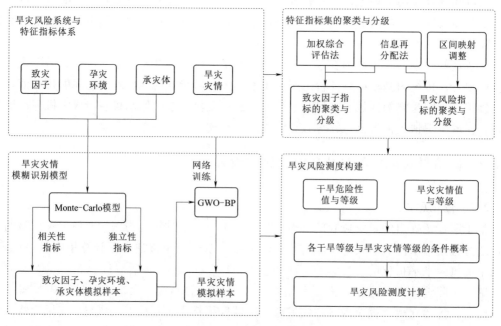

图 6.1　研究内容示意图

6.1.3　区域旱灾风险量化中需要解决的关键问题

1. 基于深度学习的旱灾灾情模糊识别模型

首先，旱灾系统是一个开放式复杂巨系统，不同旱灾情景下的损失模拟过程复杂，依赖于随机模型的精度；只有加强相关风险特征指标时空分布规律的研究，才能提升随机理论框架下的相关输入参数预测模型的精度。

其次，由于长系列历史旱灾损失资料主要集中在农业生产领域，其他生产领域和生活、生态领域资料相对短缺，使得深度学习的数据源有限，可能影响到深度学习模型的训练与校验；因此，如何设置相关参数优化神经网络结构，是需要解决的关键问题之一。

2. 基于干旱传递水平的旱灾风险测度理论与方法

目前，国内外学界尚未就旱灾风险概念达成共识，同时，由于旱灾风险系统的诸多复杂性特征，风险精准识别困难，旱灾风险的定义与量化存在较大难度。实际应用中，不论是致灾因子危险性，还是孕灾环境脆弱性、承灾体的易损性与旱灾灾情特征指标，具有随机性的同时，都存在一定的模糊性，准确寻求到致灾因子与旱灾灾情的关系同样存在较大难度。同时，基于旱灾灾情模糊识别模型提供的"多情景旱灾"样本，寻求旱灾风险测度表达，本身还受到系统模拟模型不确定性的影响。模糊性与不确定性进一步增加了风险测度理论与方法研究的难度，因此，如何基于干旱传递水平构建旱灾风险测度理论与方法，是需要解决的关键问题之二。

6.1.4　基于干旱传递水平的旱灾风险评价流程

基于前文的风险定义，从情景模拟和条件概率计算的角度，融合 Monte - Carlo、GWO - BP、基于 k - means 聚类点的信息扩散法和 Copula 函数等方法，构建旱灾风险测度计算方法。即在相关性分析与属性约简的基础上，提取区域旱灾风险要素的主控因子，并分析因子间的相关性，以便针对性地开展 Monte - Carlo 模拟；运用情景模拟与数据挖掘技术，构建基于机器学习的旱灾灾情模糊识别模型；并基于干旱传递水平计算旱灾风险测度，详情如图 6.2 所示。

首先，进行旱灾风险特征指标统计资料的数据处理。在相关性分析与属性约简的基础上，提取区域旱灾风险要素的主控因子，分析主控因子的时序变化规律，以及因子之间的相关性。

其次，构建旱灾风险特征指标集的 Monte - Carlo 模型。基于常规 Monte - Carlo 模型实现致灾因子、孕灾环境和承灾体的独立性指标的随机模拟，同时，构建"基于相关性的 Monte - Carlo 模型"，借助 Copula 函数模拟干旱情景中存在相关性的指标。

再次，构建旱灾灾情模糊识别模型。基于 BP 模型寻求致灾因子与旱灾灾情的传递关系，并采用 GWO 算法对 BP 神经网络的权值和阈值进行优化；以历史统计数据作为训练样本，从而得到基于 GWO - BP 的旱灾灾情模糊识别模型。再将旱灾风险特征指标集的 Monte - Carlo 模型模拟出的样本作为 GWO - BP 模型的输入，得到相应的旱灾灾情模拟样本。

最后，构建旱灾风险测度计算模型。基于 k - means 聚类点的风险信息多维正态扩散与分级方法，得到每个模拟样本的干旱风险值与旱灾灾情值及对应的风险等级阈值；并基于 Copula 函数构建干旱与旱灾的联合概率分布模型，推算出不同等级的干旱形成不同等级旱灾灾情的条件概率；结合传递过程中的抑制或促进机制判定，实现风险测度的计算。

基于干旱传递水平的旱灾风险评价流程如图 6.2 所示。

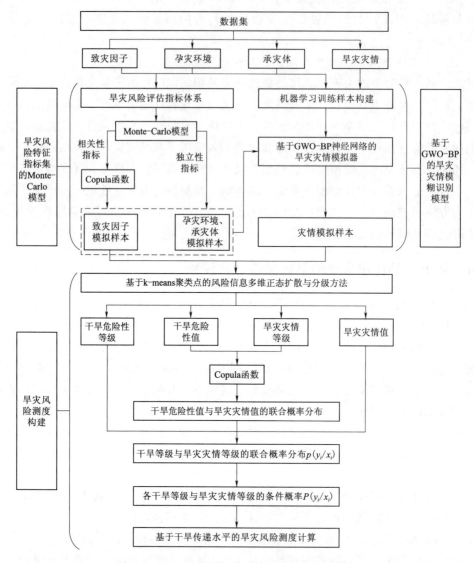

图 6.2　基于干旱传递水平的旱灾风险评价流程

6.2　基于指标相关性的 Monte – Carlo 的区域干旱情景模拟

如前所述，相关部门开展灾害数据统计工作的时间较短，一般情况下，干旱指标数据样本量较小，不利于后续的模型构建，所以需要在保留样本数据特征的情况下，采用 Monte – Carlo 模拟法对样本量进行扩充。

传统的 Monte – Carlo 模拟得到的样本均为独立样本，无法体现个别指标间的相关性和内在联系。解决上述问题，需要引入 Copula 函数，建立反映变量之间依赖关系和相关性的联合分布[121]。

6.2.1　Copula 函数简介

6.2.1.1　Copula 函数概述

Copula 函数是由 Sklar 在 1959 年首次提出，之后得到了快速发展[122]。Copula 函数为取值在 [0，1] 之间的联合多变量的概率分布函数[123]。通过 Copula 函数确定多变量联合分布函数分为两个步骤：

（1）确定每个变量的边缘分布函数。

（2）选择一种 Copula 函数连接两个变量的边缘分布函数，得到它们的联合分布函数。以二维随机变量的联合分布为例，存在 Copula 函数 C 满足 $\forall x，y \in R$，有 $H(X,Y) = C[F(X),G(Y)]$，其中，$H = P(X < x，Y < y)$ 为联合分布函数，$F = P(X < x)$ 和 $G = P(Y < y)$ 为随机变量 X 和 Y 的边缘分布函数[124]。

6.2.1.2　Copula 函数的分类

Copula 函数主要分两大类[125]：椭圆 Copula 函数和阿基米德 Copula 函数。椭圆型包含 Normal Copula 函数和 t - Copula 函数；阿基米德型主要包括 Gumbel Copula 函数、Clayton Copula 函数和 Frank Copula 函数。椭圆 Copula 函数在对于高维数据具有更好的适应性；而阿基米德 Copula 函数具有结构严密、计算公式简明且公式中只包含一个参数的优点，被广泛应用于计算双变量之间的联合分布概率。本书将采用 Normal Copula 函数、Gumbel Copula 函数、Clayton Copula 函数和 Frank Copula 函数进行拟合，其计算公式如下[126-127]：

$$\text{Normal：} c(u,v) = \int_{-\infty}^{\phi^{-1}(u)} \int_{-\infty}^{\phi^{-1}(v)} \frac{1}{2\pi\sqrt{1-\tau^2}} \exp\left\{-\frac{s^2 - 2\tau st + t^2}{2(1-\tau^2)}\right\} ds\,dt \quad (\tau \in [-1,1])$$

$$(6.1)$$

$$\text{Gumbel：} \quad c(u,v) = \exp\{-[(-\ln u)^\theta + (-\ln v)^\theta]\}^{1/\theta}, \tau = 1 - \frac{1}{\theta} \quad (\theta \in [1,\infty)) \quad (6.2)$$

$$\text{Clayton：} \quad c(u,v) = (u^{-\theta} + v^{-\theta} - 1)^{-1/\theta}, \tau = \frac{\theta}{2+\theta} \quad (\theta \in (0,\infty)) \quad (6.3)$$

$$\text{Frank：} \quad c(u,v) = -\frac{1}{\theta}\ln\left[1 + \frac{(e^{-\theta u} - 1)(e^{-\theta v} - 1)}{e^{-\theta} - 1}\right],$$

$$\tau = 1 + \frac{4}{\theta}\left(\frac{1}{\theta}\int_0^\infty \frac{t}{e^t - 1} dt - 1\right) \quad (\theta \in R) \quad (6.4)$$

式中：τ 为变量间相关系数；θ 为阿基米德簇中由 τ 计算的相关参数。

6.2.1.3　边缘分布及 Copula 函数的确定

确定每个变量的边缘分布函数是构造 Copula 函数的必要前提，水文中常见的边缘分布函数有 P-Ⅲ分布、Exponential 分布、Weibull 分布、Normal 分布等。目前，主要采用极大似然法、相关性指标法、常规矩法等进行函数的参数估计。

在选择边缘分布或 Copula 函数的类型时，需要进行拟合效果评价，对于边缘分布函数的拟合效果，本书选用决定系数（R^2）来判断，而 Copula 连接函数的拟合效果则使用离差平方和最小准则（OLS）来判断。若 R^2 越大，说明拟合效果越好，反之越差；若 OLS 计算的值越大，说明拟合效果越差，反之越好。相关计算公式为

$$R^2 = 1 - \frac{\sum\limits_{i}(\hat{y}_i - y_i)^2}{\sum\limits_{i}(\overline{y}_i - y_i)^2} \tag{6.5}$$

$$OLS = \sqrt{\frac{1}{N}\sum\limits_{i=1}^{N}\left[\hat{y}_i - y_i\right]^2} \tag{6.6}$$

式中：N 为序列样本容量；y_i 为经验频率；$\overline{y}_i$ 为经验频率的平均值；$\hat{y}_i$ 为理论频率。

6.2.2　基于相关性的 Monte‑Carlo 区域干旱情景模拟

Monte‑Carlo 方法又称为概率统计法，是一种基于概率论思想，对随机变量进行数理统计实验及分布概率模拟，从而近似求解得到预测值的方法[128]。同时，引入 Copula 函数，建立反映变量之间依赖关系和相关性的联合分布，以解决具有相关性的旱灾特征指标的随机模拟。

本书使用双变量 Copula 函数改进 Monte‑Carlo 随机模型，具体步骤如下：

（1）根据各评价指标的原始样本数据进行分布类型检验，找到最佳的分布类型。

（2）确定要模拟的样本数量 N，并根据步骤（1）中确定的各指标分布类型生成模拟样本矩阵 $\boldsymbol{S}_{N\times8} = [\vec{S}_1, \vec{S}_2, \cdots, \vec{S}_8]$，其中，$\vec{S}_i$ 为第 i 个指标的模拟样本向量，$\vec{S}_i$ 和 $\vec{S}_j$ 彼此独立。

（3）根据相关指标的原始统计数据计算斯皮尔曼相关系数 τ：

$$\tau = 1 - \frac{6\sum\limits_{j=1}^{n}d_j^2}{n(n^2 - 1)} \tag{6.7}$$

式中：n 为原始统计样本的数量；d_j 为第 j 组样本的差。

（4）确定最佳 Copula 连接函数，并基于斯皮尔曼相关系数生成随机数矩阵 $\boldsymbol{U}_{N\times2}$：

$$\boldsymbol{U}_{N\times2} = \begin{bmatrix} u_{11} & u_{12} \\ u_{21} & u_{22} \\ \vdots & \vdots \\ u_{N1} & u_{N2} \end{bmatrix} (u_{ij} \in [0,1]) \tag{6.8}$$

（5）对 $\boldsymbol{U}_{N\times2}$ 中每个列向量 $\vec{u}_{.j}$ 进行从小到大排序，得到两个有序列向量 $\vec{u}_{.1}$ 和 $\vec{u}_{.2}$，及其每个元素在排序前的位置索引向量 $\vec{l}_{.1}$ 和 $\vec{l}_{.2}$。

（6）将具有相关性指标的模拟样本 $\vec{S}_i$ 和 $\vec{S}_j$ 进行从小到大排序，并将排序后的指标模拟样本 $\vec{S}'_i$ 和 $\vec{S}'_j$ 按步骤（5）中的位置索引向量 $\vec{l}_{.1}$ 和 $\vec{l}_{.2}$ 重新排列，得到具有与 ρ 几乎一致的相关系数的模拟样本 $\vec{S}''_i$ 和 $\vec{S}''_j$。

6.3　基于 GWO－BP 神经网络的旱灾灾情模糊识别模型构建

6.3.1　BP 神经网络概述

　　BP 神经网络是一种具有前馈特性的多层神经网络，是应用最广泛的神经网络之一[129]；它基于误差的逆向反馈传播来优化每一层神经元的连接权重，并且不断重复这个过程，直到网络的计算误差达到某个目标值，它在预测、优化、函数逼近等方面得到广泛应用[130]。

　　BP 神经网络善于提取数据之间的非线性关系，是具有 3 层或 3 层以上结构的前馈神经网络，主要包括输入层、输出层和隐含层[131]。BP 神经网络的特点是通过输出结果和预期的对比，修正偏差的反馈过程，其中包含正向传播和反向传播两个部分。BP 神经网络拓扑结构如图 6.3 所示，$W_{i,j}$ 和 $W_{j,k}$ 分别为连接各层网络之间的权重。

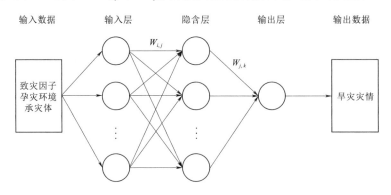

图 6.3　BP 神经网络拓扑结构

6.3.2　BP 神经网络的运行机制

　　BP 神经网络算法的核心是误差梯度下降法，其核心思想如下：

　　（1）将标准化后的样本由输入层输入，经由隐含层计算处理后传输到输出层，输出对应的预测值。

　　（2）当预测误差较大，达不到预设的精度要求时，网络会反向传播该误差信息，通过不断迭代调整各层间的权值、阈值来降低网络输出误差，直至满足设定的迭代次数或精度要求。此时，网络的学习过程结束，获得对未知样本的预测。

　　BP 神经网络的运行过程可以概化为：网络结构确定与参数初始化、网络的迭代训练、测试样本的预测输出等。其运行流程如图 6.4 所示。

6.3.3　旱灾灾情模糊识别模型中 BP 神经网络的改进

　　尽管 BP 神经网络具有良好的非线性映射能力、极强的自学习能力、良好的泛化能力和优异的容错能力，但它仍存在着一些不足之处[132]。

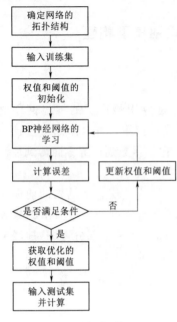

图 6.4　BP 神经网络运行流程图

1. 学习率的设置

学习率的选取对 BP 神经网络具有很大的影响，但目前，对于学习率的确定仍没有一个科学的方法。

2. 收敛速度慢

BP 神经网络是基于梯度下降法进行收敛的，该算法在求解复杂问题时会出现收敛速度缓慢；当出现误差梯度接近 0 或等于 0 的情况，会使整个学习过程陷入停顿。

3. 易陷入局部最优

传统的 BP 神经网络算法易陷入局部极小值点，并且很难自己逃离，导致其不能有效地逼近目标输出。

旱灾灾情模糊识别模型中存在复杂的多维非线性结构，使用传统的 BP 神经网络易陷入局部最优。相关研究表明，灰狼优化（GWO）算法在全局优化方面明显优于遗传算法、粒子群优化算法等智能算法[133-134]。因此，采用 GWO 算法对 BP 神经网络的权值和阈值进行优化。

GWO 算法将自然界中灰狼群体严格的等级制度和捕食行为转化为数学的表达方式，将狼群自上而下分为 α、β、δ 和 ω，其捕食行为包括追踪和接近猎物，追捕和包围猎物、攻击和捕杀猎物。灰狼包围行为的数学表达式型如下[135-136]：

$$D = |CX_P(t) - X(t)| \tag{6.9}$$

$$X(t+1) = X_P(t) - AD \tag{6.10}$$

$$A = 2ar_1 - a \tag{6.11}$$

$$C = 2r_2 \tag{6.12}$$

$$a = 2 - \frac{2t}{T} \tag{6.13}$$

式中：D 为灰狼与猎物之间的距离；t 为当前迭代次数；X_P 为猎物的位置向量；X 为灰狼的位置向量；A 和 C 分别为系数向量；T 为最大迭代次数；r_1 和 r_2 分别为 [0，1] 中的均匀分布随机变量。

在灰狼优化算法中，将每次迭代中获得最佳的三个解赋予给 α、β 和 δ 狼，其他灰狼则根据 α、β 和 δ 狼更改自身的位置，狩猎行为的数学表达式如下：

$$D_\alpha = |C_1 X_\alpha(t) - X(t)| \tag{6.14}$$

$$D_\beta = |C_2 X_\beta(t) - X(t)| \tag{6.15}$$

$$D_\delta = |C_3 X_\delta(t) - X(t)| \tag{6.16}$$

$$X_1 = X_\alpha(t) - A_1 D_\alpha \tag{6.17}$$

$$X_2 = X_\beta(t) - A_2 D_\beta \tag{6.18}$$

$$X_3 = X_\delta(t) - A_3 D_\delta \tag{6.19}$$

$$X(t+1) = \frac{X_1 + X_2 + X_3}{3} \tag{6.20}$$

式中：D_α、D_β 和 D_δ 分别为当前狼与 3 头最优灰狼间的距离；X_1、X_2 和 X_3 分别为各狼受 α、β 和 δ 狼影响后的移动方位；$X(t+1)$ 为猎物移动的方向，通过不断迭代搜索，寻找全局最优解。

GWO - BP 算法的具体流程如图 6.5 所示。

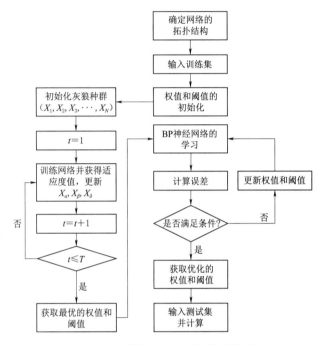

图 6.5　GWO - BP 神经网络流程图

6.4　基于干旱传递水平的旱灾风险测度计算

前文基于干旱传递水平构造出的风险测度：

$$r = \sum_{i=2}^{m} \sum_{j=1}^{i-1} \omega_{ij} p_{(y_j/x_i)} + \sum_{i=1}^{m-1} \sum_{j=i+1}^{m} \omega_{ij} p_{(y_j/x_i)} \tag{6.21}$$

式中：m 为旱情（灾情）分类数；ω_{ij} 为影响系数。

$$p_{(y_j/x_i)} = \frac{p(x_i y_j)}{p(x_i)} \tag{6.22}$$

式中：i 和 j 分别为旱情等级和灾情等级（1～5 对应无旱～特旱）；$p(x_i)$ 为旱情等级 x_i 发生的概率；$p(x_i y_j)$ 为旱情等级 x_i 和旱灾灾情等级 y_j 的联合概率差 $|i-j|$ 的影响系数。

根据旱情等级与灾情等级间的等级差来对 ω_{ij} 进行赋值，其具体赋值表见表 6.1。

表 6.1　　　　　　　　　　　　　影响系数 ω_{ij} 赋值表

影响系数	差 1 个等级	差 2 个等级	差 3 个等级	差 4 个等级
ω_{ij}	0.2	0.4	0.6	0.8

根据计算可知 $r \in [-2, 2]$；$r < 0$ 时，表示区域孕灾环境在干旱向旱灾传递过程中起抑制作用，$r > 0$ 时，表示区域孕灾环境起促进作用。根据风险管理与风险评估技术标准[137]，将风险测度划分为 6 个等级，具体等级区间阈值见表 6.2。

表 6.2　风险测度等级区间阈值

风险测度	强抑制	中抑制	弱抑制	无作用	弱促进	中促进	强促进
r	$[-2, -1.6)$	$[-1.6, -0.5)$	$[-0.5, 0)$	0	$(0, 0.5]$	$(0.5, 1.6]$	$(1.6, 2]$

6.5　小结

本章从区域旱灾风险量化面临的问题入手，阐述了区域旱灾风险的量化思路、研究内容，以及需要解决的两个关键问题——基于深度学习的旱灾灾情模糊识别模型构建、基于干旱传递水平的旱灾风险测度理论与方法，明确了基于干旱传递水平的旱灾风险评价流程，重点介绍了基于指标相关性的 Monte-Carlo 的区域干旱情景模拟、基于 GWO-BP 神经网络的旱灾灾情模糊识别模型构建与基于干旱传递水平的旱灾风险测度计算，有针对性地解决了当前区域旱灾风险量化面临的问题。

第7章　旱灾风险决策理论与方法

7.1　旱灾风险决策的基本内容

从系统论的角度对旱灾进行全面的研究、分析与评价，仅仅是迈出了旱灾管理第一步；还需要遵从"统一领导、分级负责、居安思危、未雨绸缪、公众利益至上"等一般原则，着手旱灾风险决策。即在风险规避、转移、缓解、自留等众多策略中[138]，选择行之有效的策略组合，并通过寻求适当的手段，落实既符合实际又会有明显效果的具体措施，合理配置各类抗旱资源，使旱灾风险的负面效应降到最低限度。

7.1.1　旱灾风险控制的基本策略

根据风险管理理论和旱灾风险的形成机制，旱灾风险控制策略可以概括为四大类，详情如图 7.1 所示。

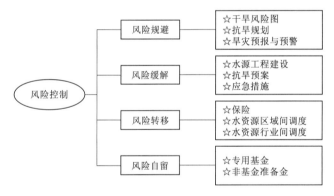

图 7.1　旱灾风险控制策略图

1. 旱灾风险规避

旱灾风险规避是指回避可能产生的旱灾损失，以保护区域内易旱目标免受损害。主要是指旱灾发生前，通过落实有关对策，力求消除各种隐患，将旱灾损失减少到最低程度。主要有两个途径，一是通过干旱风险图与抗旱规划等前期工作，合理统筹和布置规划区域内的人口密度、产业结构、农业种植结构等，降低孕灾环境的脆弱性和承灾体的易损性；二是加强旱灾预报和预警，提高政府与公众的应变能力，为防旱抗旱赢得时间。

风险规避一般是建立在对风险事件发生的概率和可能损失有充分认识的基础上；若对风险的识别和估计没有把握，风险规避的策略就没有任何意义。事实上，旱灾系统变化莫测，信息总是滞后于客观世界的变化，人们不可能完全认识和估计旱灾风险的所有信息。因此，风险规避策略本身也存在着风险。

2. 旱灾风险缓解

旱灾风险缓解是指弄清风险来源和引发因素后，采取相关措施降低风险事件的发生机会或减轻风险事件引发的损失。它既不是消除风险，也不是避免风险；而是将旱灾风险的发生概率或后果降低到可以接受的程度；包括降低致灾因子的强度，加强孕灾环境的适应性，提高承灾体的抗旱能力，从整体上控制旱灾风险损失。

风险缓解要达到什么目标，将风险减轻到什么程度，主要决定于旱灾管理的要求、对风险的认识程度等当地的具体情况。在确定风险缓解的策略前，必须将风险缓解的程度具体化，即要确定风险缓解后的可接受水平；如风险损失应控制在什么标准之内。作为减轻风险损失的一般措施，有工程措施和非工程措施；包括旱灾发生前的预防措施和旱灾发生时的应急措施。

3. 旱灾风险转移

旱灾风险转移就是将风险向其他部门、区域转移，从而减少保护地区的旱灾风险；是以牺牲局部利益来保全更大或更重要区域的安全策略。旱情严重时，政府有关部门应当在不同的行业和区域间进行水资源调度，将旱灾风险从高效益行业向低效益行业、高效益区向低效益区转移，以获得全局的损失最小化。风险转移只能改变风险分布，不能避免损失。它同样是要建立在风险分析的基础上；若所用的信息不准，则可能会给承接风险的对象造成不必要的损失。另外，风险转移还受到法律法规的制约。因此，政府在实施旱灾风险转移的同时，应当有配套措施，给予风险承接地区适当的补偿，以保证调度的正常进行。

保险是一种常用的风险转移方法。虽然这种方法要求投保者支付一定的保险费用；但相对于旱灾的损失而言要小得多，而且提高了旱灾控制的效率。一旦旱灾发生，投保人能够及时得到补偿，有利于生产生活的自救与恢复。

4. 旱灾风险自留

旱灾风险自留是旱灾管理主体自己承担风险事故所造成损失的一种风险应对措施；一般分为主动的风险自留和被动的风险自留。

主动的风险自留就是指风险管理者识别出某些潜在的风险，但认为这种风险在自己承受的范围内，而采取的一种主动承担风险的方式。

被动风险自留则是风险管理者没有意识到项目风险的存在，一旦风险事件发生，只能被动承担不利后果；或者当其他风险应对措施无法实施或即使能实施，但成本高且效果不佳时，只能选择风险自留。

风险自留要求对风险损失有充分的估计，其损失不能超过旱灾管理主体的承受能力。风险自留的前提条件具有一定的财力，使风险发生后的损失得到补偿；它通常通过专用基金或者非基金类准备金等方式来弥补遭受的损失。

7.1.2　旱灾风险控制的常用手段

1. 工程手段

工程手段就是通过工程措施对水资源进行调蓄、输送和分配，达到合理配置的目的。通过水库、湖泊、塘坝、地下水等蓄水工程，调节水资源的时程分布；通过河道、渠道、管道、泵站等输水、引水、提水和调水工程，改变水资源的地域分布。主要是抓好抗旱水源工程的除险加固和配水工程的更新改造，充分发挥现有工程的抗灾能力，恢复和提高抗旱水平；同时，适当新建灌溉设施，弥补防旱减灾的不足。

2．行政手段

利用法律约束机制和行政管理职能，直接进行水、电、资金等抗旱资源的配置。一方面，直接调配生活、生产、生态用水，调节地区、部门等各用水单位的用水关系，实现水资源的统一优化调度管理。另一方面，健全法制，改革体制，提高管理水平，防止争抢用水，减少损失浪费。此外，还要加快抗旱立法进程，实现依法行政、依法抗旱。

3．经济手段

按照社会主义市场经济规律的要求，建立合理的水权分配与转让管理模式；利用市场培植健全的水价形成机制，使水的利用方向由低效率领域向高效率领域转移，水的利用模式从粗放型向节约型转变；从而确实提高水的利用效率。对于小型泵站、机井、塘坝等小型水利工程，可因地制宜地采取拍卖、租赁、承包等产权制度改革，盘活存量，提高抗旱设施的保有量。在旱灾得到基本遏制后，政府应当通过减免有关行业的税费、贷款贴息等政策倾斜，对风险承接地区的损失尽量予以补偿。

4．科技手段

建立水文、气象、土壤墒情等实时监控系统，准确及时地掌握各地旱情、水质、水量的信息，科学分析用水需求，加强蓄水管理，采用优化决策系统进行调度，科学、合理、有效地进行资源配置，提高抗旱调度的现代化水平。同时，还要大力推广使用混凝土 U 形槽、薄膜覆盖、管道灌溉以及喷滴灌等工程节水技术，推广使用"旱地龙""水稻旱育稀植"等生物节水技术；争取主动，将旱灾损失降到最低限度。

5．教育手段

旱灾的发生发展同样经历从"酝酿期"到"爆发期"的变化过程，因此，干旱及其引起的旱灾是可以认识和预防的；尤其是一些人为造成的致灾因素是可以消除的。这就要求政府及有关部门树立水危机意识，增强做好抗旱工作的紧迫感和责任感。开展日常的旱灾危机教育，宣传防旱抗旱的方针政策和法规；普及防旱抗旱和灾后恢复的基本常识、让公众了解旱灾发生的过程、特征和危害，知道如何预防旱灾。从而提高公众的心理承受能力和自我防范意识，主动配合政府的有关部门开展防旱抗旱工作。

7.1.3　旱灾风险控制的具体措施

在不同的旱灾阶段，旱灾管理主体应当采取不同的措施；因此，可以将旱灾风险控制分成灾前、灾中、灾后三个阶段。灾前包括干旱信号侦测、旱灾预警和应对准备；灾中需要采取紧急措施应对旱灾的爆发而产生的冲击和危害，以及所带来的一系列影响；灾后则包括旱灾影响的消除和全面恢复[139]。

7.1.3.1　灾前控制

1．加快抗旱立法进程

抗旱立法是社会主义市场经济发展到一定阶段的必然产物，是依法进行抗旱工作的迫切需要，也是各行各业逐步走向法制化社会的具体表现。只有用法规来规范抗旱工作，才能在抗旱决策、应急动员、水量调配、资金筹措等方面进行统一的指挥和管理，才能使抗旱工作朝着更加健康、有序的方向发展。2003 年 2 月，安徽省率先颁布了《安徽省抗旱条例》，在旱情预防、旱情预报、抗旱措施、法律责任等方面都作了较为详尽的规定；2009 年，《中华人民共和国抗旱条例》出台，抗旱层面的法律体系得到进一步完善。但是，随着社会经济的快速发展，干旱条件下的资源配置仍然紧张，依然需要各省市根据本地实际不断细化相关配套法规。

2. 加快抗旱规划进程

完善水源工程规划，加快水源工程建设，是主动防旱抗旱的最有效措施。要大力兴建和配套骨干水源工程，在有条件的地方建设大型水库和控制性枢纽，巩固、改造、新建灌溉和供水工程设施，尽快完成病险水库除险加固，逐步展开面上小型水利工程建设，形成多层次的水源工程网络。还要结合本地水资源状况和水利工程现状，根据国民经济发展的需要，全面规划水资源的功能；合理确定工农业生产布局和农业种植结构，分别做好农业灌溉、城市供水、农村人畜饮用水和重点企业用水规划工作。

3. 制定并完善抗旱预案

制定抗旱预案是增强干旱风险意识，提高抗旱工作的计划性、主动性和应变能力，减轻旱灾影响和损失，保障经济发展和社会稳定，适应当前抗旱工作的需要。编制抗旱预案要坚持全面、协调、可持续的科学发展观；实行兴利除害结合，开源节流并重；对水资源进行合理开发、优化配置、全面节约、有效保护；妥善处理好排水与蓄水、上游与下游、城市与农村、流域和区域之间的关系；促进抗旱工作从被动的农业抗旱向全面、主动抗旱转变；最大限度地满足城乡生活、生产、生态用水需求。

4. 加强旱灾基础理论及应用研究

大范围、长时间的旱灾涉及十分复杂的自然和社会变化过程；但是，目前人们对此了解不多，旱灾预测的科学水平不高，特别是 1 个月（或以上）的预测还是世界性难题。为提高旱灾预测能力，以便及时、主动地为各级抗旱部门的决策提供科学依据；应当尽快、尽早将旱灾基础理论研究列入部门科技规划，加强干旱机理和旱灾系统的科学研究，尽可能地收集长序列的干旱及其影响的资料，建立旱灾资料数据库，分析研究旱灾年际、代际的变化规律。

5. 提高干旱监测预警能力

目前我国对于干旱的监测与预警能力有限，特别是有关部门对干旱监测与预警的重视程度远不如洪涝；因此，应提高对干旱监测预警的认识，充分利用先进的计算机设备和快速发展的通信网络，采用常规观测与卫星遥感观测技术相结合，合理布设观测站点，积极开展跨学科、跨部门的协作，建立综合考虑大气、地表、地下各种相关因素的干旱监测预警系统，提高干旱防控能力。

6. 建立水资源安全保障体系

通过制度、科技和工程创新，构建水资源安全保障体系。实现数量上的足额供给，保证城乡居民生产、生活的用水需求和自然环境的生态用水需求；实现质量上的安全供给，保证城乡居民洁净水的供给，实现城乡供水一体化。具体地说，即通过完善水工程、保证水域率、转换水功能、治理水污染、保护水生态，立足于"开源"，构建水资源供给保障体系；通过引进和开发节水技术、建立水价调节机制、调整产业结构，立足于"节流"，构建水资源需求保障体系；通过建立水权交易制度、创建水污染权交易体制、树立虚拟水意识，立足于"优化"，构建水资源贸易保障体系[140-141]。

7.1.3.2　灾中控制

1. 搞好现有抗旱资源调配

合理配置水、电、资金等各类抗旱资源，既是旱灾管理部门的日常工作，也是旱灾风险管理的核心工作。从另一个角度说，旱灾风险决策的核心内容就是如何按照既定的准则去配置有限的抗旱资源。旱灾发生过程中，旱灾管理主体必须权衡利弊，保证重点，并视旱情轻重，采取各种限制性的紧急措施。比如，限制直至暂停造纸、酿造、印染等高耗水、重污染企业的工业用水；限制直至暂停洗车、浴池等高耗水服务业用水；缩小农业供水范围或者减少农业供水量；限制直至暂停排放工业污水；限时限量供应居民生活用水等。

2. 采取临时措施，大力挖掘水源

加强调度，充分挖掘内水，大力抽提外水，最大限度地保障供水。对于砂、砾层覆盖较厚的山川河流，淘砂宕、集渗水，建暗坝、截潜流，保障小面积抗旱用水；在沟底、塘底打土井，解决地表水源缺乏的问题；在保证安全的前提下，抽提水库死库容。凡有外水的地方，要抓住时机引水充蓄，因地制宜地发动群众清淤疏浚、设立临时翻水站，解决引水困难问题。另外，还要充分利用、合理开发空中水资源，加强人工增雨计划的制订、实施与管理。

3. 充分宣传发动，加大节水力度

加大电视、广播、报纸、杂志、简报、新媒体等各种新闻传媒的宣传效应，公开宣传节水措施（比如，对居民生活用水采取的限额或定量、定时供应制度，关系国计民生或效益高的企业用水保障制度，水源短缺地区的工、农业用水超定额累进加价收费办法等），为充分挖掘城乡节水潜力提供舆论支持。

4. 加强防污调度，防止水质恶化

实施水质监控和跟踪监测，严格执行防污调度规定；防止污水集中下泄，造成污染事故。各级环保部门要加大执法力度，限制直至停止工业废水、生活污水排放，确保大旱期间水质满足城镇生活和工农业生产用水需要。

7.1.3.3　灾后控制

1. 恢复正常生活、生产与工作秩序

当旱情得到有效缓解或解除时，事发地抗旱指挥机构应当协助当地政府恢复正常生活、生产与工作秩序。及时清除紧急状态下实施的拦河坝，恢复河道、渠道正常过水断面；及时归还紧急征用、调用的抗旱物资、设备等；造成损坏或者无法归还的，应当按照有关规定给予适当补偿或者作其他处理。

2. 履行旱灾补偿责任

政府在采取风险转移策略时，将旱灾风险由一个行业或区域转移到另一个行业或区域，对风险承接的行业或区域造成损害的，要通过减免有关税费、贷款贴息、现金补助等途径依法给予适当补偿。

3. 督促旱灾保险的理赔

旱灾保险理赔是指保险人接到投保人或被保险人的请求，根据保险合同的规定，对旱灾的发生以及造成的损失进行一系列调查审核并予以赔偿的行为。尽管理赔是保险人履行义务的具体表现；但是，旱灾管理部门有义务协助和督促保险人进行旱灾保险的理赔工作。

4. 积极开展多层次、多渠道的灾后救济

社会救济一般是指国家给予遭受自然灾害、其他不幸事故以及生活在贫困线以下的人一种临时性帮助。灾后恢复涉及信息、资金、技术等多个方面；单靠农民自身，困难重重。因此，相关部门要审时度势，积极开展多层次、多渠道的灾后救济，及时提供相关信息，协助解决应急资金，提供灾后恢复技术培训等。

7.2　抗旱资源配置的准则与原理

7.2.1　抗旱资源配置的内容及当前存在的缺陷

抗旱资源包括水资源、抗旱用电指标和抗旱资金，通常有两个供给渠道。一是当地水资源和地方政府自身筹集的抗旱资金、用电指标等；二是公用水资源和上级政府下拨的抗旱资金、用电指标等。

常规的配置方法：首先由各子区域根据当地水资源、本级财力、社会经济发展等实际情况，预测抗旱资源需求与缺口，编制抗旱资源需求计划；再由上级相关部门根据各地的申请情况分配各类抗旱资源。

但是，这种配置方法存在两个缺陷。一是抗旱资源需求预测没有统一的标准，各地申请的抗旱资源数额差异很大；二是各地的需求预测往往高于实际需求，加剧了对本已稀缺的抗旱资源的竞争状况，使得主管部门难以定夺。

7.2.2　合理配置抗旱资源的准则[142-145]

1. 公平准则

不同的子区域在旱灾条件下应当获得相同的发展机会，这就要求抗旱资源配置首先要坚持公平合理的原则。但是，公平合理也不是绝对的平均，需要综合考虑不同子系统的规模水平和旱灾风险大小；并以"各个子区域综合缺水率（或综合供水保证率）基本一致"作为衡量区域抗旱资源配置公平性的指标。

2. 效益准则

抗旱资源的稀缺性决定了它的配置必须讲究效益；即让有限的资源发挥最大的效益，以弥补旱灾带来的损失。效益原则促进各子区域优化调整抗旱资源的二次配置，鼓励各行业提高抗旱资源的利用效率，创造更好的总体效益。

3. 持续准则

持续准则的核心是旱灾风险管理条件下的经济和社会发展同样不能超越自然资源与环

境的承载能力。比如，必须将水资源的开发利用速度限制在其再生速率之内，并为将来留下足够的资源潜力。

4. 优先准则

水资源的短缺迫使旱灾管理主体必须权衡利弊，突出重点，确保急用。比如，首先要确保各子区域的城乡居民生活、生态环境用水。在抗旱资源配置过程中，还要坚持"基本生活用水和公共用水体现公平优先；生产性用水和享乐型生活用水体现效率优先"的原则。

7.2.3　合理配置抗旱资源的基本原理

干旱期间，抗旱资源在不同需求者之间的配置，就要考虑如何以最优（公平优先，兼顾效率，下同）的方式把资源配置给不同的需求者。本书拟采用大系统分解协调的优化方法解决抗旱资源的配置问题[146]。

其基本原理是首先将公用水资源量、可下拨的抗旱资金和电指标等进行预分配；再根据实际情况，细化各子区域具体的抗旱资源配置方案；最后，通过考察各个子区域综合缺水率（或综合供水保证率）是否基本一致，反复调整各类抗旱资源的初始分配量，实现系统全局最优。

7.3　抗旱资源配置分解协调模型与方法

7.3.1　基于复合熵权的抗旱资源初始配置模型与方法

7.3.1.1　不同配置准则下的分配系数

1. 公平准则下的分配系数

公平准则下的分配系数应当包括规模分配系数和风险分配系数：

定义 7.1　规模分配系数为：

$$\omega_{1i} = f_i \Big/ \sum_{i=1}^{n} f_i \quad (i=1,2,\cdots,n) \tag{7.1}$$

式中：ω_{1i} 为第 i 个子系统（子区域，下同）的规模分配系数；f_i 为第 i 个子系统人口（面积）规模；n 为参与资源分配的子系统个数。

定义 7.2　风险分配系数为

$$\omega_{2i} = r_i \Big/ \sum_{i=1}^{n} r_i \quad (i=1,2,\cdots,n) \tag{7.2}$$

式中：ω_{2i} 为第 i 个子系统的风险分配系数；r_i 为第 i 个子系统的风险水平；n 为参与资源分配的子系统的个数。

2. 效率准则下的分配系数

定义 7.3　效率准则下的分配系数为

$$\omega_{3i} = g_i \Big/ \sum_{i=1}^{n} g_i \quad (i=1,2,\cdots,n) \tag{7.3}$$

式中：ω_{3i} 为第 i 个子系统的效率分配系数；n 为参与资源分配的子系统的个数；g_i 为第 i 个子系统的生产水平，即计算基准年前 3 年单位资源产出数量的均值（抗旱资源的使用，最终都可以归结到水资源的开发与分配；因此，抗旱资源的单位产出可以用单位水资源的 GDP 数值来表示。）。

7.3.1.2　基于复合熵权的抗旱资源分配系数的权重计算

1. 熵权的定义

定义 7.4　在有 m 个分配系数，n 个待分配对象的配置问题中，第 i 个分配系数的熵为

$$H_i = -k\sum_{j=1}^{n}\omega_{ij}\ln\omega_{ij} \quad (i=1,2,\cdots,m;\ j=1,2,\cdots,n) \tag{7.4}$$

其中

$$\omega_{ij} = a_{ij}\Big/\sum_{j=1}^{n}a_{ij}, \quad k=\frac{1}{\ln n} \tag{7.5}$$

则第 i 个指标的熵权 λ'_i 为

$$\lambda'_i = \frac{1-H_i}{m-\sum_{i=1}^{m}H_i}(0\leqslant\lambda'_i\leqslant1),\quad \sum_{i=1}^{m}\lambda'_i=1 \tag{7.6}$$

2. 熵权的性质

根据上述定义和熵函数的性质可知，熵权具有以下性质：

（1）各评价对象在指标 i 的值完全相同时，熵值达到最大值，熵权为零，意味着该指标向决策者未提供任何有用信息，该指标可以考虑被取消。

（2）当各评价对象在指标 i 上的值相差较大时，熵值较小，熵权较大，表明该指标向决策者提供了有用信息。

（3）熵权表示所有待分配对象确定后，各分配系数的相对激励程度。

（4）熵权虽然充分利用了数据的客观信息，但是缺乏管理主体的知识、经验等主观信息。

3. 复合熵权模型

管理者对于不同配置准则中的各个分配系数重要程度的认识不随数据复杂程度的变化而改变。因而借助德尔菲法得到的 m 个分配系数的主观权重 λ''_i。

定义 7.5　融合主客观权重得到指标 i 的复合权重 λ_i：

$$\lambda_i = \delta\lambda'_i + (1-\delta)\lambda''_i \quad (0\leqslant\delta\leqslant1) \tag{7.7}$$

当 $\delta\rightarrow0$ 时，说明复合权重主要由主观权重决定。

当 $\delta\rightarrow1$ 时，说明复合权重主要由客观权重决定。

当 $\delta\rightarrow0.5$ 时，复合权重为主观权重和客观权重的算术平均。

复合权值 λ_i 集成了主观信息和客观信息，结合了固有信息的客观作用与决策者经验判断的主观能力；因而显得更加科学合理。

7.3.1.3　抗旱资源初始配置系数的计算

定义 7.6　抗旱资源初始配置系数为

$$\omega_i = \lambda_1\omega_{1i} + \lambda_2\omega_{2i} + \lambda_3\omega_{3i} \quad (\lambda_1+\lambda_2+\lambda_3=1) \tag{7.8}$$

式中：ω_i 为第 i 个子系统的初始配置系数；ω_{1i} 为第 i 个子系统的规模分配系数；ω_{2i} 为第 i 个子系统的风险分配系数；ω_{3i} 为第 i 个子系统的效率分配系数；λ_1，λ_2，λ_3 分别为各个配置准则分配系数的复合熵权。

7.3.1.4 抗旱资源初始配置模型

$$R_{ij} = \omega_i R_{j\,pro} \tag{7.9}$$

式中：R_{ij} 为第 i 个子系统（区域）得到第 j 类抗旱资源的分配量；$R_{j\,pro}$ 为第 j 类抗旱资源的待分配量。

1. 持续原则下的约束条件

$$\sum_{i=1}^{n} R_{ij} \leqslant R_{j\,limit} \tag{7.10}$$

式中：n 为参与资源分配的子系统的个数；$R_{j\,limit}$ 为可分配的第 j 类抗旱资源极限值。

对于抗旱用电及资金来说，$R_{j\,limit}$ 就是有关部门下达的待分配指标；对于水资源来说，$R_{j\,limit}$ 就是扣除生态、环境等公益用水后的最大可分配水资源量。

2. 优先原则下的约束条件

$$R_{ij} \geqslant r_{ij} \tag{7.11}$$

式中：r_{ij} 为维持第 i 个子系统（区域）的基本生活、生态环境用水而应当得到的第 j 类抗旱资源最低值，其大小根据各子区域的具体情况分别计算。

关于可分配水资源量和基本生活、生态环境用水量，有关学者已经做了大量的研究[147-148]；本书不再做探讨。

7.3.2 子系统抗旱资源优化配置模型与方法

7.3.2.1 子系统抗旱资源优化配置模型

子系统抗旱资源的优化配置就是各子区域在外部引入抗旱资源已确定的前提下，综合考虑本地自有的抗旱资源和其他约束条件，以子系统综合缺水率最小（或综合供水保证率最大）为目标，将子区域的各类抗旱资源优化配置给工业、农业、生态等用水对象（图7.2）。

子系统的决策变量 $Pw_{(i,j,k)}$：

第 i 个子系统第 j 个抗旱资源给第 k 类用水对象提供的水量；

子系统的目标函数：

（1）以子系统的综合缺水率最小为优化目标，即

$$F_i = 1 - \sum_{k=1}^{N_k} \sum_{j=1}^{N_j} \alpha_k (Pw_{(i,j,k)} / Rw_{(i,k)}) \rightarrow \min \tag{7.12}$$

（2）以子系统的综合供水保证率最大为优化目标，即

$$F_i' = \sum_{k=1}^{N_k} \sum_{j=1}^{N_j} \alpha_k (Pw_{(i,j,k)} / Rw_{(i,k)}) \rightarrow \max \tag{7.13}$$

式中：j 为抗旱资源；N_j 为抗旱资源的种类；k 为用水对象；N_k 为各个子区域用水对象的个数；F_i 为第 i 个子系统的综合缺水率；F_i' 为第 i 个子系统的综合供水保证率；

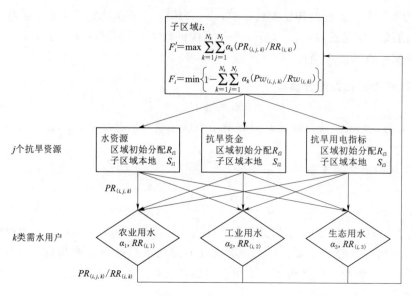

图 7.2　子系统抗旱资源优化配置模型结构图

$Rw_{(i,k)}$ 为第 i 个子系统第 k 类用水对象的水资源需求量；α_k 为第 k 类用水对象综合缺水率（或综合供水保证率）的复合权重。

约束条件：

1）子区域各类抗旱资源等于总区域给予的初始分配量 R_{ij} 与子区域本地保有量 S_{ij} 之和。

2）各子区域供水能力约束。

3）各用水对象的用水量不超过需水量的约束。

4）各用水对象的总用水量不超过所有抗旱资源的总配水量。

5）非负约束（不考虑资源外调的情况下）。

7.3.2.2　子系统抗旱资源优化配置模型的求解方法

抗旱资源优化配置涉及因素多、各种变量之间关系复杂，一般属于"有约束的非线性优化"问题。关于这类问题的研究很多，也比较成熟[149-155]；本书不做进一步的研究，只介绍一下常用的求解方法。

1. 约束最优化方法

（1）拉格朗日乘子法，将原问题转化为求拉格朗日函数的驻点。

（2）制约函数法，又称系列无约束最小化方法，简称 SUMT 法；是将原问题转化为一系列无约束问题来求解。这个方法也分为两类，一类为惩罚函数法（或称外点法）；另一类为障碍函数法（或称内点法）。

（3）可行方向法，是一类通过逐次选取可行下降方向去逼近最优点的迭代算法；如佐坦迪克法、弗兰克-沃尔夫法、投影梯度法和简约梯度法等。

（4）近似型算法，包括序贯线性规划法和序贯二次规划法；前者将原问题化为一系列线性规划问题求解，后者将原问题化为一系列二次规划问题求解。

2. 无约束最优化方法

无约束最优化方法大多是逐次一维搜索的迭代算法，它的基本思想是：在一个近似点处选定一个有利的搜索方向，沿这个方向进行一维寻查，得出新的近似点；然后对新点施行同样手续，反复迭代，直到满足预定的精度为止。

根据计算中是否涉及目标函数的导数，可以将这类迭代算法分为解析法和直接法两大类；又可以根据搜索方向的取法不同，推导很多种算法。

属于解析型的算法有梯度法、牛顿法、共轭梯度法、变尺度法等；属于直接型的算法有交替方向法（又称坐标轮换法）、模式搜索法、旋转方向法、鲍威尔共轭方向法和单纯形加速法等。

7.3.3 抗旱资源配置的总体协调模型与方法

大系统分解协调是将大系统分解成若干相对独立的子系统，并用协调器来处理各子系统间关联作用的一种递阶控制方法。通常将大系统分解成若干个相对独立而又相互关联的子系统（第一级，下级系统），分别求解每个子系统的极值问题，并在第二级（上级系统）设置一个协调器，来处理各子系统间的关联作用；上级系统凭借它所能支配的协调变量去命令下级系统，使下级各子系统的动作协调起来，以便在求得各个下级子系统的局部极值解的同时，获得大系统的整体最优解[156-160]。

7.3.3.1 抗旱资源的总体优化配置原理

抗旱资源配置的总体协调就是根据各子区域抗旱资源优化配置的结果，从整个区域出发，按照所有子区域综合缺水率（或综合供水保证率）基本一致的原则（区域公平），对各个子系统的抗旱资源初始分配量进行调整，以求得全局最优解，抗旱资源配置总体协调两级递阶控制结构详见图7.3。

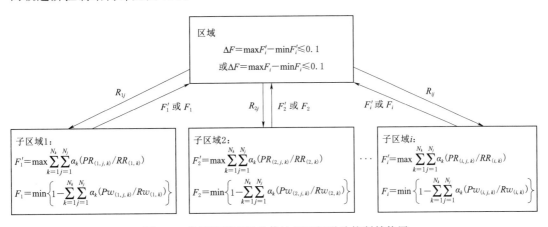

图 7.3　抗旱资源配置总体协调两级递阶控制结构图

第一级是原系统的 i 个子系统，它们有各自的模型和目标函数。

第二级是协调器，不断地和子系统进行信息交换，即通过接收 i 个子系统的局部解 F_i 或 $F_i'(i=1,2,\cdots,N_i)$，来修正变量 $R_{ij}(i=1,2,\cdots,N_i;j=1,2,\cdots,N_j)$，以保证子系统找到的决策能够满足整个系统控制的目标要求。

7.3.3.2　抗旱资源的总体优化配置模型及求解方法

1. 抗旱资源的总体优化配置模型

协调器的决策变量 R_{ij}：第 i 个子系统得到第 j 类抗旱资源的分配量。

协调器的目标函数：

1）以所有子系统综合缺水率中的最大值与最小值之差小于 10%（或旱灾管理主体认定的其他值，下同）为优化目标，即

$$\Delta F = \max F_i - \min F_i \leqslant 10\% \tag{7.14}$$

2）以所有子系统综合供水保证率中的最大值与最小值之差小于 10% 为优化目标，即

$$\Delta F' = \max F_i' - \min F_i' \leqslant 10\% \tag{7.15}$$

约束条件：

1）各子区域各类抗旱资源之和不超过 $R_{j\,\text{limit}}$。

2）各子区域抗旱资源供应能力约束。

3）各子区域的抗旱资源配置量不低于最低值 r_{ij} 的约束。

4）各子区域的抗旱资源配置量不超过需求量的约束。

5）非负约束（不考虑资源外调的情况下）。

2. 抗旱资源的总体优化配置模型的求解方法

对于非线性系统的分解协调，可以用不同的方法进行分解协调，常规的有对偶分解协调法（目标协调法）、可行分解协调法（模型协调法）等方法[161]。

由于本配置模型的目标函数和约束条件不具有相加可分的条件，无法引入拉格朗日乘子向量 λ，将关联约束一并加到原系统目标后进行分解；即不具备对偶分解协调法的应用基础。

因此，本书选择应用可行分解协调法研究抗旱资源的总体优化配置问题。该方法不是设想"切断"模型关联，而是将状态变量的关联设置为某些预估值，即按各系统进行预估（抗旱资源的初始分配）；在这种条件下，经过子系统优化配置模型得出的各子系统的最优解都是满足预估的约束条件；自然总体系统的约束条件也能得到满足。而各子系统的最优解，虽然对总体系统不一定是最优解，但却是可行解。

步骤 1　根据 7.3.1 的计算方法完成所有子系统的抗旱资源初始分配 R_{ij}；这种初始分配资源量是暂定的，且受到可利用的抗旱资源总量的制约。

步骤 2　根据 7.3.2 的计算方法，在各子区域从外部引入抗旱资源已确定的前提下，根据各子系统内自身的抗旱资源和其他约束条件，以子系统综合缺水率最小（或综合供水保证率最大）为目标，将子区的抗旱资源优化配置到工业、农业、生态等用水对象；并计算子系统综合缺水率或综合供水保证率。

步骤 3　从整个区域出发，按照所有子系统综合缺水率（或综合供水保证率）基本一致的原则，对各个子系统的抗旱资源初始分配量进行总体协调。

若所有子系统综合缺水率中的最大值与最小值之差小于 10%，则抗旱资源的初始分配符合区域公平的优化目标，原分配方案是可行的。

若所有子系统综合缺水率中的最大值与最小值之差大于 10%，不符合区域公平的优

化目标；此时，应当把综合缺水率最小的子系统的抗旱资源初始分配 R_{ij} 减少 Δr_{ij}，把综合缺水率最大的子系统的抗旱资源初始分配 R_{ij} 增加 Δr_{ij}，再代入对应的子系统优化模型，计算这两个子系统的综合缺水率，并对所有子系统的综合缺水率进行重新检验；如果达到协调的目标，则得到可行的抗旱资源分配方案；如果达不到，则继续调整下去，直到协调的目标的实现。

7.3.4　基于云模型的水资源优化配置方法

云模型是李德毅在传统模糊集理论和概率统计的基础上，提出的一种定性定量不确定性的转换模型[162]。云模型在知识表示中具有不确定中包含确定性、稳定包含变化的显著特征，反映了自然界中生物的进化规律[163]。基于此，借鉴遗传算法的基本思想，提出多目标云优化算法（cloud based multi-objective optimization algorithm，CBMOOA），用于求解水资源优化配置模型，为解决复杂水资源系统的优化配置问题提供新的思路和方法。

7.3.4.1　云模型概述

1.　云和云滴

设 U 是一个由定量数值构成的论域，C 是关于 U 空间的定性概念，对论域中的任意一个元素 x，都存在一个有稳定倾向的随机数，亦即 x 对 C 的确定度 $\mu(x) \in [0, 1]$，则 x 在论域 U 上的分布称作云（cloud），每一个 x 称为云滴。云由许多云滴组成，每一个云滴都可以作为定性概念的一次量化表示，而云的形状可以直接体现该定性概念的重要特征[163]。

云的数字特征一般包含 3 个，即期望 Ex、熵 En 以及超熵 He。根据期望的数学含义，Ex 表示论域空间中最能反映概念特性的点，也就是概念量化的最具代表性样本。熵 En 表示定性概念的宏观程度，体现了云滴在论域空间中的离散范围；同时又反映了定性概念的模糊性，是定性概念在论域空间中可接受范围内亦此亦彼的度量。超熵 He 就是熵的熵，表示熵的不确定性，是云滴凝聚度的体现。He 越大，表明云滴的离散程度越大。用以上三个数字特征表示的定性概念记为 $C(Ex, En, He)$。

2.　一维正态云算子

一维正态云算子是一个把定性概念的整体特征 C 变换为定量表示 U 的映射。通过该映射，定性概念 $C(Ex, En, He)$ 转换为数值论域中的云滴，完成从定性的概念空间到定量的数值空间转换。

7.3.4.2　多目标云优化算法

多目标云优化算法的基本思路是基于云模型在知识表示中的特征，借鉴遗传算法的原理，通过局部求精、局部求变以及突变等操作进行迭代寻优。对于定性概念 $C(Ex, En, He)$；用 Ex 表示要求子代个体继承的父代优良特性；用 En 和 He 表示遗传过程中的不确定性，决定子代个体的变异程度；正态云算子用于定性概念到数值定量数值的转换，指定 En 和 He，在给定父代个体（Ex）作为母体情形下，定性概念 $C(Ex, En, He)$ 通过正态云算子可以生成任意数量的云滴（后代个体），所有云滴构成一个种群，从而实现遗传操作。首先介绍 CBMOOA 中两个重要的概念——精英个体和优秀个体向量，其他如种群、适应度、进化等概念同遗传算法[162]。

定义 1：精英个体。当前种群中适应度最大的个体，根据精英个体跨越的代数，可以分成当代精英和跨代精英。当代精英是仅在当前种群中适应度最大的个体，跨代精英是指连续 2 代或 2 代以上种群中适应度最大的个体，因此所有进化代中的跨代精英即为所求问题的最优解。定义出现跨代精英的种群为非平凡进化代，否则为平凡进化代；连续不出现跨代精英的种群个数定义为连续平凡代数，也就是 2 个非平凡进化代之间相差的代数。

定义 2：优秀个体向量。当前种群中适应度值最高的前 M 个个体，其中 M 为优秀个体向量所包含的优秀个体数，该向量中的每个个体都可以作为母体，用于生成下一代种群。

CBMOOA 具体步骤如下：

(1) 适应度确定。游进军等提出了利用目标序列的优劣排序确定个体适应度的多目标遗传算法，但是并没有充分考虑到各个目标函数之间的相互重要程度。基于此，对目标序列排序计算适应度的方法进行改进，具体如下：

设多目标优化问题含有 n 个目标函数，考虑各目标函数之间的相对重要性，利用层次分析法确定权重系数 $\lambda_l (l=1,2,\cdots,n)$。依据任意的目标函数，所有个体都能生成按目标函数值优劣排序的序列。则对于种群中的个体为 $X_f (f=1,2,\cdots,J)$，经目标函数 l 排序可得排序号 $Y_l(X_f)$，计算其对目标函数 i 的适应度为

$$E_l(X_f) = \begin{cases} (J-Y_l(X_f))^2 & (Y_l(X_f)>1) \\ aJ^2 & (Y_l(X_f)=1) \end{cases} \quad (l=1,2,\cdots,n)$$

式中：a 为用于加大对于目标函数最优的个体适应度，$a \in (1,2)$；J 为个体总数。

则多目标优化问题的适应度函数为

$$E(X_f) = \sum_{l=1}^{n} \lambda_l E_l(X_f)$$

适应度值越大，表明个体对于所有目标的整体表现越优秀，更有机会保留到下一代种群。

(2) 种群初始化（生成初始云块）。设定：优秀个体向量大小 M、进化代数 N、变异求变阈值 λ_{global}、突变阈值 λ_{local}、求精系数 Q、求变系数 L。指定初始种子个体 Ex 以及 En、He，根据约束条件随机产生初始云块，每个云块包含的变量即为云块的云滴，每个云滴为一个个体，所有个体形成种群。

(3) 确定最优个体向量：记录每次迭代中产生的当代精英和跨代精英。

(4) 局部求精。若产生跨代精英，表明算法可能进入了一个极值的邻域范围，此时需要进行局部求精。可以通过减小搜索范围 En 与降低变异程度 He，收缩云滴的产生范围，从而使算法尽快在该跨代精英附近搜索到局部最优解。如将原来的 En 和 He 乘以 $1/Q$，其中 Q 为求精系数，$Q>1$。

(5) 局部求变。如果连续平凡代数达到一定的求变阈值 λ_{local}，即经过连续若干次迭代都没有产生新的跨代精英，算法很可能已陷入了局部最优邻域，此时需要跳出这个领域，在该领域附近重新搜索。可以通过增加进化范围 En 和不稳定性 He，扩大云滴的产生范

围，从而增加搜索到新的局部最优解机会。如将原来的 En 和 He 乘以 L，其中 L 为求变系数，$1 < L \leqslant Q$。

（6）突变操作。如果连续平凡代数达到一定的突变阈值 $\lambda_{\text{global}} > \lambda_{\text{local}}$，即局部求精和局部求变的效果都不明显，此时需要进行一次突变。可以通过选取已经出现的所有跨代精英或当代精英的加权和作为新的母体，同时取已出现精英的方差为熵 En，通过一维正向云算子将定性概念 $C(Ex, En, He)$ 转为定量的云滴。

（7）终止判断。以迭代次数是否达到 N 作为终止判断。第 N 次迭代结束后，输出 N 次迭代中的跨代精英以及对应的目标函数值。

7.3.4.3 水资源多目标优化配置模型

水资源配置系统涉及社会经济、资源、生态环境等众多领域，是一个十分复杂的系统。依据复杂性理论，水资源配置系统的复杂性包括主体多样性、信息非完备性、目标非线性、约束高维性以及过程的不确定性等。根据水资源的可持续发展原则，优化配置应当以社会、经济以及生态环境的综合效益最大为目标[164-165]。因此，构建的水资源优化配置模型是一个典型的多目标非线性优化问题，利用 CBMOOA 寻找水资源优化配置模型的最优解。

1. CBMOOA 的优化应用

借鉴遗传算法的基本思想[166]，多目标云优化算法将水资源优化配置问题模拟为一个生物进化过程，以不同水源分配给各子区内不同用水部门的水量作为决策变量向量，利用正态云算子产生种群，利用适应度函数判断决定种群中每个个体是否保留到下一代，通过局部求精、局部求变以及突变等操作产生新的种群，如此反复迭代实现水资源的优化配置。相对于遗传算法的不足（当种群中较多个体的适应度值比较接近时，重复的交叉操作会使得算法陷入局部最优解），利用变异操作，虽然可以解决陷入局部的问题，但是，同时可能丢失已经出现的寻找最优解有用的信息[163]。而 CBMOOA 的局部求变和突变操作均利用了已产生的历史搜索结果，可有效克服遗传算法的不足。

利用 CBMOOA 求解水资源优化配置问题的具体过程：首先在配置模型约束条件的范围内随机生成几组初始水量分配方案，然后代入利用配置模型目标函数确定的适应度函数，进行局部求精、局部求变以及突变等操作，选取其中适应度值较大的分配方案构建新的分配方案集。如此重复寻优过程，直到寻得一组最优分配方案集为止，并以该集合中的最优的分配方案作为配置的结果。

2. 配置结果的合理性评价

借鉴熵的定义，定义水资源系统的熵：

$$S(t) = k_b \lg \frac{1}{PW(t)/[WPO(t)(1+i_s)^t]}$$

式中：$S(t)$ 为计算期内第 t 年水资源系统的熵；k_b 为常量系数，一般取为 1；$PW(t)$ 为计算期内第 t 年的供水净效益，万元；$WPO(t)$ 为第 t 年的区域供水总量，m^3；i_s 为社会折现率。

根据熵变原理，利用水资源系统的演变方向对水资源优化配置的合理性进行评价：当 $S(t) > S(t+1)$ 时，表明系统熵逐渐减少，有序度有所增强，系统的演变有序稳定，水资源优化配置的结果合理；当 $S(t)<S(t+1)$ 时，表明系统熵逐渐增加，无序度有所加大，系统的演变处于不稳定状态，水资源优化配置的结果不合理；当 $S(t)=S(t+1)$ 时，表明系统熵不变，系统处于稳定状态，配置结果也是合理的。

7.4　小结

　　本章首先阐述了旱灾风险决策的基本内容，包括旱灾风险规避、缓解、转移与自留等基本策略；介绍了工程、行政、经济、科技、教育等旱灾风险控制的常用手段；并从灾前、灾中与灾后三个环节列举了旱灾风险控制的具体措施。结合抗旱资源配置内容及当前存在缺陷的介绍，提出了抗旱资源配置的准则与原理；着重介绍了抗旱资源配置分解协调模型与方法，包括基于复合熵权的抗旱资源初始配置模型与方法、子系统抗旱资源优化配置模型与方法、抗旱资源配置的总体协调模型与方法；并以基于云模型的水资源优化配置方法为例，介绍了相关模型的构建过程与求解方法。

第8章 案例研究——安徽省旱灾风险评价及应用

8.1 安徽省概况与旱灾特征

8.1.1 安徽省概况

安徽省地跨长江、淮河、新安江三大流域，形成淮北平原、江淮丘陵、皖南山区三大自然区域，国土总面积 13.94 万 km^2，耕地面积 4092km^2。行政区包括合肥、淮北、宿州、亳州、阜阳、蚌埠、淮南、滁州、六安、马鞍山、芜湖、铜陵、宣城、池州、安庆和黄山共 16 个地级市（2011 年 8 月以前，还有巢湖市）。

8.1.1.1 气候特征

安徽省位于我国东部季风区，南北气候迥异；北部属于暖温带半湿润季风气候，南部则属于亚热带湿润季风气候。在中国气候大背景之下，安徽气候除了具有"雨热同期、大陆性季风气候显著"的特征外，还具有气候温和、降水适当、梅雨显著、过渡性明显的气候特征。全省年平均气温为 14～18℃，年平均降水量为 800～1800mm。

8.1.1.2 水资源状况

安徽省共有 2000 多条河流，分属长江流域、淮河流域及新安江流域；水系紧密，沿江平原河网发达，水资源较为丰富。根据安徽省统计年鉴和水资源公报记录，截至 2020 年，安徽省水资源总量为 1280.41 亿 m^3，其中地表水资源量 1193.72 亿 m^3，地下水资源量 228.6 亿 m^3，地表水与地下水资源不重复量 86.68 亿 m^3，人均水资源量为 2053.82m^3/人。

8.1.1.3 地形地貌

安徽省地势西南高、东北低。淮河以北，地势坦荡辽阔，为华北平原的一部分；江淮之间，西耸崇山，东绵丘陵，山地岗丘逶迤曲折；长江两岸，地势低平，河湖交错，属于长江中下游平原；皖南山区，层峦叠嶂，峰奇岭峻，以山地丘陵为主。平原、台地（岗地）、丘陵、山地等类型齐全，可将全省分成淮河平原区、江淮台地丘陵区、皖西丘陵山地区、沿江平原区、皖南丘陵山地等五个地貌区。

8.1.1.4 社会经济

根据《2021 安徽省统计年鉴》，安徽省 2020 年末常住总人口为 6105 万人，其中城镇人口为 3561 万人，占 58.33%；乡村人口为 2544 万人，占 41.67%。2020 年，全省地区生产总值为 38680.63 亿元，人均生产总值为 63426 元/人，农业生产总值为 3184.68 亿元。安徽省农业主要以稻谷、小麦和玉米等粮食作物为主，其次是花生、中草药材等经济作物。据相关资料统计，2020 年安徽省总播种面积达 890.421 万 hm^2，粮食产量达 4019.22 万 t。

8.1.1.5 旱灾灾情

自古以来，安徽水旱灾害十分频繁。数月不雨、赤地千里、庄稼失收、饿殍遍野的特大灾荒，历史上屡见不鲜。中华人民共和国成立以后，大大小小的旱灾仍然经常出现，就全省而言，1949—2013 年，共发生大小旱灾共 52 年，约合 5 年 4 遇。其中特大干旱 6 次，约合 13 年 1 遇；严重干旱 16 次；中度干旱 17 次；轻度干旱 13 次；基本不旱年 13 次。65 年来发生 2～3 年的连续特、重干旱共 6 次，分别是 1958—1959、1966—1967、1976—1978、1985—1986、2000—2001、2011—2013 年。这些年份一般是连年少雨，重旱年与特旱年相继出现，旱灾的损失及负面影响特别严重。如今，由于重视水利建设，特别是一些骨干蓄水、输配水工程的新建和墒情、旱情监测等抗旱非工程措施的建设，提高了应对抗旱能力，大大减轻了灾情。

8.1.2 安徽省旱灾成因、演变趋势及特性分析

8.1.2.1 安徽省旱灾成因分析

1. 水文气象和水资源等自然地理条件的影响

安徽气候受太平洋副热带高压控制明显，每当太平洋副热带高压强盛，北移西伸，长期控制安徽省域，气候酷热，降水稀少；或"副热带高压"过弱，位置偏南，安徽久受单一大陆高压控制而干燥少雨，都将出现大范围的特、重旱灾。降雨时空分布不均匀和降雨偏少时段往往发生在作物需水的关键时期是造成旱灾的两个主要气象原因。

安徽各地不同的地形、地貌形成各自的灾害特征。淮北平原地势平坦，河沟量少且不配套，灌溉条件差，容易干旱；丘陵地区地势较高，岗冲交错，坡度较陡，抗旱能力偏低；特、重干旱年份，江湖水位显著降落，沿江圩区河港蓄水偏枯，山区人畜饮水困难，局部短期干旱时有发生。

安徽水资源相对紧缺，全省人均水资源量为全国的 49%、全球的 11%；亩均水资源量为全国的 40%、全球的 8%。特别是淮北平原区人均水资源占有量仅为全国的 19%、全球的 4%；亩均水资源量仅为全国的 14%、全球的 3%。而且水资源年际、年内分布不均，淮河流域尤为突出（图 8.1）。皖南山区、大别山区水多地少，江淮丘陵和淮北地区水少地多，水土资源分布不平衡也是旱灾形成的自然条件之一。

2. 社会经济发展的因素

随着社会经济发展、人口增加和生活水平的提高，全省用水需求量逐步增加，供水量也呈稳定增长态势，蓄、引、提水工程的建设投入逐年增加，公用工程和自备水源工程的供水量也随之加大。全省供水总量从 1980 年的 116.57 亿 m^3 增加到 2005 年的 208.03 亿 m^3，年均增长 3.02%（分类供水量变化趋势见图 8.2）；供水总量的增加主要体现在地表水源工程（1980—2005 年全省分区供水量详见表 8.1）。

2006 年全省农田灌溉、林牧渔畜、工业、城镇公共、居民生活、生态环境用水量分别为 128.91 亿、9.36 亿、82.69 亿、3.13 亿、19.64 亿、1.44 亿 m^3（图 8.3）。分别比 2005 增加了 18.8%、21.9%、22.1%、10.2%、−1.3%、5.1%。全省水资源供需矛盾日益紧张，旱灾风险日趋严重。

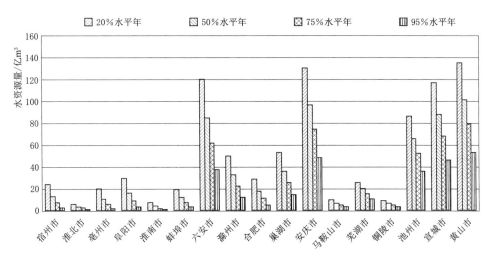

图 8.1 不同水平年行政区域的水资源分布图

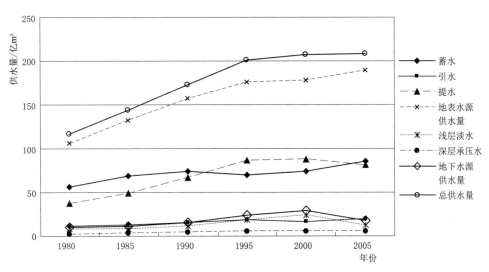

图 8.2 安徽省分类供水量变化趋势

表 8.1　　　　　　　　　　1980—2005 年全省分区供水量统计　　　　　　　单位：亿 m³

年份	分区	地表水源供水量				地下水源供水量			总供水量
		蓄水	引水	提水	小计	浅层淡水	深层承压水	小计	
1980	淮河	26.38	0.81	16.43	43.62	7.6	2.06	9.66	53.27
	长江	29.49	10.47	20.97	60.94	0.92	0.17	1.09	62.02
	东南诸河	0.61	0.4	0.23	1.24	0.04	0	0.04	1.28
	全省	56.48	11.68	37.64	105.79	8.55	2.23	10.78	116.57
1985	淮河	30.75	0.99	19.6	51.34	7.5	2.94	10.44	61.77
	长江	37.59	12.38	28.57	78.54	1.19	0.18	1.38	79.91
	东南诸河	0.91	0.67	0.4	1.97	0.06	0	0.06	2.03
	全省	69.25	14.03	48.57	131.85	8.75	3.12	11.87	143.72

续表

年份	分区	地表水源供水量				地下水源供水量			总供水量
		蓄水	引水	提水	小计	浅层淡水	深层承压水	小计	
1990	淮河	30.67	1.61	34.5	66.78	10.16	4	14.16	80.94
	长江	42.14	13.29	31.83	87.26	1.49	0.27	1.76	89.01
	东南诸河	1.33	0.98	0.6	2.91	0.08	0	0.08	3
	全省	74.14	15.88	66.92	156.95	11.73	4.27	16	172.95
1995	淮河	32.51	1.72	42.62	76.86	16.97	4.82	21.79	98.65
	长江	36.39	16.32	43.65	96.36	2.16	0.37	2.53	98.89
	东南诸河	1.38	1.12	0.63	3.13	0.11	0	0.12	3.25
	全省	70.28	19.16	86.91	176.35	19.24	5.19	24.43	200.78
2000	淮河	30.7	1.83	41.7	74.23	21.81	4.97	26.78	101.01
	长江	41.19	14.11	44.54	99.84	2.22	0.33	2.55	102.38
	东南诸河	1.63	1.23	0.74	3.6	0.12	0	0.12	3.72
	全省	73.52	17.16	86.98	177.67	24.15	5.3	29.45	207.12
2005	淮河	36.93	4.61	38.56	78.49	11.55	5.13	16.68	95.57
	长江	46.2	13.59	42.44	106.74	0.75	0.23	0.98	107.9
	东南诸河	2.1	1.51	0.67	4.37	0.19	0	0.19	4.56
	全省	85.23	19.71	81.67	189.6	12.49	5.36	17.85	208.03

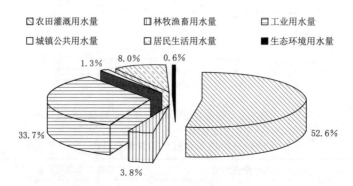

图 8.3　2006 年安徽省用水结构图

3. 不合理的人为因素

不合理的人为因素很多，但归结起来，主要有两类。一类是产业结构和种植结构的安排不合理，造成当地的水资源供给能力增长速度跟不上水资源需求的增长。如淮北地区是全国重要的粮食基地，20 世纪六七十年代的河网化和水稻种植的推广，以及近些年来化工、能源产业的高速发展，都向当地水资源供给提出了严峻挑战。另一类是湖泊、河道的围垦和淤积减少了调节库容，加上水体污染问题长期得不到根本解决，水资源供给压力与日俱增。

8.1.2.2 安徽省干旱灾害的时序演变趋势

旱灾损失是多方面的，但是分析旱灾的演变趋势，首先遇到的难题是缺乏系统的、全面的干旱灾害统计数据和评价干旱灾害的指标体系。目前能收集到的长系列数据是中华人民共和国成立后的历年农业旱灾资料，除灾情的定性描述外，一般以粮食作物的减产数量来表达旱灾损失的大小。到目前为止，旱灾对第二、三产业发展造成的损失和对人民生活造成的影响，既无统一指标，更无统计数据，暂时无法全面、系统的分析。以下基于现有的受旱面积、因旱成灾面积的统计数据，分析安徽受旱面积、成灾面积、受旱率（受旱面积占总耕地面积的比率）、受旱成灾率（因旱成灾面积占受旱面积的比例）等各项干旱灾害指标的时序演变趋势。

1. 旱灾受灾面积与成灾面积的时序演变趋势

分析 1950 年以来的受旱面积和成灾面积的时序演变，从总体上看是呈现增长趋势；在历年波动变化中，呈现比较明显的高峰期和低谷期（图 8.4）。其中，1959 年、1978 年、2000 年前后是安徽省旱灾演变过程中的 3 个比较明显的高峰期。做 3 年移动平均处理后，可更加明显地看出 3 个高峰期和 3 个亚高峰期。

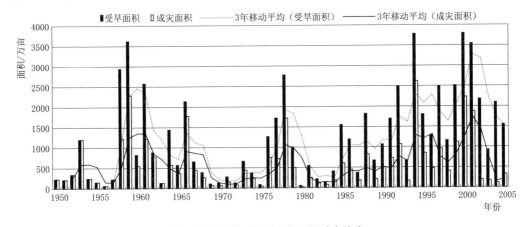

图 8.4 受旱面积和成灾面积时序演变

2. 旱灾受旱率、成灾率的时序演变趋势

全省受旱率总体呈现增加的趋势，这种趋势在 20 世纪 80 年代中期以后更加明显；从时序演变中还可以看出 3 个明显的高峰期（图 8.5）。全省受灾率总体呈现缓慢减少的趋势，这种趋势也反映了水利工程建设的效果；进入 90 年代以后，除个别特大干旱年份以外，一般干旱年份的成灾率在 20％上下波动。

8.1.2.3 安徽省干旱灾害的地域分布规律

受气候、水文和土地资源因素的影响，安徽省受旱地域分布呈北高南低的规律，淮北、江淮之间和江南地区的受旱面积与成灾面积依次递减。但是，因作物种植结构的关系，淮河以南地区旱地作物少，作物对灌溉的要求高，一旦出现干旱，水资源紧缺，灌溉保证率下降，成灾率更高；因此，安徽省江淮地区成灾率最高，江南次之，淮北相对较低（表 8.2）。

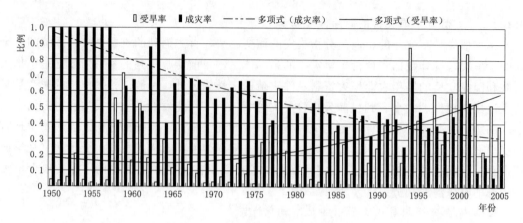

图 8.5　受旱率和成灾率时序演变

表 8.2　　　　　　　　　　　　安徽省旱灾分区统计

分　区	耕地面积 /khm²	受旱面积 /khm²	成灾面积 /khm²	受旱率 /%	成灾率 /%
淮北地区	2338.95	615.24	288.89	26.30	46.96
江淮之间	1824.38	470.64	256.03	25.80	54.40
江南地区	514.57	98.23	50.42	19.09	51.33

8.2　安徽省干旱危险性分析

8.2.1　基于指标赋权的干旱危险性分析

8.2.1.1　基础数据处理

参照国家防汛抗旱总指挥部办公室编制的《抗旱工作手册》《旱情等级标准》等国家标准和 3 个致灾因子危险性指标的统计数据，将各评价指标的等级划分为 5 类，分别为无旱、轻旱、中旱、重旱和特旱（表 8.3）。其中，温度距平百分率的等级阈值，是通过绘制其理论频率曲线，并选取与理论概率 40%、30%、20% 和 10% 相对应的值作为无旱-特旱的阈值[84]。

表 8.3　　　　　　　　　安徽省致灾因子危险性分析指标及等级标准

评估指标	无旱	轻旱	中旱	重旱	特旱
降雨距平百分率/%	$x \geqslant -15$	$-30 \leqslant x < -15$	$-40 \leqslant x < -30$	$-45 \leqslant x < -40$	$x < -45$
单位面积水资源量/(m³/hm²)	$x \geqslant 9000$	$6000 \leqslant x < 9000$	$4500 \leqslant x < 6000$	$3000 \leqslant x < 4500$	$0 < x < 3000$
温度距平百分率/%	$x \leqslant 0.61$	$0.61 < x \leqslant 0.93$	$0.93 < x \leqslant 1.43$	$1.43 < x \leqslant 2.33$	$x > 2.33$

对表 8.3 中的评价指标赋予等级属性，根据指标数据所处的等级，将其转化为 0~5 的标准值，将无旱、轻旱、中旱、重旱和特旱之间的阈值分别设置为 1、2、3、4；对表征致灾因子危险性的致灾因子风险阈值，作同样的设置（表 8.4），致灾因子危险性指标

的标准值转化公式如下：

$$
降雨距平百分率：f_{-P} = \begin{cases} 0 & (x \geqslant 0) \\ k + \dfrac{|x - y_i|}{|y_i - y_{i+1}|} & (y_{i+1} \leqslant x \leqslant y_i) \\ 5 - \dfrac{x}{y_{min}} & (x \leqslant y_{min}) \end{cases} \tag{8.1}
$$

$$
单位面积水资源量：f_{-W} = \begin{cases} \dfrac{y_{max}}{x} & (x \geqslant y_{max}) \\ k + \dfrac{|x - y_i|}{|y_i - y_{i+1}|} & (y_{i+1} \leqslant x \leqslant y_i) \\ 5 - \dfrac{x}{y_{min}} & (x \leqslant y_{min}) \end{cases} \tag{8.2}
$$

$$
温度距平百分率：f_{-T} = \begin{cases} 0 & (x \leqslant 0) \\ k + \dfrac{|x - y_{i+1}|}{|y_i - y_{i+1}|} & (y_{i+1} \leqslant x \leqslant y_i) \\ 5 - \dfrac{y_{max}}{x} & (x \geqslant y_{max}) \end{cases} \tag{8.3}
$$

式中：k 为表 8.4 中各风险等级对应阈值的下限；y_i 和 y_{i+1} 分别为表 8.3 中各级区间值的上下限；y_{min} 和 y_{max} 分别为表 8.3 指标的极小值与极大值；x 为表 8.3 指标的统计值。

表 8.4　　　　　　　　　　　　致灾因子危险性等级阈值表

致灾因子危险性等级	无旱	轻旱	中旱	重旱	特旱
分值	0~1	1~2	2~3	3~4	4~5

8.2.1.2　不同赋权方法的结果对照分析

从表 8.5 可以发现，熵权法和独立性权重法分别对降雨距平百分率和温度距平百分率赋予的权重过大，导致风险结果受某一指标的影响过大；而基于熵权法与独立性权重法计算出来的权重结果，再进行一次熵权计算，即综合客观赋权法；该方法能够进一步平衡熵权法与独立性权重法的权重结果，使得权重结果更加合理。

表 8.5　　　　　　　　基于 3 不同方法的各评价指标权重计算结果

赋权方法	降雨距平百分率/%	温度距平百分率/%	单位面积水资源量/(m³/hm²)
熵权法	0.8397	0.0673	0.0929
独立性权重法	0.1466	0.7078	0.1456
综合客观赋权法	0.4714	0.4077	0.1209

8.2.1.3　基于综合客观赋权的致灾因子危险性分析

基于加权综合评价法对各指标标准值进行加权计算，从而得出致灾因子风险值；风险值越大，表示致灾因子的威胁越大，致灾因子危险性越高。致灾因子风险值计算公式如下：

$$
Risk = \sum_{j=1}^{m} W_j \times f_j \tag{8.4}
$$

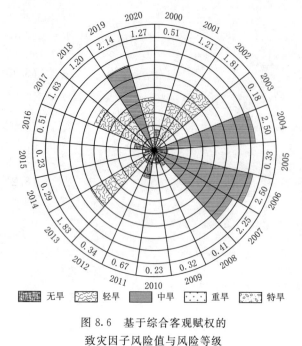

图 8.6　基于综合客观赋权的
致灾因子风险值与风险等级

式中：$Risk$ 为致灾因子综合风险值；W_j 为第 j 个指标的权重；f_j 为第 j 个指标数据转化后的标准值。

在对致灾因子危险性指标进行综合客观赋权的基础上，按照式（8.4）计算安徽省 2000—2020 年的历年致灾因子危险等级与风险值。图 8.6 所示为基于综合客观赋权的致灾因子危险性分析结果，从图 8.6 中可以发现基于综合客观赋权的安徽致灾因子危险性等级总体偏低，2000—2020 年间安徽全省的致灾因子危险性等级主要集中在轻旱及以下，仅 2004 年、2006 年、2007 年和 2019 年达到了中旱的等级，与《安徽防汛抗旱 65 年》中对该时段旱灾程度的定性表达有较大差距。

这也说明基于常规的指标分级与加权综合的评价方法，在致灾因子危险性分析上的效果并不好。

8.2.2　基于聚类点信息再分配的干旱危险性分析

8.2.2.1　基于反距离权重插值的致灾因子危险性分析结果

在对评价指标数据进行标准化的基础上将其聚成 5 类，利用综合客观赋权的成果，计算出 5 个聚类中心的致灾因子风险值分别为：0.073、0.1267、0.3819、0.5685 和 0.5923，并将其与无旱-特旱这 5 个等级对应，再由反距离权重插值得到各年份的致灾因子风险值。

图 8.7 所示为基于 k - means 聚类点信息分配的致灾因子危险性分析结果，从图 8.7 中可以发现，基于该方法得出的安徽致灾因子危险性类别较全，轻旱、中旱、重旱和特旱的比例分别为 52.38%、9.52%、19.05% 和 4.76%。

8.2.2.2　与常规赋权类评估方法的结果比较

两种评估方法的结果显示，风险

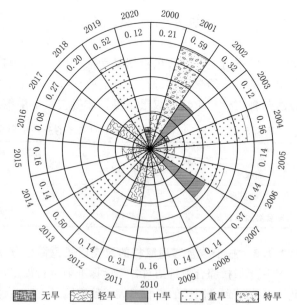

图 8.7　基于反距离权重插值的
致灾因子风险值与风险等级

的年际变化趋势基本保持一致，但在具体量级上差异较大；基于综合客观赋权的致灾因子危险性等级总体偏低，而基于反距离权重插值法的聚类点信息再分配的致灾因子危险性等级划分相对更合理，清晰地列出了无旱至特旱等 5 个等级。

将上述两种方法得出的结果与《安徽防汛抗旱 65 年》记录的 2000—2013 年的旱灾定性表述的比较分析（表 8.6），可以发现，基于综合客观赋权法的常规风险评价结果，与历史记录完全吻合或相差一个等级的年份，只有 35.7%；而反距离权重插值法的聚类点信息再分配的结果能够达到 57%，更加贴近实际情况，说明基于反距离权重插值法的聚类点信息再分配在致灾因子危险的定量与定性分析中具有一定适用性。两种方法的计算结果存在一定差异，主要是因为基于综合客观赋权法的常规风险评价中，统计数据与风险值的转换规则存在一定主观因素的影响，且并不是针对安徽省制定的，对评估结果造成影响；而聚类点信息再分配法根据数据自身的属性进行风险的定性和定量计算，结算结果更为客观。

表 8.6　　　　　两种评价方法的旱灾等级与历史统计对比表

年份	2000	2001	2002	2003	2004	2005	2006	2007	2008	2009	2010	2011	2012	2013
历史统计	★	★	●	◆	●	◆	■	▲	▲	■	●	■	■	■
综合客观赋权法	▲	●	●	▲	◆	▲	◆	▲	●	▲	▲	▲	▲	●
聚类点信息再分配	●	★	◆	▲	■	●	■	◆	●	●	●	●	●	■

注　1. ▲代表无旱；●代表轻旱；◆代表中旱；■代表重旱；★代表特旱。
　　2. 历史统计资料来自《安徽防汛抗旱 65 年》。

8.3　安徽省旱灾损失估算

8.3.1　安徽省旱灾损失估算指标体系

本例选取历年的旱灾面积作为评估的因变量；选取降水距平、无有效降水日数比例、水资源利用率、人均 GDP、有效灌溉率、第一产业比例和旱作物比例作为影响旱灾面积的自变量；建立旱灾损失估算指标体系如图 8.8 所示。

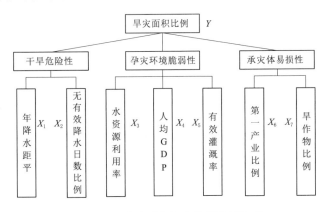

图 8.8　安徽省旱灾损失估算指标体系

8.3.2 相关特征指标的历史资料统计

通过查阅《安徽统计年鉴》和省水文局历史降水资料库，统计 1980—2005 年相关指标；第一产业比例按 GDP 折算（详见表 8.7）。

表 8.7　　　　　　　　　　安徽省旱灾评估基本资料统计表

年份	降水距平	无有效降水日比例	水资源利用率	人均 GDP /万元	有效灌溉率	第一产业比例	旱地占耕地面积比例	旱灾占耕地面积比例
1980	1.104	0.845	0.116	0.029	0.601	0.459	0.611	0.006
1981	0.968	0.858	0.173	0.034	0.603	0.519	0.614	0.057
1982	0.986	0.851	0.166	0.038	0.582	0.481	0.617	0.026
1983	1.237	0.849	0.107	0.043	0.571	0.448	0.615	0.018
1984	1.036	0.860	0.156	0.048	0.560	0.437	0.611	0.043
1985	0.973	0.844	0.194	0.053	0.542	0.426	0.611	0.136
1986	0.867	0.877	0.258	0.055	0.540	0.407	0.610	0.102
1987	1.166	0.837	0.160	0.058	0.555	0.398	0.606	0.042
1988	0.833	0.883	0.283	0.060	0.567	0.385	0.602	0.188
1989	1.116	0.841	0.180	0.062	0.585	0.366	0.592	0.049
1990	0.945	0.860	0.234	0.065	0.603	0.374	0.577	0.115
1991	1.353	0.833	0.124	0.063	0.625	0.287	0.564	0.168
1992	0.828	0.873	0.362	0.072	0.639	0.288	0.560	0.247
1993	1.057	0.831	0.217	0.086	0.653	0.266	0.571	0.039
1994	0.722	0.883	0.428	0.103	0.667	0.226	0.571	0.609
1995	0.829	0.894	0.307	0.117	0.684	0.290	0.567	0.198
1996	1.143	0.865	0.189	0.132	0.694	0.284	0.563	0.112
1997	0.844	0.876	0.444	0.147	0.716	0.274	0.561	0.225
1998	1.105	0.846	0.189	0.159	0.729	0.264	0.561	0.097
1999	1.089	0.868	0.203	0.170	0.744	0.255	0.566	0.264
2000	0.939	0.868	0.319	0.182	0.756	0.241	0.566	0.528
2001	0.774	0.874	0.444	0.196	0.765	0.228	0.570	0.445
2002	1.021	0.851	0.285	0.220	0.781	0.216	0.572	0.048
2003	1.219	0.817	0.176	0.239	0.786	0.192	0.560	0.041
2004	0.851	0.875	0.454	0.267	0.809	0.194	0.564	0.030
2005	1.079	0.854	0.309	0.275	0.814	0.179	0.555	0.080

8.3.3 基于多元线性拟合的旱灾损失估算

8.3.3.1 多元线性拟合函数的构造

假设旱情灾情特征指标或某一类旱情灾情 y 与 n 个干旱危险性、孕灾环境脆弱性及承灾体易损性特征指标之间存在线性关系，即：

$$Y=a_0+a_1x_1+a_2x_2+a_3x_3+a_4x_4+a_5x_5+a_6x_6+a_7x_7 \tag{8.5}$$

8.3.3.2 多元线性拟合函数的求解

利用 Matlab 解方程组式（8.5），可得

$$a_0=-4.954, \quad a_1=-0.142, \quad a_2=2.636, \quad a_3=0.151,$$
$$a_4=-3.341, \quad a_5=1.781, \quad a_6=-2.303, \quad a_7=4.974$$

所求的多元线性拟合函数为

$$Y=-4.954-0.142x_1+2.636x_2+0.151x_3-3.341x_4+1.781x_5-2.303x_6+4.974x_7 \tag{8.6}$$

相关系数：
$$R^2=0.605$$

8.3.4 基于遗传程序设计的旱灾损失估算

8.3.4.1 基于遗传程序设计的旱灾损失估算函数的构造

根据 4.2 节和 4.3 节的分析，构造旱灾损失估算函数；假设旱情灾情特征指标 y 与 n 个干旱危险性、孕灾环境脆弱性及承灾体易损性特征指标 x 之间存在幂函数关系。即

$$y=a_0+a_1x_1^{b_1}+a_2x_2^{b_2}+\cdots+a_kf_k^{b_k} \quad (k=1,2,\cdots,n) \tag{8.7}$$

8.3.4.2 基于遗传程序设计的旱灾损失估算模型的求解

按照 4.4.4 节的步骤，编制基于遗传程序设计的旱灾损失估算系统的自动建模程序，利用 Matlab 计算可得最优（接近最优）的拟合模型：

$$Y=0.078-0.191x_1^{0.626}+1.179x_2^{1.808}+0.899x_3^{2.869}-2.869x_4^{1.509}$$
$$+0.235x_5^{2.593}-1.298x_6^{0.571}+0.118x_7^{1.507} \tag{8.8}$$

8.3.5 计算结果对比分析

（1）从两种不同的估算方法的计算结果来看，基于遗传程序设计的旱灾灾情估算方法的预测精度比多元线性拟合高（图 8.9）。

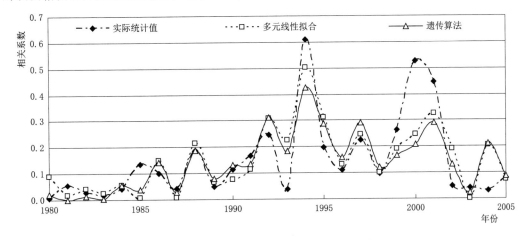

图 8.9 不同估算方法的相关系数对照图

（2）多元线性拟合相关系数偏低，多年预测值相对误差的平均值达到 140％，明显偏高（表 8.8），1980 年、1993 年、2002 年、2004 年等 4 年的相对误差过高。

表 8.8　　　　　　　　　　旱灾灾情估算成果对比表

年份	实际统计值	多元线性拟合		遗传算法	
		预测值	相对误差/％	预测值	相对误差/％
1980	0.0060	0.0907	1405.2	0.0193	219.4
1981	0.0570	0.0165	−71.0	0.0004	−99.4
1982	0.0261	0.0425	63.1	0.0140	−46.2
1983	0.0182	0.0239	31.0	0.0044	−75.8
1984	0.0425	0.0571	34.2	0.0546	28.5
1985	0.1364	0.0067	−95.1	0.0387	−71.6
1986	0.1020	0.1475	44.6	0.1423	39.5
1987	0.0417	0.0056	−86.4	0.0275	−34.0
1988	0.1875	0.2154	14.9	0.1883	0.4
1989	0.0489	0.0665	36.0	0.0798	63.0
1990	0.1152	0.0778	−32.4	0.1333	15.8
1991	0.1676	0.1145	−31.7	0.1354	−19.2
1992	0.2470	0.3069	24.2	0.3103	25.6
1993	0.0392	0.2266	478.0	0.1835	368.2
1994	0.6087	0.5019	−17.5	0.4273	−29.8
1995	0.1985	0.3126	57.5	0.2864	44.3
1996	0.1118	0.1323	18.4	0.1580	41.4
1997	0.2250	0.2459	9.3	0.2912	29.4
1998	0.0967	0.1010	4.4	0.1208	24.9
1999	0.2638	0.1921	−27.2	0.1649	−37.5
2000	0.5277	0.2460	−53.4	0.2094	−60.3
2001	0.4454	0.3270	−26.6	0.2915	−34.6
2002	0.0477	0.1911	301.0	0.1312	175.2
2003	0.0415	0.0009	−97.9	0.0243	−41.5
2004	0.0302	0.2040	575.3	0.2100	595.1
2005	0.0804	0.0713	−11.3	0.0862	7.3

（3）基于遗传程序设计的旱灾灾情估算方法的多年预测相对误差的平均值为 86％，比多元线性拟合降低了 40％；包括 1980 年、1993 年、2002 年在内的绝大部分年份预测误差有所减少。35％年份的预测误差可以控制在 30％以内，65％年份的预测误差可以控制在 50％以内，90％年份的预测误差可以控制在 100％以内（表 8.9）。

表 8.9　　　　　　　　　　　　两种方法的评估成果相对误差对比表

估算方法	低于 30% 的概率/%	低于 50% 的概率/%	低于 100% 的概率/%	多年均值/%
多元线性拟合	34.6	57.7	84.6	140.3
遗传算法	34.6	65.4	88.5	85.7

8.4　基于综合评价思想的安徽省空间旱灾风险评价（典型年）

8.4.1　组织评价指标体系（图 5.1）

8.4.2　底层指标数据统计及预处理

无有效降水天数、水资源利用率、第一产业比例、旱作物比例等 4 个指标的初始值（b_i）越大，导致的风险越大，则其无量纲化处理采用式（5.6）。

降水距平、耕地灌溉率、人均 GDP 等 3 个指标的初始值（b_i）越小，导致的风险越大，则其无量纲化处理采用式（5.7）。

安徽省 2005 年全年、5—6 月、9—11 月的干旱危险性底层指标统计与计算（详见表 8.10，资料来源为 2005 年安徽统计年鉴、2005 年安徽省水文局统计资料和安徽省抗旱手册）。安徽省孕灾环境脆弱性、承灾体易损性底层指标统计与计算（详见表 8.11，资料来源为 2005 年安徽统计年鉴）。

表 8.10　　　　　　　　　安徽省 2005 年干旱危险性底层指标计算表

行政区划	全　　年				5—6 月				9—11 月			
	年距平	无量纲化处理	无有效降水天数	无量纲化处理	年距平	无量纲化处理	无有效降水天数	无量纲化处理	年距平	无量纲化处理	无有效降水天数	无量纲化处理
合肥市	1.09	0.621	314	0.556	0.56	0.750	55	0.857	1.32	0.354	76	0.000
淮北市	1.36	0.343	319	0.741	0.60	0.701	56	1.000	1.25	0.429	81	0.556
亳州市	0.98	0.737	326	1.000	0.67	0.626	55	0.857	1.29	0.387	79	0.333
宿州市	1.30	0.411	322	0.852	0.68	0.608	56	1.000	1.17	0.508	81	0.556
蚌埠市	1.16	0.556	323	0.889	0.67	0.620	56	1.000	0.70	0.991	85	1.000
阜阳市	1.65	0.049	318	0.704	1.20	0.001	53	0.571	1.67	0.003	82	0.667
淮南市	1.17	0.538	315	0.593	0.86	0.405	54	0.714	0.93	0.756	80	0.444
滁州市	1.03	0.686	320	0.778	0.46	0.873	56	1.000	1.07	0.612	83	0.778
六安市	1.01	0.707	305	0.222	0.57	0.736	55	0.857	1.18	0.504	79	0.333
马鞍山市	1.01	0.701	310	0.407	0.56	0.748	53	0.571	1.23	0.450	80	0.444
巢湖市	1.09	0.623	312	0.481	0.47	0.857	54	0.714	1.45	0.227	81	0.556
芜湖市	0.83	0.883	300	0.037	0.47	0.864	51	0.286	1.12	0.561	79	0.333
宣城市	1.03	0.680	306	0.259	0.66	0.633	49	0.000	1.11	0.566	82	0.667

续表

行政区划	全　年				5—6月				9—11月			
	年距平	无量纲化处理	无有效降水天数	无量纲化处理	年距平	无量纲化处理	无有效降水天数	无量纲化处理	年距平	无量纲化处理	无有效降水天数	无量纲化处理
铜陵市	0.90	0.817	302	0.111	0.74	0.545	50	0.143	0.96	0.729	76	0.000
池州市	0.96	0.753	302	0.111	0.94	0.310	50	0.143	1.08	0.599	76	0.000
安庆市	0.95	0.770	308	0.333	0.73	0.554	53	0.571	1.35	0.322	77	0.111
黄山市	0.73	0.990	299	0.000	0.35	0.999	50	0.143	0.87	0.816	80	0.444

表 8.11　　　　　　安徽省 2005 年孕灾环境脆弱性及易损性底层指标计算表

行政区划	水资源利用率		人均 GDP		有效灌溉比例		第一产业比例		旱作物比例	
	初始值	无量纲	初始值/元	无量纲	初始值	无量纲	初始值	无量纲	初始值	无量纲
合肥市	0.74	0.72	19225	0.41	0.77	0.01	0.06	0.07	0.25	0.16
淮北市	0.32	0.26	10252	0.75	0.42	0.88	0.11	0.19	1.00	1.00
亳州市	0.17	0.10	5093	0.95	0.38	0.98	0.35	0.83	0.99	0.99
宿州市	0.15	0.07	5415	0.94	0.48	0.71	0.41	0.99	0.98	0.98
蚌埠市	0.33	0.27	9464	0.78	0.45	0.79	0.22	0.49	0.68	0.64
阜阳市	0.17	0.10	3761	1.00	0.42	0.88	0.32	0.77	0.92	0.91
淮南市	1.00	1.00	11551	0.70	0.59	0.44	0.09	0.15	0.31	0.23
滁州市	0.41	0.36	7942	0.84	0.59	0.46	0.27	0.64	0.32	0.25
六安市	0.20	0.13	5076	0.95	0.60	0.43	0.27	0.62	0.16	0.07
马鞍山市	1.00	1.00	30001	0.00	0.70	0.17	0.05	0.03	0.12	0.02
巢湖市	0.38	0.33	7136	0.87	0.65	0.31	0.25	0.57	0.20	0.11
芜湖市	0.67	0.65	18065	0.45	0.68	0.22	0.07	0.11	0.10	0.00
宣城市	0.19	0.12	9572	0.78	0.64	0.34	0.22	0.49	0.11	0.01
铜陵市	0.86	0.85	25854	0.16	0.67	0.24	0.04	0.00	0.28	0.20
池州市	0.14	0.07	7378	0.86	0.68	0.22	0.23	0.53	0.25	0.17
安庆市	0.24	0.17	7331	0.86	0.64	0.31	0.21	0.46	0.20	0.12
黄山市	0.08	0.00	11254	0.71	0.65	0.29	0.16	0.34	0.11	0.01

8.4.3　基于复相关系数赋权的旱灾风险模糊综合评价

1. 利用复相关系数进行指标权重计算。

根据式（5.3），利用 SPSS 软件，求得所有底层指标间的相关系数（表 8.12）；根据相关系数矩阵和式（5.4），借助 Matlab 软件，计算复相关系数；进而利用式（5.5）计算各指标的权重（表 8.13）。

表 8.12　　　　　2005 年旱灾风险评价底层指标相关系数矩阵

指标名称	降水距平	无有效降水日数	水资源利用率	有效灌溉比例	人均 GDP	第一产业比例	旱作物比例
降水距平	1	−0.6312	0.1257	−0.3516	−0.6153	−0.3441	−0.6984
无有效降水日数	−0.6312	1	−0.1168	0.3678	0.7433	0.4762	0.7908
水资源利用率	0.1257	−0.1168	1	−0.8146	−0.4610	−0.7770	−0.3511
有效灌溉比例	−0.3516	0.3678	−0.8146	1	0.5808	0.8379	0.4274
人均 GDP	−0.6153	0.7433	−0.4610	0.5808	1	0.5916	0.9043
第一产业比例	−0.3441	0.4762	−0.7770	0.8379	0.5916	1	0.5107
旱作物比例	−0.6984	0.7908	−0.3511	0.4274	0.9043	0.5107	1

表 8.13　　　　2005 年旱灾风险评价底层指标复相关系数及权重计算成果

底层指标	降水距平	无有效降水日数	水资源利用率	有效灌溉比例	人均 GDP	第一产业比例	旱作物比例
复相关系数	0.762	0.879	0.910	0.913	0.933	0.893	0.947
权重	0.166	0.144	0.139	0.139	0.136	0.142	0.134

2. 采用线性加权综合法计算各市风险值并排序（详见表 8.14 和图 8.10）。

表 8.14　　　　基于复相关系数赋权法的 2005 年旱灾风险评价成果表

市　名	全　年		5—6 月		9—11 月	
	风险值	排序	风险值	排序	风险值	排序
合肥市	0.374	13	0.439	11	0.249	17
淮北市	0.584	5	0.681	3	0.572	5
亳州市	0.794	1	0.755	1	0.640	3
宿州市	0.699	2	0.753	2	0.672	2
蚌埠市	0.629	3	0.656	4	0.718	1
阜阳市	0.612	4	0.585	6	0.599	4
淮南市	0.524	7	0.520	9	0.540	7
滁州市	0.579	6	0.642	5	0.566	6
六安市	0.454	9	0.551	7	0.437	8
马鞍山市	0.344	17	0.376	14	0.308	16
巢湖市	0.478	8	0.550	8	0.423	10
芜湖市	0.351	16	0.384	12	0.340	13
宣城市	0.391	12	0.346	15	0.431	9
铜陵市	0.352	15	0.312	17	0.322	15
池州市	0.397	11	0.328	16	0.355	12
安庆市	0.444	10	0.442	10	0.337	14
黄山市	0.355	14	0.377	13	0.390	11

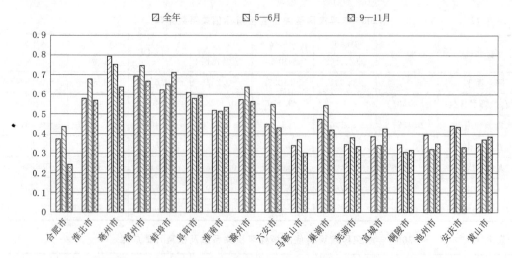

图 8.10 基于复相关系数赋权法的 2005 年旱灾风险评价成果图

8.4.4 基于突变理论的旱灾风险多准则评价

（1）初始综合值等级刻度计算（表 5.2）。

（2）中间状态变量及初始综合值的归一计算（过程略，详见表 8.15～表 8.17）。

表 8.15   2005 年旱灾风险突变评价（全年）计算表

市 名	底 层 变 量							中间状态量			综合
	B_1	B_2	B_3	B_4	B_5	B_6	B_7	A_1	A_2	A_3	R
合肥市	0.6206	0.5556	0.7184	0.4107	0.0118	0.0707	0.1639	0.8049	0.6402	0.4065	0.8525
淮北市	0.3428	0.7407	0.2564	0.7526	0.8810	0.1926	0.9962	0.7451	0.7949	0.7188	0.9034
亳州市	0.7367	1.0000	0.0968	0.9492	0.9769	0.8269	0.9861	0.9292	0.7627	0.9524	0.9552
宿州市	0.4109	0.8519	0.0707	0.9370	0.7127	0.9875	0.9769	0.7945	0.7211	0.9930	0.9288
蚌埠市	0.5555	0.8889	0.2708	0.7827	0.7910	0.4869	0.6432	0.8534	0.7950	0.7805	0.9300
阜阳市	0.0495	0.7037	0.0960	1.0000	0.8825	0.7668	0.9107	0.5560	0.7597	0.9225	0.8794
淮南市	0.5377	0.5926	1.0000	0.7031	0.4434	0.1544	0.2292	0.7866	0.9018	0.5025	0.8983
滁州市	0.6864	0.7778	0.3559	0.8407	0.4561	0.6392	0.2494	0.8741	0.7874	0.7145	0.9259
六安市	0.7069	0.2222	0.1317	0.9499	0.4265	0.6160	0.0678	0.7232	0.7180	0.5963	0.8749
马鞍山市	0.7005	0.4074	1.0000	0.0000	0.1654	0.0313	0.0223	0.7891	0.5459	0.2293	0.7992
巢湖市	0.6225	0.4815	0.3293	0.8714	0.3119	0.5699	0.1101	0.7864	0.7588	0.6171	0.8951
芜湖市	0.8829	0.0370	0.6462	0.4549	0.2207	0.1065	0.0046	0.6365	0.7528	0.2466	0.8041
宣城市	0.6805	0.2593	0.1163	0.7785	0.3361	0.4899	0.0065	0.7313	0.6741	0.4434	0.8493
铜陵市	0.8168	0.1111	0.8522	0.1580	0.2401	0.0017	0.2020	0.6923	0.7213	0.3142	0.8258
池州市	0.7525	0.1111	0.0684	0.8622	0.2155	0.5270	0.1668	0.6741	0.6316	0.6382	0.8576
安庆市	0.7696	0.3333	0.1707	0.8639	0.3150	0.4612	0.1166	0.7853	0.7049	0.5838	0.8834
黄山市	0.9903	0.0000	0.0040	0.7144	0.2931	0.3427	0.0124	0.4976	0.5642	0.4084	0.7770

表 8.16　　　　　　2005 年旱灾风险突变评价（5—6 月）计算表

市　名	底　层　变　量							中间状态量			综合
	B_1	B_2	B_3	B_4	B_5	B_6	B_7	A_1	A_2	A_3	R
合肥市	0.7499	0.8571	0.7184	0.4107	0.0118	0.0707	0.1639	0.9080	0.6402	0.4065	0.8711
淮北市	0.7007	1.0000	0.2564	0.7526	0.8810	0.1926	0.9962	0.9185	0.7949	0.7188	0.9352
亳州市	0.6260	0.8571	0.0968	0.9492	0.9769	0.8269	0.9861	0.8706	0.7627	0.9524	0.9449
宿州市	0.6080	1.0000	0.0707	0.9370	0.7127	0.9875	0.9769	0.8899	0.7211	0.9930	0.9461
蚌埠市	0.6204	1.0000	0.2708	0.7827	0.7910	0.4869	0.6432	0.8938	0.7950	0.7805	0.9372
阜阳市	0.0007	0.5714	0.0960	1.0000	0.8825	0.7668	0.9107	0.4282	0.7597	0.9225	0.8490
淮南市	0.4051	0.7143	1.0000	0.7031	0.4434	0.1544	0.2292	0.7652	0.9018	0.5025	0.8943
滁州市	0.8730	1.0000	0.3559	0.8407	0.4561	0.6392	0.2494	0.9672	0.7874	0.7145	0.9421
六安市	0.7358	0.8571	0.1317	0.9499	0.4265	0.6160	0.0678	0.9039	0.7180	0.5963	0.9083
马鞍山市	0.7478	0.5714	1.0000	0.0000	0.1654	0.0313	0.0223	0.8473	0.5459	0.2293	0.8099
巢湖市	0.8568	0.7143	0.3293	0.8714	0.3119	0.5699	0.1101	0.9098	0.7588	0.6171	0.9174
芜湖市	0.8638	0.2857	0.6462	0.4549	0.2207	0.1065	0.0046	0.7940	0.7528	0.2466	0.8352
宣城市	0.6334	0.0000	0.1163	0.7785	0.3361	0.4899	0.0065	0.3979	0.6741	0.4434	0.7745
铜陵市	0.5450	0.1429	0.8522	0.1580	0.2401	0.0017	0.2020	0.6305	0.7213	0.3142	0.8132
池州市	0.3102	0.1429	0.0684	0.8622	0.2155	0.5270	0.1668	0.5399	0.6316	0.6382	0.8288
安庆市	0.5545	0.5714	0.1707	0.8639	0.3150	0.4612	0.1166	0.7872	0.7049	0.5838	0.8838
黄山市	0.9989	0.1429	0.0040	0.7144	0.2931	0.3427	0.0124	0.7611	0.5642	0.4084	0.8327

表 8.17　　　　　　2005 年旱灾风险突变评价（9—11 月）计算表

市　名	底　层　变　量							中间状态量			综合
	B_1	B_2	B_3	B_4	B_5	B_6	B_7	A_1	A_2	A_3	R
合肥市	0.3541	0.0000	0.7184	0.4107	0.0118	0.0707	0.1639	0.2975	0.6402	0.4065	0.7353
淮北市	0.4289	0.5556	0.2564	0.7526	0.8810	0.1926	0.9962	0.7385	0.7949	0.7188	0.9022
亳州市	0.3868	0.3333	0.0968	0.9492	0.9769	0.8269	0.9861	0.6576	0.7627	0.9524	0.9042
宿州市	0.5081	0.5556	0.0707	0.9370	0.7127	0.9875	0.9769	0.7674	0.7211	0.9930	0.9237
蚌埠市	0.9913	1.0000	0.2708	0.7827	0.7910	0.4869	0.6432	0.9978	0.7950	0.7805	0.9551
阜阳市	0.0026	0.6667	0.0960	1.0000	0.8825	0.7668	0.9107	0.4624	0.7597	0.9225	0.8575
淮南市	0.7563	0.4444	1.0000	0.7031	0.4434	0.1544	0.2292	0.8164	0.9018	0.5025	0.9039
滁州市	0.6123	0.7778	0.3559	0.8407	0.4561	0.6392	0.2494	0.8511	0.7874	0.7145	0.9218
六安市	0.5042	0.3333	0.1317	0.9499	0.4265	0.6160	0.0678	0.7017	0.7180	0.5963	0.8706
马鞍山市	0.4503	0.4444	1.0000	0.0000	0.1654	0.0313	0.0223	0.7171	0.5459	0.2293	0.7854
巢湖市	0.2266	0.5556	0.3293	0.8714	0.3119	0.5699	0.1101	0.6491	0.7588	0.6171	0.8680
芜湖市	0.5611	0.3333	0.6462	0.4549	0.2207	0.1065	0.0046	0.7212	0.7528	0.2466	0.8212

续表

市 名	底 层 变 量							中间状态量			综合
	B_1	B_2	B_3	B_4	B_5	B_6	B_7	A_1	A_2	A_3	R
宣城市	0.5664	0.6667	0.1163	0.7785	0.3361	0.4899	0.0065	0.8131	0.6741	0.4434	0.8648
铜陵市	0.7286	0.0000	0.8522	0.1580	0.2401	0.0017	0.2020	0.4268	0.7213	0.3142	0.7663
池州市	0.5987	0.0000	0.0684	0.8622	0.2155	0.5270	0.1668	0.3869	0.6316	0.6382	0.7913
安庆市	0.3216	0.1111	0.1707	0.8639	0.3150	0.4612	0.1166	0.5239	0.7049	0.5838	0.8293
黄山市	0.8163	0.4444	0.0040	0.7144	0.2931	0.3427	0.0124	0.8333	0.5642	0.4084	0.8462

（3）初始综合值的调整计算与风险排序分析。

利用归一公式得出各待评对象的中间状态量和初始综合值（图 8.11），根据式（5.13）调整得到旱灾风险评价的调整综合值（图 8.12）。再将三个不同时间段的风险评价结果进行对比分析（详见图 8.13 和表 8.18）。

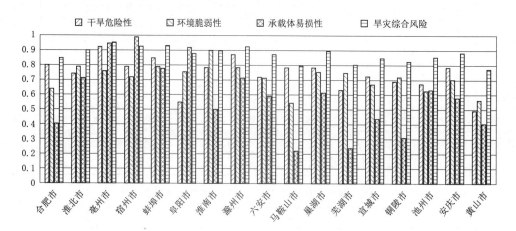

图 8.11　安徽省 2005 年全年旱灾风险评价

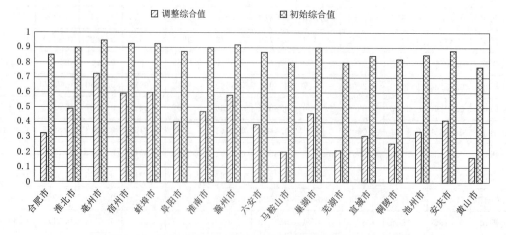

图 8.12　安徽省 2005 年旱灾风险综合值调整前后对比图

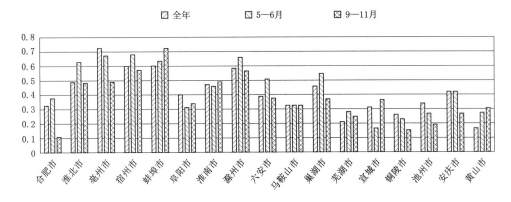

图 8.13 安徽省 2005 年全年及主要时段旱灾风险评价

表 8.18 2005 年旱灾风险调整综合值及其排序

市 名	全 年		5—6 月		9—11 月	
	R'	排序	R'	排序	R'	排序
合肥市	0.3260	12	0.3799	10	0.1121	17
淮北市	0.4912	5	0.6273	5	0.4866	6
亳州市	0.7274	1	0.6743	2	0.4937	4
宿州市	0.5967	3	0.6804	1	0.5751	2
蚌埠市	0.6024	2	0.6374	4	0.7270	1
阜阳市	0.4050	9	0.3157	11	0.3405	10
淮南市	0.4728	6	0.4583	8	0.4927	5
滁州市	0.5846	4	0.6609	3	0.5671	3
六安市	0.3910	10	0.5101	7	0.3786	7
马鞍山市	0.2030	16	0.2264	16	0.1825	15
巢湖市	0.4612	7	0.5487	6	0.3710	8
芜湖市	0.2136	15	0.2816	12	0.2511	13
宣城市	0.3168	13	0.1673	17	0.3618	9
铜陵市	0.2612	14	0.2335	15	0.1556	16
池州市	0.3408	11	0.2678	14	0.1908	14
安庆市	0.4195	8	0.4207	9	0.2688	12
黄山市	0.1708	17	0.2763	13	0.3077	11

8.4.5 基于空间的安徽省 2005 年旱灾风险评价结果分析

1. 两种旱灾风险评价方法的对比分析

由图 8.14 可以看出，两种方法得出的结果接近；基于复相关系数赋权的常规综合评价得出的结果比改进的突变评价法得出的结果更为集中，且整体风险值偏大。由此可见，改进的突变评价法比常规综合评价法具有更高的分辨水平，风险水平的分布也更趋于合理。

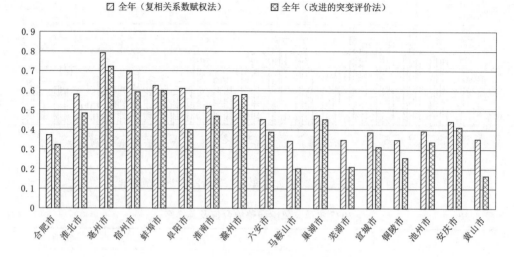

图 8.14　不同评价方法计算结果对比图

2. 改进的旱灾风险突变评价法的计算结果分析

（1）淮北地区和江淮东部是安徽省旱灾风险较高的地区，江南是旱灾风险较低的地区（图 8.13～图 8.14）；高风险区和低分险区的总体分布比较稳定（表 8.17）。

（2）在不同的时段，各市的风险值会因为干旱强度的不同而有所变化；5—6 月，淮北、亳州、宿州、蚌埠、滁州、巢湖 6 市旱灾风险明显高于其他各市；9—11 月，风险值超过 5 级的城市明显减少，大部市处于风险较低的水平。

（3）从各市风险排序上可以看出（表 8.18），黄山、宣城在一些干旱敏感期，其风险在全省排序中上升得较快；这说明常年降水量较大的地区对干旱的适应能力更差，抵御干旱的能力需要全方位加强。

（4）除江南东部的宣城、黄山两市的计算结果与实际情况稍有出入外，其余分析结果同《安徽省抗旱手册》及 2005 年度抗旱总结中的定性分析基本吻合。差异的主要原因是该区域自 2004 年 9 月以来降水偏少，旱情比较严重，但本例没有对 2004 年 9 月至 2005 年 4 月这个时间段进行针对性分析；而且宣城市 5—6 月降水距平处在全省最佳位置，故而得出的旱灾风险评价值偏小。

8.5　基于综合评价思想的安徽省时序旱灾风险评价

8.5.1　基于时序的安徽省旱灾风险评价指标体系（图 5.1）

8.5.2　底层指标数据统计及预处理

查阅历年安徽统计年鉴、安徽省水文局统计资料、安徽省抗旱手册和安徽省水利勘测设计院的水资源规划成果等相关资料，收集整理了 1980—2005 年的相关数据。数据预处理方法同前，详见表 8.19。

表 8.19　　　　安徽省历年旱灾风险评价底层指标无量纲计算成果表

年份	降水距平	无有效降水日数	水资源利用率	有效灌溉比例	人均 GDP	第一产业比例	旱作物比例
1980	0.401	0.358	0.025	0.783	1.000	0.826	0.875
1981	0.612	0.526	0.182	0.776	0.980	0.996	0.915
1982	0.584	0.438	0.164	0.850	0.961	0.889	0.954
1983	0.192	0.411	0.001	0.889	0.941	0.793	0.926
1984	0.506	0.551	0.137	0.930	0.922	0.764	0.874
1985	0.605	0.342	0.241	0.995	0.902	0.730	0.869
1986	0.771	0.774	0.420	1.001	0.893	0.678	0.862
1987	0.302	0.257	0.148	0.948	0.883	0.652	0.807
1988	0.823	0.851	0.489	0.904	0.873	0.614	0.745
1989	0.381	0.302	0.203	0.840	0.864	0.559	0.602
1990	0.648	0.549	0.354	0.775	0.854	0.583	0.381
1991	0.011	0.197	0.048	0.698	0.863	0.334	0.199
1992	0.831	0.727	0.707	0.647	0.824	0.336	0.149
1993	0.473	0.182	0.305	0.596	0.767	0.273	0.306
1994	0.996	0.859	0.891	0.546	0.700	0.161	0.303
1995	0.829	1.000	0.555	0.487	0.643	0.343	0.244
1996	0.339	0.618	0.229	0.449	0.581	0.327	0.185
1997	0.806	0.767	0.937	0.373	0.518	0.298	0.164
1998	0.399	0.373	0.228	0.324	0.472	0.268	0.162
1999	0.423	0.652	0.267	0.271	0.426	0.242	0.224
2000	0.658	0.652	0.588	0.229	0.376	0.203	0.233
2001	0.916	0.740	0.937	0.195	0.319	0.166	0.291
2002	0.529	0.440	0.495	0.138	0.225	0.133	0.311
2003	0.221	0.000	0.190	0.120	0.146	0.064	0.149
2004	0.795	0.744	0.964	0.040	0.032	0.068	0.194
2005	0.438	0.480	0.562	0.022	0.000	0.024	0.070

8.5.3　基于复相关系数赋权的旱灾风险模糊综合评价

根据式（5.3），利用 SPSS 软件，求得所有底层指标间的相关系数（表 8.20）；根据相关系数矩阵和式（5.4），借助 Matlab 软件，计算复相关系数；进而利用式（5.5）计算各指标的权重（表 8.21）。采用线性加权综合法计算历年旱灾风险值的大小，并进行时序分析（详见表 8.22 和图 8.15）。

表 8.20　　　　　　安徽省历年旱灾风险评价底层指标相关系数矩阵

底层指标	降水距平	无有效降水日数	水资源利用率	有效灌溉比例	人均 GDP	第一产业比例	旱作物比例
降水距平	1	−0.815	−0.807	−0.084	−0.082	0.115	0.072
无有效降水日数	−0.815	1	0.681	0.097	0.075	−0.110	−0.131
水资源利用率	−0.807	0.681	1	0.526	0.528	−0.594	−0.522
有效灌溉比例	−0.084	0.097	0.526	1	0.955	−0.875	−0.819
人均 GDP	−0.082	0.075	0.528	0.955	1	−0.864	−0.741
第一产业比例	0.115	−0.110	−0.594	−0.875	−0.864	1	0.925
旱作物比例	0.072	−0.131	−0.522	−0.819	−0.741	0.925	1

表 8.21　　　　安徽省历年旱灾风险评价底层指标复相关系数及权重计算成果

底层指标	降水距平	无有效降水日数	水资源利用率	有效灌溉比例	人均 GDP	第一产业比例	旱作物比例
复相关系数	0.943	0.831	0.954	0.972	0.974	0.971	0.957
权重	0.143	0.162	0.141	0.138	0.138	0.138	0.140

表 8.22　　　　基于复相关系数赋权的安徽省历年旱灾风险评价计算成果

年份	1980	1981	1982	1983	1984	1985	1986	1987	1988	1989
风险	0.60	0.71	0.69	0.58	0.66	0.66	0.77	0.56	0.76	0.53
年份	1990	1991	1992	1993	1994	1995	1996	1997	1998	1999
风险	0.59	0.33	0.61	0.41	0.65	0.60	0.39	0.56	0.32	0.36
年份	2000	2001	2002	2003	2004	2005				
风险	0.43	0.52	0.33	0.13	0.42	0.24				

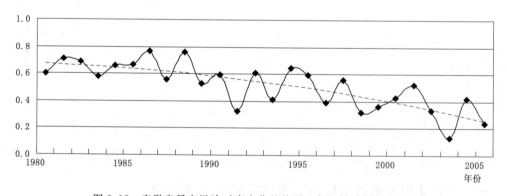

图 8.15　安徽省旱灾风险时序变化趋势图（复相关系数赋权法）

8.5.4　基于突变理论的安徽省历年旱灾综合风险多准则评价

（1）旱灾风险初始综合值计算与调整（表 8.23）。

表 8.23								安徽省历年旱灾风险突变评价计算表					
年份	底 层 变 量							中间状态量			初始综合值	风险等级	综合值
	B_1	B_2	B_3	B_4	B_5	B_6	B_7	A_1	A_2	A_3	R		R'
1980	0.401	0.358	0.025	0.783	1.000	0.826	0.875	0.672	0.693	0.933	0.896	5	0.464
1981	0.612	0.526	0.182	0.776	0.980	0.996	0.915	0.795	0.780	0.984	0.936	7	0.632
1982	0.584	0.438	0.164	0.850	0.961	0.889	0.954	0.762	0.781	0.964	0.928	6	0.594
1983	0.192	0.411	0.001	0.889	0.941	0.793	0.926	0.591	0.660	0.933	0.874	4	0.388
1984	0.506	0.551	0.137	0.930	0.922	0.764	0.874	0.766	0.775	0.915	0.924	6	0.576
1985	0.605	0.342	0.241	0.995	0.902	0.730	0.869	0.739	0.821	0.904	0.924	6	0.575
1986	0.771	0.774	0.420	1.001	0.893	0.678	0.862	0.898	0.874	0.888	0.958	8	0.743
1987	0.302	0.257	0.148	0.948	0.883	0.652	0.807	0.593	0.779	0.869	0.885	5	0.426
1988	0.823	0.851	0.489	0.904	0.873	0.614	0.745	0.928	0.877	0.845	0.960	8	0.752
1989	0.381	0.302	0.203	0.840	0.864	0.559	0.602	0.644	0.786	0.796	0.890	5	0.443
1990	0.648	0.549	0.354	0.775	0.854	0.583	0.381	0.812	0.825	0.744	0.923	6	0.570
1991	0.011	0.197	0.048	0.698	0.863	0.334	0.199	0.344	0.690	0.581	0.781	2	0.176
1992	0.831	0.727	0.707	0.647	0.824	0.336	0.149	0.905	0.886	0.555	0.925	6	0.581
1993	0.473	0.182	0.305	0.596	0.767	0.273	0.306	0.628	0.777	0.598	0.864	4	0.358
1994	0.996	0.859	0.891	0.546	0.700	0.161	0.303	0.974	0.892	0.536	0.935	7	0.627
1995	0.829	1.000	0.555	0.487	0.643	0.343	0.244	0.955	0.809	0.605	0.930	7	0.604
1996	0.339	0.618	0.229	0.449	0.581	0.327	0.185	0.717	0.706	0.571	0.869	4	0.373
1997	0.806	0.767	0.937	0.373	0.518	0.298	0.164	0.907	0.845	0.547	0.919	6	0.556
1998	0.399	0.373	0.228	0.324	0.472	0.268	0.162	0.676	0.665	0.531	0.849	4	0.317
1999	0.423	0.652	0.267	0.271	0.426	0.242	0.224	0.759	0.657	0.550	0.867	4	0.369
2000	0.658	0.652	0.588	0.229	0.376	0.203	0.233	0.839	0.720	0.533	0.889	5	0.439
2001	0.916	0.740	0.937	0.195	0.319	0.166	0.291	0.931	0.767	0.535	0.912	6	0.525
2002	0.529	0.440	0.495	0.138	0.225	0.133	0.311	0.744	0.637	0.521	0.857	4	0.340
2003	0.221	0.000	0.190	0.120	0.146	0.064	0.149	0.258	0.516	0.391	0.700	1	0.096
2004	0.795	0.744	0.964	0.040	0.032	0.068	0.194	0.899	0.582	0.420	0.863	4	0.355
2005	0.438	0.480	0.562	0.022	0.000	0.024	0.070	0.723	0.358	0.284	0.763	2	0.152

（2）旱灾综合风险的时序分析（详见图 8.16 和表 8.24）。

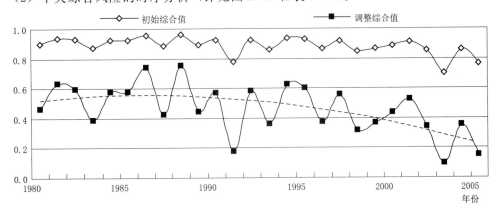

图 8.16 安徽省旱灾风险时序变化趋势图（突变评价法）

表 8.24 基于突变理论的安徽省旱灾风险多准则评价计算成果

年份	1980	1981	1982	1983	1984	1985	1986	1987	1988	1989
风险	0.46	0.63	0.59	0.39	0.58	0.58	0.74	0.43	0.75	0.44
年份	1990	1991	1992	1993	1994	1995	1996	1997	1998	1999
风险	0.57	0.18	0.58	0.36	0.63	0.60	0.37	0.56	0.32	0.37
年份	2000	2001	2002	2003	2004	2005				
风险	0.44	0.52	0.34	0.10	0.36	0.15				

8.5.5 安徽省历年旱灾综合风险排频

根据两种不同方法计算出来的旱灾风险大小（表 8.22 和表 8.24），进行排频计算（表 8.25）。

表 8.25 安徽省历年旱灾综合风险排频计算成果表

计算方法	比较内容	水 平 年			
		25%	50%	75%	90%
基于突变理论的 多准则评价法	旱灾综合风险	0.588	0.464	0.363	0.261
	旱灾风险等级	6	5	4	3
复相关系数赋权 综合评价法	旱灾综合风险	0.655	0.561	0.402	0.323
	旱灾风险等级	7	6	5	4

8.5.6 基于时序的安徽省旱灾风险评价结果分析

1. 两种旱灾风险评价方法的对比分析

（1）由图 8.17 可以看出：两种方法得出的结果接近，历年旱灾风险的总体趋势完全一致；基于复相关系数赋权的模糊综合评价值比改进的突变评价法得出的结果明显偏高，特别是在 20 世纪 80 年代初期更为明显。

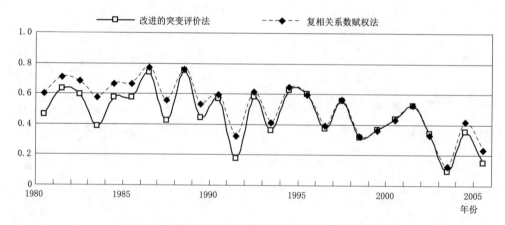

图 8.17 两种计算方法的安徽省旱灾风险时序演变图

（2）由表 8.25 可以看出：两种方法的排频计算成果有些差异，模糊综合评价计算出的不同水平年综合风险值比突变评价法高 0.04～0.1，旱灾风险等级基本上高出一个档次。

这是由于基于复相关系数赋权的模糊综合规评价方法尽管利用了复相关系数赋权来减少各评价指标间的重复信息；但是，线性加权综合法的"各评价指标间能够线性补偿"的问题得不到根本的解决；指标值较大者的作用显得突出。本算例中，表征抗旱能力的灌溉保证率和人均 GDP 两个统计指标呈明显的增加趋势的，特别是人均 GDP 的增速非常快；因此，在 20 世纪 80 年代初期，这 2 项指标的统计值很小，无量纲处理后的数值明显偏高，模糊综合评价凸显了 80 年代初期的风险水平。

因此，这也证明了改进的突变评价法在削弱某些突出的单一指标对总体评价影响方面具有优势。

2. 改进的旱灾综合风险突变评价法的计算结果分析

由图 8.17 和图 8.18 可以看出：

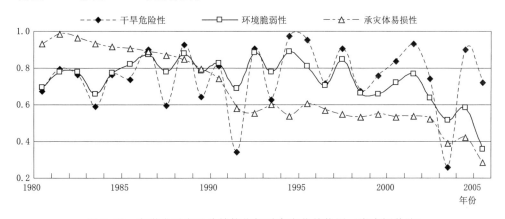

图 8.18　安徽省旱灾风险结构指标时序变化趋势图（突变评价法）

（1）1980—2005 年，干旱危险性呈增加的趋势，孕灾环境脆弱性、承灾体易损性和旱灾综合风险均呈减小的趋势。

（2）1985—1995 年属于旱灾风险较高的时段，除 1991 年和 1993 年外，其余年份的旱灾综合风险值均处在中等以上水平，这与旱灾面积统计资料吻合。

（3）1999—2001 年总体风险水平只处在较高水平。尽管这两年干旱较为严重，受旱面相当广，但是随着经济的高速发展，各地抗旱能力也得到相应提高，使得整体旱灾风险下降。这与历年统计的旱灾面积与受旱面积的比例呈总体下降的趋势也非常吻合。

8.6　基于聚类点信息量化与分级映射的风险评价方法

8.6.1　基于 CRITIC 客观赋权的权重计算结果

表 8.26 为基于 CRITIC 客观赋权法的各评价指标权重，可以发现 CRITIC 法可以合理分配各指标间的权重，可能看成是熵权法与独立性权重法的综合，但相比综合客观赋权

法具有更好的可解释性。

表 8.26　　　　　　　　基于 CRITIC 客观赋权法的各评价指标权重

赋权法	降雨距平百分率/%	温度距平百分率/%	单位面积水资源量/(m³/hm²)	耕地率/%	有效灌溉面积占耕地面积比例/%	第一产值占总产值比例/%	牧业、林业产值占总产值比例/%	农业人口比例/%
CRITIC 客观赋权	0.110	0.126	0.097	0.259	0.092	0.096	0.105	0.115

8.6.2　基于反距离权重插值的旱灾风险评估结果

图 8.19 所示为基于反距离权重插值的旱灾风险评估结果，经过 k-means 聚类点的分级后，得到 5 个聚类点的风险值分别为 0.3056、0.3827、0.4024、0.4966 和 0.5705。从图 8.19（a）中可以发现，基于反距离权重插值的聚类点信息再分配可以量化各年份的旱灾风险值并进行等价划分。

但是，处于无旱、轻旱和中旱的各年份旱灾风险值较接近，区分度较弱；而经过区间映射后，图 8.19（b）中各年份旱灾风险值在保持原有变化关系的条件下，增大了年际间风险值变化幅度，明显提升了不同等级间旱灾风险值的区分度，达到了对旱灾风险细化的目的。

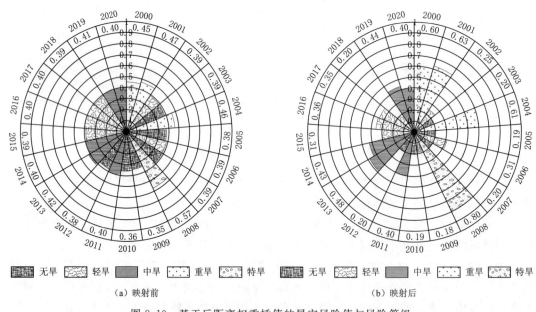

（a）映射前　　　　　　　　　　　　　　　　　（b）映射后

图 8.19　基于反距离权重插值的旱灾风险值与风险等级

8.6.3　基于多维正态扩散的旱灾风险评估结果

图 8.20 所示为基于多维正态扩散的旱灾风险评估结果，同样基于 5 个聚类点的风险值，通过多维正态扩散的方法量化各年份的旱灾风险值，相比于图 8.19（a），图 8.20（a）中年际间的旱灾风险值变化差异相对有所提升，但是对于轻旱和中旱这两个等级在风险值上的差异还有待提高。

经过区间映射后，图 8.20（b）中的风险值同样保持原有变化关系的条件下，提升了不同等级间各年份风险值的区分度，说明前文方法具有合理性。

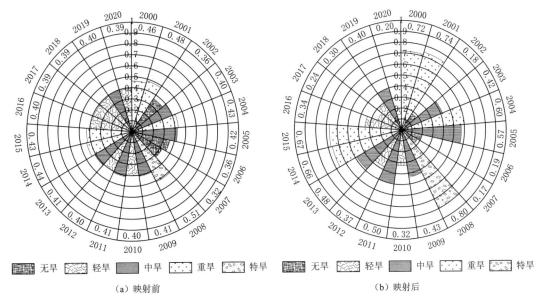

（a）映射前　　　　　　　　　　　　　　　　　　　（b）映射后

图 8.20　基于多维正态扩散的旱灾风险值与风险等级

8.6.4　两种基于 k‑means 聚类点的信息再分配法对比分析

从表 8.27 中可以发现，两种方法计算的旱灾风险值年际变化趋势基本保持一致，仅个别年份存在差异。本书提出的两种基于 k‑means 聚类点的信息再分配法，不仅具有加权综合评价法对旱灾风险量化的能力，还弥补了其无法对旱灾风险进行等级划分的缺陷，可有效地划分出 5 个旱灾风险等级；但是，由于评估指标的增多，导致年际间的风险量化结果区分度较小，难以体现不同等级旱灾风险间的差异。在引入区间映射后，大大提升了基于 k‑means 聚类点的旱灾风险量化方法对风险的细化能力，使不同等级间各年份的风险值的区分度更直观，弥补其成果在后续利用中的不足。

表 8.27　　　　　　　　　　　　基于不同风险评估方法的安徽省旱灾风险值

年份	2000	2001	2002	2003	2004	2005	2006	2007	2008	2009	2010	2011	2012	2013	2014	2015	2016	2017	2018	2019	2020
反距离权重插值	0.45	0.47	0.39	0.39	0.46	0.38	0.39	0.39	0.57	0.35	0.36	0.40	0.38	0.42	0.40	0.39	0.40	0.40	0.39	0.41	0.40
多维正态扩散	0.46	0.48	0.36	0.40	0.43	0.42	0.36	0.32	0.51	0.41	0.40	0.41	0.40	0.41	0.44	0.43	0.40	0.39	0.39	0.40	0.39

将两种风险量化方法得出的结果与《安徽防汛抗旱 65 年》记录的 2000—2013 年的旱灾定性表述的比较分析（表 8.28 和表 8.29），可以发现两种风险量化方法所得到的结果与历史统计材料中的记录不一致。以 2000 年和 2001 年安徽省典型干旱情景为例，这两年

干旱受水资源短缺的影响较大，有 22 个县级以上的城市严重缺水，最终形成的灾情等级为的特旱；而本例得到的风险等级均比实际灾情低一级，这是因为本例综合多个评估指标对旱灾的影响得到的风险等级，并且选用的年尺度数据也会对评估结果产生一定影响。

表 8.28　　　　　两种旱灾风险评估方法的旱灾等级与历史统计资料对比表

年份	2000	2001	2002	2003	2004	2005	2006	2007	2008	2009	2010	2011	2012	2013
历史统计	★	★	●	◆	●	◆	■	▲	▲	■	●	■	■	■
反距离权重插值	■	■	●	▲	●	▲	●	▲	★	▲	▲	◆	▲	◆
多维正态扩散	■	■	▲	◆	●	◆	▲	▲	★	◆	●	◆	◆	◆

注　▲表示无旱，●表示轻旱，◆表示中旱，■表示重旱，★表示特旱。

表 8.29　　　　　两种旱灾风险评估方法的旱灾等级与历史统计资料的差异

等级差	相等	差一个	差两个	差三个	差四个
反距离权重插值	14.29%	35.71%	28.57%	14.29%	7.14%
多维正态扩散	28.57%	42.86%	14.29%	7.14%	7.14%

从整体上分析，对于本例的风险等级低于统计资料中记录的实际灾情的主要原因是安徽省位于季风区，年内降雨分布不均匀，存在明显的干湿两季，容易导致干旱；然而，本例所能统计到的年尺度数据并不能充分反映年内水资源供需与水资源不平衡之间的矛盾。对于本例的风险等级高于统计资料中的记录的实际灾情的主要原因是统计资料中的风险等级代表了安徽省旱灾的整体形势，是人为干预后的实际旱灾情况。本例从致灾因子危险性、孕灾环境脆弱性和承灾体易损性的角度对旱灾风险等级进行了综合评价，代表了旱灾风险可能发生的理论等级。值得注意的是，旱灾风险与旱灾并不一样，只有当干旱造成的影响和危害的可能性成为现实时，旱灾风险才会转化为旱灾；因此，本例的研究结果可能会高于历史记录。

基于反距离权重插值的聚类点信息再分配的旱灾风险评估结果，与历史记录完全吻合或相差一个等级的年份，只有 50%；而基于多维正态扩散的聚类点信息再分配的结果能够达到 71.43%，说明使用信息扩散法对旱灾风险进行量化可以提升结果的合理性，使其更加贴近实际情况。这一优势可能是由以下原因造成的：第一，区域旱灾系统具有高维度、非线性、复杂性和不确定性；第二，多维正态扩散法的计算原理也是非线性的，而反距离权重插值法的计算原理则是线性的；第三，反距离权重插值法更容易受到短距离点的影响。

8.7　基于"时空向量"迭代转换的旱灾风险评价法

8.7.1　数据来源与处理

本书从致灾因子危险性、孕灾环境脆弱性和承载体易损性等 3 个方面选取评价指标，共同构建安徽省旱灾风险评估指标体系；所使用的 2000—2020 年数据，来自《安徽省统计年鉴》《安徽防汛抗旱 65 年》《安徽水旱灾害》《安徽省抗旱手册》等。

综合前期研究成果及相关研究，并考虑到指标数据的可获取性，选取降水距平百分率、温度距平百分率、单位面积水资源量、第一产值占比、有效灌溉面积占耕地面积比、耕地率、牧业林业产值占比和农业人口比例共 8 个指标作为本例的旱灾风险评价指标。鉴于降水距平百分率、温度距平百分率有正负之分，一般来讲，当降水量大于平均降水量或气温低于多年平均气温时，可认为其没有致灾危险性，故而对这两个指标做如下调整：

降水距平百分率：

$$P_a = \begin{cases} 0 & (P \geqslant \overline{P}) \\ \dfrac{P - \overline{P}}{\overline{P}} \times 100\% & (P < \overline{P}) \end{cases} \tag{8.9}$$

式中：P 为年降水量；$\overline{P}$ 为多年平均降水量。

温度距平百分率：

$$T_a = \begin{cases} 0 & (T \leqslant \overline{T}) \\ \dfrac{T - \overline{T}}{\overline{T}} \times 100\% & (T > \overline{T}) \end{cases} \tag{8.10}$$

式中：T 为年平均温度；$\overline{T}$ 为多年平均温度。

8.7.2 基于常规指数评估法的安徽省旱灾风险

8.7.2.1 基于 CRITIC 的旱灾风险评价指标权重

本书从时间序列和空间序列的角度分别对安徽省旱灾风险进行评估，故需要计算所选择的 8 个评估指标在某一年或某个城市的权重。根据前文公式可以得出基于 CRITIC 的权重。

表 8.30 为基于各子区域 21 年的统计数据序列计算得到的时序旱灾风险评估指标权重；表 8.31 为基于各年的 16 个市的数据序列计算得到空间旱灾风险评估指标权重。

表 8.30　　　　　　　　　基于时序的安徽省旱灾风险评估指标权重

城市	降水距平百分率	温度距平百分率	单位面积水资源量	第一产值占比	有效灌溉面积占耕地面积比	耕地率	牧业、林业产值占比	农业人口比例
合肥市	0.1095	0.1233	0.0845	0.1342	0.1254	0.1722	0.0819	0.1691
淮北市	0.1288	0.1116	0.1166	0.1045	0.1306	0.2163	0.0803	0.1113
亳州市	0.1108	0.1388	0.0917	0.1004	0.1264	0.2376	0.0905	0.1036
宿州市	0.1219	0.1467	0.1150	0.0983	0.0991	0.2269	0.0929	0.0991
蚌埠市	0.1174	0.1184	0.1113	0.0917	0.0995	0.2823	0.0789	0.1006
阜阳市	0.1220	0.1633	0.0992	0.1005	0.1094	0.2064	0.0849	0.1143
淮南市	0.1011	0.1182	0.1014	0.1071	0.1690	0.2084	0.1010	0.0938
滁州市	0.1242	0.1010	0.0816	0.0834	0.1338	0.2964	0.0722	0.1074
六安市	0.1094	0.1326	0.0921	0.0888	0.1253	0.2568	0.0828	0.1123
马鞍山市	0.1229	0.1344	0.0788	0.0954	0.1506	0.2605	0.0708	0.0865
芜湖市	0.1105	0.1315	0.0848	0.0860	0.1552	0.2669	0.0860	0.0791

续表

城市	降水距平百分率	温度距平百分率	单位面积水资源量	第一产值占比	有效灌溉面积占耕地面积比	耕地率	牧业、林业产值占比	农业人口比例
宣城市	0.0985	0.1766	0.0736	0.0903	0.1340	0.2425	0.1062	0.0784
铜陵市	0.1156	0.1318	0.1170	0.1055	0.1758	0.1775	0.0788	0.0980
池州市	0.0986	0.0900	0.0900	0.0905	0.1282	0.2932	0.1076	0.1020
安庆市	0.1232	0.0973	0.0870	0.1033	0.1024	0.3085	0.0874	0.0909
黄山市	0.0958	0.2087	0.0856	0.0866	0.1126	0.2376	0.0864	0.0867
平均	0.1131	0.1328	0.0944	0.0979	0.1298	0.2431	0.0868	0.1021

表 8.31   基于空间的安徽省旱灾风险评估指标权重

年份	降水距平百分率	温度距平百分率	单位面积水资源量	第一产值占比	有效灌溉面积占耕地面积比	耕地率	牧业、林业产值占比	农业人口比例
2000	0.0000	0.1650	0.1286	0.1258	0.1396	0.1190	0.2216	0.1005
2001	0.1133	0.1661	0.1102	0.1133	0.1574	0.1086	0.1267	0.1043
2002	0.1529	0.1635	0.1163	0.1161	0.1270	0.1205	0.1099	0.0938
2003	0.1995	0.1488	0.1167	0.1088	0.1216	0.1119	0.1041	0.0886
2004	0.1009	0.2311	0.1309	0.0996	0.1291	0.1190	0.1051	0.0843
2005	0.1312	0.1663	0.1339	0.1203	0.1273	0.1032	0.1174	0.1006
2006	0.1281	0.1498	0.1069	0.1129	0.1412	0.1169	0.1153	0.1289
2007	0.1129	0.1668	0.1108	0.1168	0.1509	0.1196	0.1161	0.1061
2008	0.1336	0.0000	0.1524	0.1320	0.1809	0.1430	0.1361	0.1220
2009	0.1577	0.0000	0.1397	0.1329	0.1781	0.1361	0.1366	0.1189
2010	0.1360	0.1158	0.1226	0.1116	0.1625	0.1046	0.1085	0.1384
2011	0.1141	0.1784	0.1358	0.0980	0.1540	0.1096	0.0994	0.1108
2012	0.1916	0.1259	0.1102	0.1052	0.1293	0.1191	0.1034	0.1153
2013	0.1674	0.1102	0.1565	0.1026	0.1115	0.1329	0.1088	0.1102
2014	0.2285	0.1031	0.1313	0.0943	0.1319	0.1115	0.1075	0.0918
2015	0.1656	0.1345	0.1428	0.1013	0.1232	0.1208	0.1093	0.1025
2016	0.1186	0.1455	0.1310	0.1093	0.1600	0.1021	0.1234	0.1100
2017	0.1522	0.1127	0.1592	0.1026	0.1313	0.1260	0.1099	0.1063
2018	0.1234	0.1558	0.1242	0.1075	0.1654	0.0988	0.1291	0.0958
2019	0.1042	0.1470	0.1209	0.1149	0.1624	0.1104	0.1272	0.1129
2020	0.2145	0.1326	0.1254	0.1024	0.1257	0.1105	0.0950	0.0939
平均	0.1403	0.1342	0.1289	0.1109	0.1433	0.1164	0.1195	0.1065

由表 8.30 和表 8.31 可以发现，基于 CRITIC 客观赋权法计算的权重能够充分考虑到不同评价对象的指标信息差异，以及指标间的相关性；在评价不同对象时，可以对同一指标实现差异化赋值，避免了主观赋权法当中指标权重赋值单一的问题，使得指标权重更加

灵活，评价结果更加趋于合理。对于相关性较高、自身蕴含信息较小的指标，权重会较低。

8.7.2.2 安徽省旱灾风险时序评估结果分析

在权重计算的基础上，根据式（4.20），可以基于时序旱灾风险评估法分别计算出各子区域的年度风险评估值，结果如图 8.21（a）所示，可以发现，基于时序分析，安徽省各地的旱灾风险分为 3 个阶段，头 10 年偏高，中间年份普遍较低，后面 3～4 年风险水平又有所提高；另外，尽管图 8.21（a）中每一年各个市的旱灾风险存在大小差异，但是由

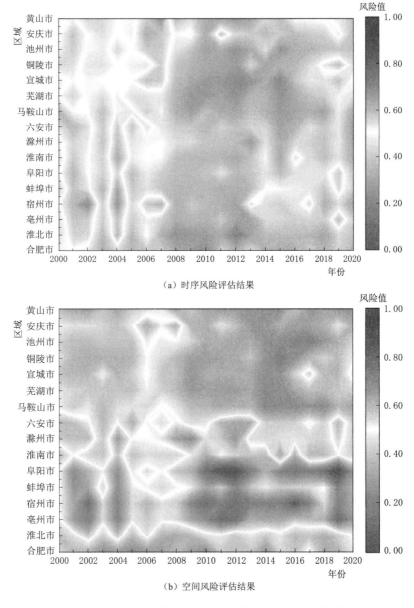

（a）时序风险评估结果

（b）空间风险评估结果

图 8.21 基于常规指数评估法的安徽省旱灾风险评估结果

于时序评估结果只能表达每个市的旱灾风险在这 21 年中的相对水平，不同市的旱灾风险值没有可比性；即，不能基于某一年份不同市的评价值来判断它们之间的旱灾风险大小。

8.7.2.3　安徽省旱灾风险空间评估结果分析

同样，基于表 8.31 的权重，可以基于空间旱灾风险评估法分别计算各年份的城市风险评估值，结果如图 8.21（b）所示，可以发现，基于空间分析，安徽省这 21 年的旱灾风险呈现"北高南低"的分布特点，旱灾风险水平较高的城市主要集中在淮北流域和江淮之间。与时序风险评估结果类似，某个子区域在不同年份的空间评估结果亦没有可比性，不能基于某一子区域不同年份的评价值来判断它们之间的旱灾风险大小。

另外，对比图 8.21（a）、图 8.21（b），也可以清晰地看出通过时序评估与空间评估得出的旱灾风险值在时空分布上均存在较大的差异，都不能完全表征各子区域在每个年份面临的旱灾风险大小。

8.7.3　基于"时空向量"迭代转换的安徽省旱灾风险

基于式（4.27）～式（4.33），完成时空转换向量的构建与迭代过程，生成时间转换向量 $T = [1.0327\ \ 1.1250\ \ 1.0764\ \ 0.9412\ \ 1.1231\ \ 0.9754\ \ 1.0541\ \ 1.0364\ \ 0.9165\ \ 0.9196\ \ 0.8921\ \ 0.9324\ \ 0.8750\ \ 0.9293\ \ 0.9745\ \ 0.9104\ \ 0.9661\ \ 0.9912\ \ 0.9550\ \ 1.0405\ \ 0.9232]^T$ 和空间转换向量 $S = [0.7159\ \ 0.9043\ \ 1.2895\ \ 1.3428\ \ 1.1563\ \ 1.3596\ \ 0.9690\ \ 1.1021\ \ 1.0281\ \ 0.7638\ \ 0.7678\ \ 0.7911\ \ 0.7412\ \ 0.7552\ \ 0.8824\ \ 0.6404]^T$，进而对安徽旱灾风险时序评估结果进行空间向量转换，得出基于空间向量转换的"时序风险图"[图 8.22（a）]，对空间评估结果进行时间向量转换，得出基于时间向量转换的"空间风险图"[图 8.22（b）]。

总体上看，两图对应的旱灾风险值大致相等，时空分布特征趋于一致；从时间上看，各地的旱灾风险均呈现出两头高、中间低的特点；从空间上看，均呈现出自北向南递减的趋势，且主要集中在淮北和江淮之间。因此，这两张经过向量转换之后的风险图可以近似看成各地的旱灾风险年谱。

但是，两图在个别年份呈现出的各子区域旱灾风险水平存在一定的差异，比如2009—2012 年；可能与这些年份的年维度评价指标难以完全表征年内季节性干旱，在时序风险评估时的区分度较差。

基于式（4.35），在图 8.22（a）和图 8.22（b）的基础上生成的安徽省旱灾风险图谱（图 8.23），新的图谱总体上保持了图 8.22（a）和图 8.22（b）中的时空分布特点，同时优化了图 8.22（a）和图 8.22（b）中风险值差异较大区域的旱灾风险水平。

8.7.4　基于时空向量转换的风险评估方法的合理性分析

通过对比可以发现，基于常规方法，因为风险值不是各子区域的年旱灾风险水平的绝对表达，得出的"时序风险图"与"空间风险图"存在较大差异 [图 8.21（a）和图 8.21（b）]。经过时空向量转换，"时序风险图"与"空间风险图"得到调整，两个图非常接近，使之可以表达区域时空旱灾风险的绝对水平 [图 8.22（a）与图 8.22（b）]。从表 8.32 可以进一步看出，转换之后，各子区域年度风险值的相对误差保持在

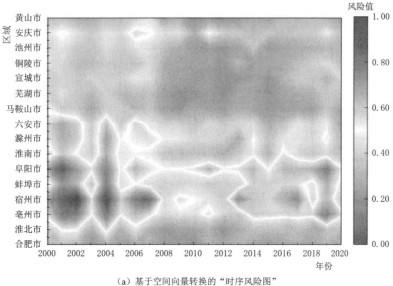

（a）基于空间向量转换的"时序风险图"

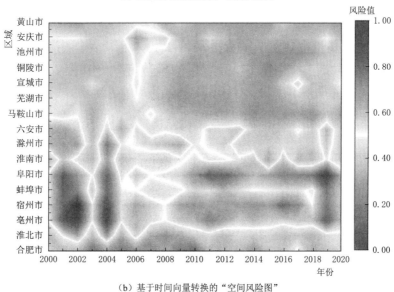

（b）基于时间向量转换的"空间风险图"

图 8.22 基于新方法的安徽省旱灾风险评估结果

10％以下的占 77.68％，明显高于转换前的 50.89％；相对误差大于 10％的各区间，出现比例大为减少。

表 8.32　　　　　　　　区域旱灾风险转换后相对误差表

相对误差范围	[0, 0.05)	[0.05, 0.1)	[0.1, 0.15)	[0.15, 0.2)	[0.2, 0.25)	[0.25, 0.3)	[0.3, 0.35)	[0.35, 0.5)
转换前	30.06％	20.83％	19.64％	13.69％	6.85％	4.17％	2.68％	2.08％
转换后	44.35％	33.33％	13.10％	7.44％	1.19％	0.60％	0.00％	0.00％

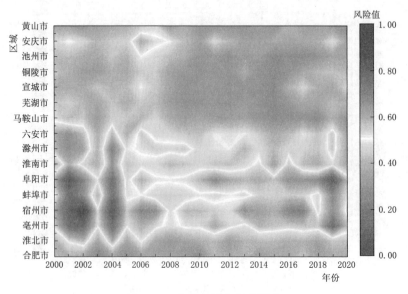

图 8.23　安徽省旱灾风险图谱

经过查询《安徽防汛抗旱 65 年》中 2000—2013 年的旱灾情况（表 8.33），可以发现图 8.23 呈现的风险水平与之基本吻合。其中 2000 年、2001 年、2003 年、2005 年、2006 年、2009—2013 年这几个年份无论是旱灾风险水平或是受灾区域都吻合得比较好。

表 8.33　　　　　　　　　　　　《安徽防汛抗旱 65 年》旱情记录

年份	旱情等级（全省综合）					主要旱灾区
	特旱	重旱	中旱	轻旱	无旱	
2000	√					全省
2001	√					淮北、江淮之间
2002				√		淮北、江淮之间
2003			√			江南南部
2004				√		全省
2005			√			江南中南部、江淮之间中东部
2006		√				淮北、沿江、江南、皖南
2007					√	
2008					√	
2009		√				淮北、江淮之间
2010				√		淮北
2011		√				淮北
2012		√				淮北、江淮之间
2013		√				江淮之间

8.8 基于干旱传递水平的安徽省旱灾风险评价

本书从旱灾风险的传递机制入手，在研究旱灾风险特征要素分布规律的基础上，构建基于相关性的 Monte - Carlo 模拟与 GWO - BP 神经网络耦合的旱灾灾情模糊识别模型，从旱灾风险系统"输入-转换-输出"的角度，寻求致灾因子与旱灾灾情的量化关系；基于 Copula 函数构建致灾因子与旱灾灾情的联合概率分布模型，推算出不同等级的干旱形成不同等级旱灾灾情的条件概率；同时，基于干旱传递水平，通过旱灾情景模拟中出现抑制或促进作用的样本条件概率统计，构造风险测度。

本例从致灾因子危险性、孕灾环境脆弱性、承载体易损性和旱灾灾情等 4 个方面收集年均降雨量、年均气温、水资源量、生产总值、受灾面积等自然和社会经济数据。采用 2000—2020 年的数据，来自《安徽省统计年鉴》《安徽防汛抗旱 65 年》《安徽水旱灾害》《安徽省抗旱手册》等官方统计资料。

综合前期研究成果与相关文献，并考虑到指标数据的可获取性来构建安徽省旱灾风险评估指标体系。最终，选取降水距平百分率，温度距平百分率，单位面积水资源量，第一产值占总产值比例，有效灌溉面积占耕地面积比例，耕地率，牧业、林业产值占总产值比例，农业人口比例和受灾面积占耕地面积比共 9 个指标作为本例的旱灾风险评价指标。其中，受灾面积占耕地面积比是唯一的输出端指标。

8.8.1 基于相关性的 Monte - Carlo 干旱情景模拟结果

根据学术界应用较多的分布类型，本例选择的分布类型为 Normal 分布、Gamma 分布、Poisson 分布、Exponential 分布、Rayleigh 分布、Weibull 分布、Log - Normal 分布、Extreme Value 分布、Logistic 分布、Log - Logistic 分布。通过 K - S 检验可以初步发现，在 0.05 显著水平下，8 个旱灾风险指标与 Gamma 分布和 Weibull 分布较相近，因此，对这两个分布进行更进一步的比较。所选的 8 个输出端之外的指标中，降雨量与单位面积水资源量间的相关性对后续旱灾模拟的影响较高，故针对这两个指标的 Monte - Carlo 的模拟过程进行优化。表 8.34 为原始数据与随机数据统计参数对比表。

表 8.34　　　　　　　　原始数据与随机数据统计参数对比表

区域	统计值	数据类型	年均降雨量/mm	年均温度/℃	单位面积水资源量/(m³/hm²)	第一产值占总产值比例/%	有效灌溉面积占耕地面积比例/%	耕地率/%	牧业、林业产值占总产值比例/%	农业人口比例/%
淮北	均值	原始	908.0	15.9	3235.8	20.8	61.5	51.8	12.4	55.3
		模拟	906.9	15.9	3219.6	20.8	61.4	51.5	12.3	55.2
	标准差	原始	222.8	0.6	1624.4	10.9	17.2	12.7	8.2	15.0
		模拟	226.5	0.6	1539.1	10.4	16.5	10.3	7.8	14.9
江淮	均值	原始	1185.1	16.7	5586.4	17.4	71.5	30.6	10.5	49.2
		模拟	1179.9	16.7	5459.1	17.4	71.5	30.6	10.4	49.3
	标准差	原始	311.1	0.6	2745.5	8.0	13.0	9.9	6.6	16.0
		模拟	298.1	0.7	2620.8	7.9	13.5	10.3	6.9	14.5

区域	统计值	数据类型	年均降雨量/mm	年均温度/℃	单位面积水资源量/(m³/hm²)	第一产值占总产值比例/%	有效灌溉面积占耕地面积比例/%	耕地率/%	牧业、林业产值占总产值比例/%	农业人口比例/%
江南	均值	原始	1450.8	17.1	6399.9	10.7	61.1	16.8	6.4	39.6
		模拟	1447.6	17.1	6258.1	10.8	60.3	16.7	6.2	39.8
	标准差	原始	366.0	0.4	3813.5	6.9	22.4	11.8	4.7	14.6
		模拟	350.4	0.5	3722.8	6.6	20.5	10.8	4.5	14.6

通过比较分析，确定年均降雨量、年均气温、单位面积水资源量和牧业、林业产值占总产值比例这 4 个指标的分布类型为 Gamma 分布，其他 4 个指标的分布类型为 Weibull 分布。同时，Gumbel Copula 最适合作为年均降雨量、单位面积水资源量的连接函数，用于基于相关性的 Monte-Carlo 模拟。表 8.34 表明，基于相关性的 Monte-Carlo 模拟效果较好，3 个子区域的模拟数据与原始统计数据在均值和标准差都相差不大，模拟结果可用于后续的模型的计算。

8.8.2 基于 GWO-BP 的旱灾灾情模糊识别

将各子区域的样本按 9∶1 的比例划分训练集和测试集，并对 GWO-BP 神经网络进行训练，BP 神经网络和 GWO 算法的参数设置如下：输入层为 8 层，隐含层为 13 层，输出层为 1 层，BP 神经网络训练次数为 100 次，学习率为 0.01，目标误差为 10^{-5}；狼群数量为 50 头，最大迭代次数为 25 次。考虑到原始样本数量较小会影响模型的训练结果，因此对每个区域的网络分别运行 3000 次，以纳什系数（NSE）为标准，挑选出满足 NSE_{train}>0.6&&NSE_{test}>0.6 中 NSE_{train}>0.75 ∥ NSE_{test}>0.75 的网络，并在挑选出的网络中再进行筛选，选出最优网络。

最终，淮北地区最优网络对应的训练集和测试集的 NSE 分别为 0.7988 和 0.8652，江淮地区的为 0.7988 和 0.9237，江南地区的为 0.7813 和 0.7804。在此基础上，将 Monte-Carlo 模拟得到的数据作为训练好后模型的输入，经过 GWO-BP 神经网络转化后得到旱灾灾情模拟样本，即受灾面积占耕地面积比例。3 个区域的灾情模拟结果及统计对比结果分别见图 8.24 和表 8.35。

表 8.35　　　　　　　　　　　　各区域灾情模拟统计对比结果

受灾面积占耕地面积比例	淮北	江淮	江南
0~20%	63.90%	64.80%	81.94%
20%~40%	11.74%	20.84%	15.30%
40%~60%	9.90%	7.18%	1.46%
60%~80%	8.26%	5.12%	0.86%
80%~100%	6.20%	2.06%	0.44%

淮北、江淮和江南平均受灾面积占耕地面积比例分别为 21.23%、16.94% 和 11.72%，从平均水平来看，淮北地区的受灾面积占耕地面积比例更高，旱情最严重，江

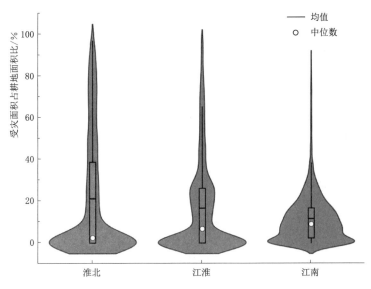

图 8.24 区域灾情模拟分析图

淮地区次之，江南地区最低。从表 8.35 中可以发现，淮北地区灾情比江淮和江南严重，受灾率超过 60％的比例明显多于江淮和江南地区；而江淮和江南地区受灾率主要集中在 40％以下，其中江南地区 20％以下占比更多。由此可见，安徽省旱灾的严重程度总体上呈由北向南逐渐减轻的趋势。从区域上看，则是靠近淮河流域的城市灾情较重，而靠近长江流域的城市灾情较轻。

8.8.3 安徽省旱灾风险测度

8.8.3.1 边缘分布函数与 Copula 函数的选择

基于指数分布、Beta 分布、P-Ⅲ分布 3 种边缘分布函数，分别对淮北地区、江淮地区和江南地区的干旱危险性和灾情的分布进行拟合，并通过 R^2 来评价拟合的效果。通过对比，本例分别选择 Beta 分布和 P-Ⅲ分布作为干旱危险性和灾情的分布函数。

另外，采用 OLS 准则来评价 Gumbel、Clayton、Frank 和 Gaussian Copula 函数的拟合效果。通过对比，本例选用 Frank Copula 作为干旱危险性和灾情的连接函数，并建立联合分布概率模型。

8.8.3.2 安徽省旱灾风险测度计算

基于选定的边缘分布函数和 Copula 函数，进一步计算安徽省 3 个区域干旱危险性和灾情的联合概率分布 ［图 8.25 （a）～（c）］；基于多维正态扩散的聚类点信息扩散法计算致灾因子危险性值和旱灾灾情值及对应的等级区间阈值，并结合联合分布概率即可得到区域旱情等级和旱灾灾情等级的联合概率 ［图 8.25 （d）～（f）］，从图中可以发现，出现低等级干旱的概率呈现出"由淮北地区向江南地区递增"的趋势，例如无旱等级，淮北地区明显低于其他两个区域，分别为 2.59％、19.9％和 24.13％；而出现高等级干旱的概率则呈现出"由淮北地区向江南地区递减"的趋势，如重旱等级，淮北地区明显高于其他两个区域，分别为 29.21%、18.77% 和 17.61%。总体上看，安徽省旱灾风险水平由淮北向江南递减；淮北地区高等级干旱向高等级灾情传递概率要大于江淮和江南地区，而低等级干旱向低等级灾情传递的概率则低于江淮和江南地区。

基于图 8.25（d）～（f）可以计算出区域旱情等级与灾情等级的条件概率 [图 8.25（g）～（i）]。从图中可以发现，三个地区中，不论是发生哪一等级的干旱，最终形成的灾情等级都存在"轻于旱情等级"的现象。这也说明，在这三个地区的孕灾环境中，都存在着对干旱的抑制作用；这种抑制作用在江南地区尤为明显，江淮地区次之，淮北地区

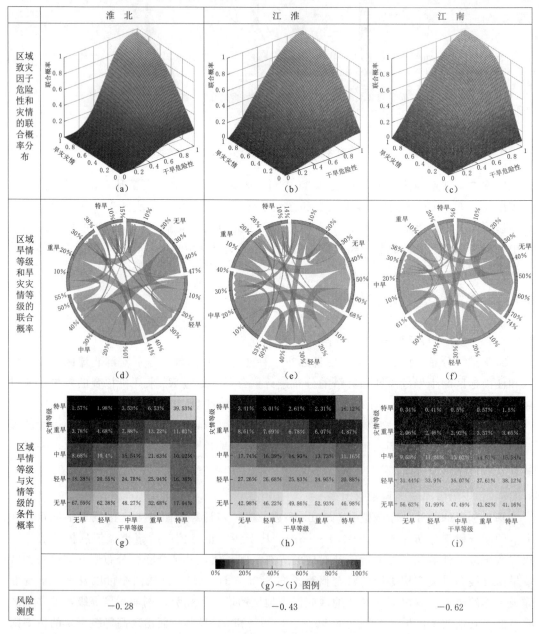

图 8.25　区域旱灾风险测度计算过程图

最弱;而且,淮北地区的抑制特旱旱情向特旱灾情的转化能力最低。

对于淮北地区,除了无旱和特旱等级的干旱形成同等灾情等级的概率最高外,其余 3 个等级的干旱形成的灾情等级的概率均呈由无旱向特旱递减的趋势。值得一提的是,尽管特旱旱情形成特旱灾情的概率最大,但在其形成"无旱-重旱"灾情时的概率呈递减趋势。

对于江淮地区和江南地区,除了江淮地区在特旱旱情条件下形成特旱灾情的概率出现了反增的现象之外,"无旱-特旱"旱情形成的各级灾情概率均由无旱向特旱递减。

综上所述,这三个区域的孕灾环境都对干旱存在抑制作用,这种抑制作用在江南地区尤为明显,江淮地区次之,淮北地区最弱。淮北和江淮地区的孕灾环境对于重旱及以下的干旱抑制作用较为明显,但对于特旱旱情的抑制作用较弱;江淮地区对特旱旱情向特旱灾情的传递甚至起到了促进作用。

根据影响系数和条件概率可计算得到淮北、江淮和江南地区的旱灾风险测度,分别为 -0.28、-0.43 和 -0.62。由此可见,根据安徽省地形划分的 3 个子区域,从整体上看其抗旱减灾措施是有效的,能降低高等级灾情的形成概率;但这并不能代表 3 个子区域中各个地级市的旱灾防御能力都较好,个别地级市需要加强防旱抗旱政策的制定和设施的建设,以应对复杂多变的极端气候状况。

8.8.4 合理性分析

8.8.4.1 相关性指标的 Monte-Carlo 模拟方法的合理性分析

为了提升本书旱灾风险系统模拟的准确性和合理性,通过引入秩相关系数和 Copula 函数保留 Monte-Carlo 模拟样本中个别指标间的相关性。表 8.36 为改进前后模拟样本与原样本相关性对照表,可以发现在引入秩相关系数和 Copula 函数前,3 个地区降雨量与单位面积水资源量的模拟样本彼此独立;引入后,模拟样本间的相关性得到了很大的提升,与原始样本间的相关性几乎一致,确保了模拟结果的合理。

表 8.36   改进前后模拟样本与原样本相关性对照

样本类型	淮北	江淮	江南
原始样本	0.7865	0.8948	0.8618
未改进模拟样本	-0.015	-0.0103	-0.0009
改进模拟样本	0.7808	0.8888	0.8483

8.8.4.2 旱灾风险系统模拟结果的合理性分析

根据安徽省旱灾风险测度的计算结果,可以清晰地识别出三个子区域旱灾风险严重程度及对旱灾抑制能力的大小。为了验证旱灾风险系统模拟结果的合理性,将原始统计样本的聚类结果与旱灾风险系统模拟的聚类结果进行比较(图 8.26 和图 8.27),对于 3 个地区各等级干旱占比,虽然模拟样本与原始统计样本在不同地区的各旱情等级的比重有所差异,但整体上均呈由北向南逐渐递减的趋势,结果是合理的。

对于 3 个地区各等级灾情占比,在特旱灾情上两个样本的空间变化趋势基本一致,但

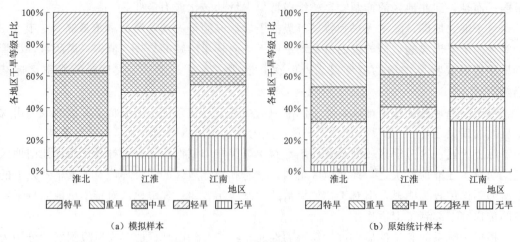

（a）模拟样本　　　　　　　　　　（b）原始统计样本

图 8.26　3 个地区各等级干旱占比

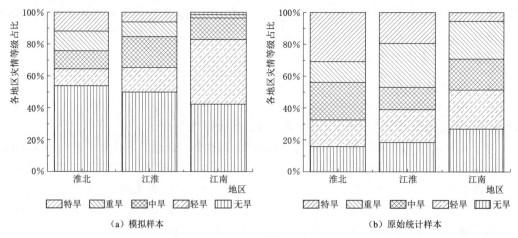

（a）模拟样本　　　　　　　　　　（b）原始统计样本

图 8.27　3 个地区各等级灾情占比

对于其他 4 个灾情等级则存在一定差异；这可能是因为原始统计样本数据量较小。尽管本例将原始统计样本划分为 3 个区域对 GWO - BP 神经网络进行训练，但仍然会对训练结果产生一定影响，导致模拟样本与原始统计样本在各灾情等级占比上存在一定的差异。

8.8.4.3　旱灾风险测度合理性分析

淮北、江淮和江南地区的风险测度均为负值，说明这 3 个区域的孕灾环境对干旱向旱灾传递的过程中总体上起到了抑制作用。这与实践中的安徽省抗旱减灾措施不断得到强化，对水资源的调配能力有所提升，对干旱的防御能力亦在不断加强有关。因此，上述风险测度值为负值是合理的。

从三个地区风险测度的对照分析来看，江南地区对干旱向旱灾传递的抑制作用最强，江淮地区次之，淮北地区最弱。首先，从自然条件来看，安徽省降雨量分布呈现由南往北逐渐递减的趋势，但蒸发量却呈现由南向北逐渐递增的趋势，因此淮北地区的水资源总量最小；其次，从社会经济条件来看，淮北地区人口密度大，耕地率高，所以淮北地区对水资源的需求高于其他区域；最后，由于淮北年内和年际间降雨变化量大，加上区域水资源调蓄能力低，故而淮北地区对干旱的抑制能力弱于其他地区。综合这 3 个方面的原因，三个地区风险测度呈现出的差异是合理的。

8.9 基于风险水平的抗旱资源初始配置

8.9.1 抗旱资源配置各类准则分配系数的计算

根据《安徽省统计年鉴》的有关数据和前文计算的 2005 年各行政区划的风险水平，利用式（7.1）～式（7.3），求出 2005 年安徽省各个行政区划的规模、风险与效率分配系数。计算结果详见表 8.37。

表 8.37　　　　　　　安徽省 2005 年抗旱资源配置准则系数计算表

行政区划	人口规模 F_j /万人	规模分配系数 ω_{1j}	风险水平 r_j	风险分配系数 ω_{2j}	单位资源产出量 g_j /(元/t)	效率分配系数 ω_{3j}
合肥市	443	0.071	0.3260	0.047	49.25	0.099
淮北市	204	0.033	0.4912	0.070	49.52	0.099
亳州市	527	0.085	0.7274	0.104	35.76	0.072
宿州市	582	0.093	0.5967	0.085	50.16	0.101
蚌埠市	335	0.054	0.6024	0.086	29.79	0.060
阜阳市	869	0.140	0.4050	0.058	28.98	0.058
淮南市	227	0.036	0.4728	0.068	12.70	0.025
滁州市	415	0.067	0.5846	0.084	18.76	0.038
六安市	619	0.099	0.3910	0.056	12.85	0.026
马鞍山市	122	0.020	0.2030	0.029	27.39	0.055
巢湖市	431	0.069	0.4612	0.066	19.00	0.038
芜湖市	221	0.035	0.2136	0.031	37.83	0.076
宣城市	268	0.043	0.3168	0.045	20.93	0.042
铜陵市	70	0.011	0.2612	0.037	34.94	0.070
池州市	152	0.024	0.3408	0.049	14.38	0.029
安庆市	599	0.096	0.4195	0.060	22.77	0.046
黄山市	144	0.023	0.1708	0.024	33.40	0.067

8.9.2 抗旱资源配置各类准则分配系数权重的计算

步骤 1　根据表 8.37 和式（7.4）～式（7.6），分别计算出规模、风险及效率分配系数的客观权重 λ_i'（熵权）。

步骤 2　由有关抗旱决策者给出规模、风险及效率分配系数的主观权重 λ_i''。

步骤 3　再根据式（7.7），计算规模、风险及效率分配系数的复合权重 λ_i，本例中，δ 取 0.5（所有计算结果见表 8.38）。

表 8.38　　　　　　　　基于复合熵权的抗旱资源准则分配系数的权重计算成果表

类　别	熵	熵权	主观权重	复合权重
	H	λ_i'	λ_i''	λ_i
规模分配系数	0.940	0.521	0.30	0.411
风险分配系数	0.975	0.216	0.40	0.308
效率分配系数	0.970	0.263	0.30	0.282

8.9.3　抗旱资源初始配置系数计算

根据表 8.38 和式 (7.8)，计算安徽省各行政区划 2005 年抗旱资源初始配置系数（详情见表 8.39 和图 8.28）。

表 8.39　　　　　　　　　安徽省 2005 年抗旱资源初始配置系数计算成果

合肥	淮北	亳州	宿州	蚌埠	阜阳	淮南	滁州	六安	马鞍山	巢湖	芜湖	宣城	铜陵	池州	安庆	黄山
0.071	0.063	0.087	0.093	0.065	0.091	0.043	0.064	0.065	0.032	0.059	0.045	0.043	0.036	0.033	0.071	0.036

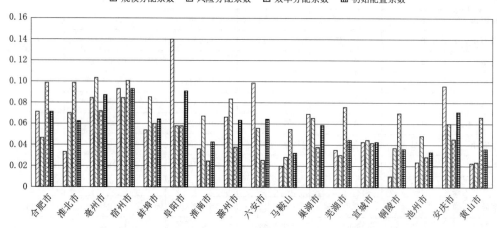

图 8.28　安徽省 2005 年各类抗旱资源初始配置系数对比图

8.9.4　抗旱资源初始配置结果分析

由图 8.28 所示的各类抗旱资源初始配置系数对比析表明：

（1）初始配置系数能够统筹考虑各行政区划的规模大小、风险高低和综合生产效率水平，使得分配结果更加合理；能够削减某些行政区划个别突出指标的作用，从而较某个单一的配置系数更加公平。

（2）尽管风险分配系数的复合权重并不是最大，但它与初始分配系数最为贴近。这从另一个侧面说明了初始分配系数比较忠实地反映了各行政区划的风险水平，体现了公平准则。

定义　假定 j 个行政区划的初始分配系数组成一个理想的分配向量 $\{\omega_1^+, \omega_2^+, \cdots, \omega_j^+\}$，$j$ 个分区的第 i 个配置准则系数组成向量 $\{\omega_{i1}, \omega_{i2}, \cdots, \omega_{ij}\}$，（$i$、$j$ 分别为准则系数和行政区划的个数），则它们与初始分配系数之间的距离为：

$$s_i = \sqrt{\sum_{j=1}^{m} (\omega_{ij} - \omega_j^+)^2} \quad (i=1,2,3; j=1,2,\cdots,m) \tag{8.11}$$

式中：s_1 为规模分配系数向量与初始分配系数向量之间的欧氏距离；s_2 为风险分配系数向量与初始分配系数向量之间的欧氏距离；s_3 为效率分配系数向量与初始分配系数向量之间的欧氏距离。

根据表 8.38 和表 8.39，可以计算出：

$$s_1 = 0.080, \quad s_2 = 0.067, \quad s_3 = 0.104$$

上述结果也说明了风险分配系数与初始分配系数最贴近。

8.10　小结

本章简要介绍了安徽省概况，分析了安徽省旱灾的成因、演变趋势及特性；主要是将前文提及的各类方法应用到安徽省的旱灾风险分析与评价当中。采用常规方法与改进方法对照分析的方式，开展了安徽省干旱危险性分析、旱灾损失估算、安徽省时序与空间的旱灾风险评价，以及抗旱资源的初始配置。相关案例研究表明，在基于综合评价思想的旱灾风险分析与评价方法中，基于聚类点信息再分配的干旱危险性分析、基于遗传程序设计的旱灾损失估算、基于突变理论的旱灾风险多准则评价、基于聚类点的信息量化与分级映射的风险评价等方法均弥补了常规方法中的一些缺陷；同时，也验证了新改进的风险评价方法的合理性，不论是在"综合评价"框架下提出的基于"时空向量"迭代转换的旱灾风险评价法，还是跳出"综合评价"框架提出的基于干旱传递水平的旱灾风险评价，都达到了风险水平"绝对量化"的目的，更加有利于相关风险评价结果在后续旱灾管理中的应用。

第9章 案例研究——干旱条件下的
南昌市水资源优化配置[*]

9.1 南昌市概况与干旱特征

9.1.1 南昌市概况

9.1.1.1 地形地貌

南昌市位于江西省中部偏北，赣江、抚河下游冲积平原，濒临鄱阳湖西南岸。位于东经 115°27′～116°35′、北纬 28°10′～29°11′ 之间。南昌市南北长约 112.1km，东西宽约 107.6km；西接九岭山脉，东南属赣中南山地丘陵，土地面积 7402.36km²，占全省总面积的 4.4%。全境山、丘、岗、平原相间，其中岗地低丘占 34.4%，水面占 29.8%，平原占 35.8%。

南昌市总体西北高、南东低，依次发育有低山、丘陵、岗地、平原，呈现层状地貌特征；平均海拔 25m，但城区地势偏低洼，平均海拔 22m。西部有西山山脉，最高点梅岭主峰洗药坞，海拔 841.4m。

9.1.1.2 河湖水系

南昌市水域面积极大，境内湖泊众多，溪港纵横。境内主要河流有赣江、抚河及潦河（修水最大的支流），市区主要湖泊有瑶湖、艾溪湖、青山湖、象湖、黄家湖等。境内水系分布与行政区划对照表详见表9.1。

表 9.1 南昌市水系与行政区划对照表

水资源综合规划分区				行 政 区 划	
一级区	二级区	三级区	四级区	县（市区）	面积/km²
长江	鄱阳湖水系	赣江（峡江至外洲）	锦江	南昌市区	18
				新建县	884
				小计	902
			赣江下游干流	南昌县	221
				新建县	30
				小计	251
			合 计		1153
		抚河区	抚河区	进贤县	27

---

[*] 本案例研究的开展时间为 2012 年，设置的现状年和 2 个未来水平年分别为 2010 年（现状年）、2020 年（近景年）、2030 年（远景年）。

130

水资源综合规划分区				行 政 区 划	
一级区	二级区	三级区	四级区	县（市区）	面积/km²
长江	鄱阳湖水系	修水区	潦河	南昌市区	69
				新建县	100
				安义县	656
				小计	825
		鄱阳湖环湖区	赣抚尾闾	南昌市区	530
				南昌县	1619
				新建县	16
				进贤县	1925
				小计	4090
			湖西北区	新建县	1308
			合　　计		5398
总　　计					7403

注　该表取自《南昌市水量分配细化研究报告》。

赣江是江西第一大河。西支出口吴城以上集水面积达 82182km²，占鄱阳湖水系总集水面积的一半。赣江主河道自上游石城县贡水水源头石寮岽到下游吴城渚溪口总长766km，流经省内 47 个县（市），占全省县（市）总数的一半。

抚河是江西省第二大河，位于省境内东部，发源于广昌、石城、宁都三县交界处灵华峰东侧的里木庄，由南向北经广昌、南丰、南城、宜黄、崇仁、乐安、资溪、金溪、黎川、东乡县和抚州市，在进贤县李家渡进入南昌市境，主流在进贤县三阳注入鄱阳湖，主流河长 349km，流域集水面积 15856km²，占鄱阳湖区总集水面积的 9.79%。其中，李家渡水文站以上控制集水面积 15811km²，河长 276km。

修河位于江西省西北部，为江西五大河流之一。潦河故称缭河，为修河最大支流，源于奉新县九岭山南侧，以九岭山脉与修河干流分界，潦河水道分布于奉新、靖安、安义和高安市部分地域。集水面积 4330km²，万家埠控制水文站以上流域面积 3548km²，河长 148km。潦河主流过靖安县进入安义县境，在义乡口以上分南潦河、北潦河两大支流。南潦河自奉新县进入安义县，集水面积 1929km²，占潦河集水面积的 44.5%，义兴口以上主河长 109km。北潦河自靖安由西向东进入安义县，在安义县龙津酉城熊家以上分南河和北河两支，南河源于靖安县西南九岭的自沙坪，在安义县熊家与北河会合，会河口以上河长 129km。北河源于九岭山武宁、靖安边界犁头尖南北西侧，经靖安县进入安义县熊家与南河会合，会合口以上河长 108km。北潦河集水面积 1524km²，占潦河集水面积的 35.2%。南、北潦河在安义县义兴口会合后，总称潦河，会合后流向东北至山下渡与修河主流会合，过修水县城后在吴城会赣江主支出渚溪渡入鄱阳湖。潦河在南昌市境内河长 68.2km，集水面积 665.3km²。

9.1.1.3　气象与水文

南昌市属中亚热带湿润季风气候。平均气温 17.6℃，平均无霜期 277d，平均降雪日

6.9d，平均结冻日 21d，城区主导风向为北风（发生频率为 22.5％）和北东风（发生频率为 20.1％），多发生于冬季，平均风速为 4.6～5.4m/s。夏季多为西南风。

南昌市多年平均降水深 1589.1mm（1956—2000 年系列），降水总量 117.64 亿 m^3。南昌市降水量年内分配不均，年际变化大；但地区分布相差不大，自西向东略为减少，最大为安义县 1701.2mm，最小为进贤县 1560.5mm。

南昌市多年平均水资源总量为 65.98 亿 m^3，其中地表水资源量 61.53 亿 m^3，地表水与地下水不重复计算量 4.45 亿 m^3（分区水资源量详见表 9.2）。

表 9.2　　　　　　　　　　　　　南昌市行政区划水资源量　　　　　　　　　单位：亿 m^3

行政区划	地表水资源量	地表水、地下水不重复量	水资源总量
市区	5.07	0.37	5.44
南昌县	14.64	1.11	15.75
新建县	19.29	1.40	20.69
进贤县	15.46	1.17	16.63
安义县	7.07	0.39	7.46
南昌市	61.53	4.45	65.98

南昌市内水系发达，赣江、抚河及修河的主要支流潦河穿境而过，信江西大河傍市境东北入鄱阳湖，过境水量丰富，多年平均过境量达 992.88 亿 m^3（主要过境水量统计详见表 9.3）。

表 9.3　　　　　　　　　　　　　南昌市主要过境水量统计表　　　　　　　　　单位：亿 m^3

典型年	赣江（外洲站）	抚河（李家渡站）	潦河（万家埠站）	小计
多年平均	708.12	161.99	36.65	906.76
$P=50\%$	689.72	157.78	35.24	882.74
$P=75\%$	566.35	129.56	27.66	723.57

9.1.2　南昌市干旱特征

9.1.2.1　南昌市干旱时间特征

根据南昌站 1946—2010 年月平均降水量资料，采用降水量距平法对南昌市不同年份展开干旱程度分析。降水量距平法的计算公式、旱情等级划分参见国家防汛抗旱总指挥部办公室发布的《干旱评估标准（试行）》。

经统计，南昌市 1946—2010 年期间，3—4 月发生轻度干旱的有 11 年，发生中度干旱的有 1 年；9—10 月，发生特大干旱 7 年，严重干旱 5 年，中度干旱 4 年，轻度干旱 11 年。南昌市干旱的时间分布主要有以下 3 个特点：

（1）1946—2010 年，干旱发生频率较高，平均 4～5 年发生 1 次春旱，平均 2～3 年发生 1 次伏秋旱；伏秋旱发生频率明显高于春旱，而且伏秋旱的旱情等级也往往高于春旱。如统计年份内的春旱多为轻度干旱，只有 1 次中度干旱；而伏秋旱则有 7 次特大干旱，5 次严重干旱。

（2）近 30 年来，伏秋旱发生的频次有增加趋势。1971—1990 年，20 年共发生 6 次伏秋旱；而 1991—2010 年，20 年则发生了 11 次伏秋旱。

（3）某些年份会既发生春旱，又发生伏秋旱。如 1959 年、1963 年、1971 年、1993 年和 2007 年。

9.1.2.2 南昌市干旱空间特征

进入 21 世纪以来，南昌市干旱频发。就干旱缺水程度而言，整体上呈现东高西低的态势。南昌县、进贤县、新建县、安义县均有较大的农业灌溉面积，在干旱条件下，局部地势较高地区或灌溉工程设施不完善地区（如南昌县南新乡、蒋巷镇）均容易出现干旱缺水现象。

9.2 干旱条件下南昌市水资源特点

9.2.1 当地水资源特点

9.2.1.1 时间尺度上的降雨数量差异大

受气候影响，南昌市年内降水分布不均，年际变化也很大。从年内看，4—6 月降水集中，占全年的 47%，7—9 月农业用水高峰期则降水不足，只占全年的 20%。从年际看，降水变化幅度也很大，50%、75%、95% 频率下年降水量分别为 1526.4mm、1200.1mm、818.6mm（分区年降水量见表 9.4）。

表 9.4 南昌市行政区划年降水量 单位：mm

行政区划	多年平均	50%	75%	95%
市区	1577.0	1514.8	1190.9	812.4
南昌县	1569.0	1507.1	1184.9	808.3
新建县	1600.5	1537.4	1208.7	824.5
进贤县	1560.5	1498.9	1178.5	803.9
安义县	1701.2	1634.1	1284.8	876.4
南昌市	1589.1	1526.1	1200.1	818.6

9.2.1.2 空间尺度上的调蓄能力差异大

南昌市面积不大，区域内部各地降水量相差亦不大。当地水资源利用程度主要取决于本地蓄水能力的差异。一是丘陵山地与平原地区蓄水工程规模上的差别，丘陵山地水库、塘坝较多，蓄水能力相对较高；而滨湖平原地区蓄水工程很少，仅靠渠系与少部分塘堰调蓄雨水，能力较低。二是丘陵山地或平原地区内部在蓄水能力上也存在不平衡现象，部分地区雨水调蓄工程少，雨水蓄积率低。因此，南昌市内不同区域的本地水资源利用率的差异较大。

9.2.2 过境水资源特点

9.2.2.1 过境水资源总量年际年内变化大

赣江、抚河及修河的主支流潦河，为南昌主要的过境河流。受气候影响，共性的问题是水资源年际年内变化大。各条河流年内来水不均，4—6月为来水高峰期，7—9月径流大幅下降，10月到次年2月河流进入枯水期；各条河流年际变化也很大，不同来水频率下的各月平均流量差异较大（图9.1～图9.3）。

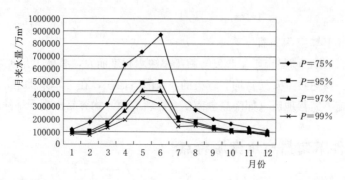

图9.1　赣江（外洲站）各月在$P=75\%$、$P=95\%$、$P=97\%$、$P=99\%$条件下来水量

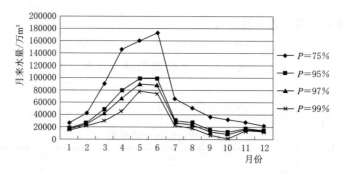

图9.2　抚河（李家渡站及赣抚平原灌区东、西干渠）各月在
$P=75\%$、$P=95\%$、$P=97\%$、$P=99\%$条件下来水量

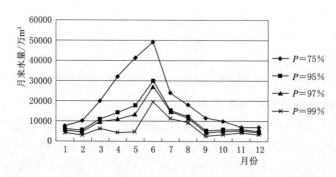

图9.3　潦河（万家埠站）各月在$P=75\%$、$P=95\%$、$P=97\%$、$P=99\%$条件下来水量

9.2.2.2　可用过境水资源量的流域差异大

流经南昌的三条主要过境河流的流域面积差异较大，赣江流域面积8.35万km²，抚河流域面积1.58万km²，潦河流域面积0.43万km²，因此，过境水资源量差异较大（表9.3），赣江过境水资源最丰沛，为南昌市提供的水资源保障程度也最高。另外，三个流域的现状水资源开发程度不一，抚河干支流的大中型水库灌区建设强度最高，干旱条件下，

下游往往处于断流状态，生活、生产用水紧缺，生态基流更是无法保证。

9.2.2.3 过境水资源利用的水工程保障程度不一

南昌位于赣江流域的末端，赣江水利用的方式以提水为主。21世纪以来，河床因采砂影响而大幅下切，加上受长江中下游及鄱阳湖的低枯水位的连锁反应，枯水期大幅提前，而且持续时间延长，进入21世纪以来，枯水位不断突破新低。2011年12月31日流量为442m^3/s时，出现12.35m的历史最低水位（八一桥水位站）；而1963年大旱时，出现历年最小流量172m^3/s时，水位为16.19m。南昌市沿江滨湖地区各类提灌泵站多建于20世纪60—70年代，取水口底板高程多在16m左右（按1963年大旱时的水位来看，当时是够用的），在如今枯水期水位严重下降的情况下，出现因水位过低而无法正常取水的现象（需要二次引提水）。

而南昌的抚河、潦河流域以有坝引水为主，受上述因素的影响较小，过境水资源利用的工程保障程度相对较高。

9.3 干旱条件下南昌市水资源配置中的几个问题

从上述分析可以看出，南昌市本地水资源明显具有时程分布不均和区内调蓄能力差异较大的特点；干旱条件下，平原圩区对过境河流的依赖程度非常高，部分蓄水工程缺乏的岗地水资源短缺程度相当严重。

另外，从历史资料上看，当南昌市降水稀少时，几条主要河流的上游地区降水一般也较少，会导致来水不足；因此，发生重大旱灾的时候，往往是当地降雨少与来水弱同时发生。而南昌市内几条主要过境河流在可用水资源量和供水工程的保障方面存在较大差异，如赣江可用水资源量丰沛，但现状条件下受提水工程的能力影响较大，抚河的引水工程能力保障程度高，但在干旱条件下的可供水资源量匮乏，已经多次出现断流的现象。

具体来说，南昌市在干旱条件下的水资源配置中，要重点关注以下问题。

1. 水资源配置计算单元细化的问题

在水资源的优化配置研究中，研究对象的空间规模由最初的一个水库或灌区的工程单元，逐步扩展到不同规模的区域、流域。目前的水资源优化配置通常以下一级行政区划为计算单元，而且均存在一个理论上的假定，即：可以在全区域（流域）范围内进行协调供水，不受工程限制。但是，在抗旱实践中，协调供水应当与不同单元的水资源特点、单元间的地形地貌、已建（待建）输、配水工程，或者可能的应急输、配水线路等联系起来。也就是说，协调供水线路是有限制条件的。

因此，在划分水资源配置单元时，如果采用常规的方法（即按照下一级行政单元来划分），难以体现单元内水资源特点及调度的可操作性。因此，应当根据前面提到的那些因素，将南昌市分划成不同的子区（图9.4），划分是应遵循两个原则：

（1）尽可能按照流域、地形、地貌条件细化计算单元，以便结合当地水资源特点计算可供水量。

（2）尽可能与基层行政区划一致（或概化为一致），即一个计算单元包含一个或几个乡镇，以便经济、社会统计资料的收集。

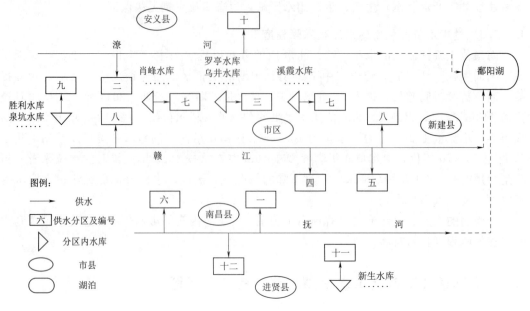

图 9.4 南昌市水资源配置单元概化网络图

2. 水资源供需平衡分析的时间尺度问题

水资源供需平衡，就是分析某区域特定时段的可供水量与需水量的关系，当可供水量大于等于需水量时，实际供水量可依需求而定；当可供水量小于用水需求时，就出现供需失衡状态，需要进行水量的优化配置。

在工程建设规划或流域（区域）水资源分配方案研究中，一般都是以年为时段，考虑供水与需水的平衡计算。在干旱条件下，这种尺度的供需平衡核算是不能满足实际应用需求的。主要原因是区域水资源需求受干旱程度影响最大的是农业用水，而农业用水需求是由作物种植结构及其灌溉规律决定的，年内的某一个或某几个月份发生干旱而带来的需水量可能完全不同。因此，南昌市干旱条件下的水资源供需平衡分析中，以月为时间尺度，对各月单独进行水资源供需平衡分析，得到不同频率来水（或降雨）情况下的各月在不同水平年，不同片区（分区）将会出现的水资源余缺额度。

9.4 基于二层大系统分解协调的水资源应急调配模型

基于供水水源管理与行政区划管理的生产实际，采用大系统分解协调模拟方法，对南方湿润地区不同季节性干旱条件下的水资源供需分析方法进行探讨，为建立南方地区干旱应急调配机制与预案编制提供技术支撑与参考依据。

9.4.1 用水需求预测及可供水量分析

针对南昌市干旱时间特征，供需分析应以月为单位。同时，干旱条件从降雨及河流来水两方面考虑，采用不同分区（片区）降雨及来水的同频率组合方法进行按月排频计算。根据南昌市发生干旱的实际情况，设定不同程度的干旱条件。枯水频率 $P=75\%$ 是一般枯水频率标准，在此干旱条件下，南昌市基本上能实现供需平衡。$P=95\%$ 是特枯干旱条件标准，主要考虑城乡生活用水与工业用水等需求。$P=99\%$ 是极端干旱条件标准，主要保障城乡生活用水等需求。为此，本例设定一般干旱条件（$P=75\%$）、特别干旱条件（$P=95\%$）、极端干旱条件（$P=99\%$）3 个不同的干旱条件。

将用水需求分为社会经济用水与生态环境需水两部分。其中，社会经济用水需求又分为生活用水、工业用水、农业用水、市政景观用水 4 部分，分别采用指标分析方法预测不同水平年、不同降雨频率下的各分区月用水需求量。生态环境需水主要考虑河道内生态环境需水，75% 干旱条件下采用 Tennant 法计算，特别及极端干旱条件下（频率高于 90%）河道内生态环境需水结合 Tennant 法及月最小生态径流法（取二者较小值）确定。

取水源工程供水能力与不同干旱条件下南昌市过境河流的可利用水资源量（扣除河道内生态环境需水量后）的较小值作为过境水源的可供水量。另根据南昌市相关规划及当地专家意见，确定在不同月份不同干旱条件下当地水库、地下水、渠系塘堰积蓄雨水等可供水量，共同计算确定各分区在不同水平年与不同干旱条件下的各月可供水量。

9.4.2　应急调配模型

根据大系统分解协调原理，按供水水源将南昌市水资源系统分解为 7 个子系统（赣江片区、抚河片区、潦河片区、分区三、分区七、分区九、分区十一），作为递阶结构模型的第一层；将各片区所涵盖行政区子系统作为第二层，如图 9.5 所示。依关联预估原理，根据第二层各行政区子系统的用水需求预估其供水量，将余缺水量及缺水率反馈给第一层；计算各一级子系统的余缺水量 $Q_{gi}-W_{xi}$ 及缺水率 α_i，据此预估各一级子系统的需调配水量 $\sum_{j=1,\ j\neq i}^{7} Q_{gij}(i=1,2,\cdots,7)$。如此多重协调计算，并根据总目标对各子系统的调配水量加以调整，直至目标最优化，此时各子系统的供需状况即为协调供水方案下的水资源供需状况。

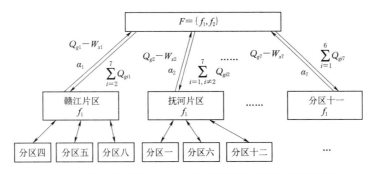

图 9.5　南昌市水资源应急调配供需模拟递阶结构模型图

9.4.2.1　目标函数

水资源调配，以最大限度缓解旱情为目的，将水资源分配到各子系统，不考虑子系统内各部门间的水资源分配。各子系统优先满足自身用水需求，在有余水的情况下向缺水子系统协调供水。协调供水整体的原则是使余水子系统的余水量在缺水子系统之间获得公平的分配。本例的公平包含两方面内容：①让缺水子系统的缺水状况得到相对均衡的改善；②确保各子系统不出现极端缺水情况。

以南昌市缺水量最小和调配基尼系数最小为水资源调配情景下供需模拟模型的总目标。

$$F = \{f_1, f_2\} \tag{9.1}$$

目标 1：
$$f_1 = \max \Delta Z = \sum_{i=1}^{7} \left[\sum_{j=i}^{7} (a_{ij} \times Q_{gij}) - W_{xi} \right] \tag{9.2}$$

$$a_{ij} = \begin{cases} 1, & \text{水源 } j \text{ 可向分区（片区）} i \text{ 供水} \\ 0, & \text{水源 } j \text{ 不向分区（片区）} i \text{ 供水} \end{cases} \tag{9.3}$$

式中：ΔZ 为缺水量，万 m^3，其值为负数或 0，当 ΔZ 最大时缺水量最小；Q_{gij} 为供需平衡分析时段内 j 子系统的水源向 i 子系统的供水量，万 m^3；a_{ij} 为子系统间的供水决策因子，构成 7 阶矩阵，在不同的供需模拟情景下有不同的供水决策矩阵；W_{xi} 为供需平衡分析时段 i 子系统的需水量，万 m^3。

目标 2：
$$f_2 = \min G = \sum_{h=1}^{n} \sum_{k=2, k>h}^{n} \frac{\Delta a_k - \Delta a_h}{\overline{\Delta \alpha}} \tag{9.4}$$

$$\Delta \alpha_j = \frac{\sum_{i=1, i \neq j}^{7} Q_{gij}}{W_{xj}} \tag{9.5}$$

式中：G 为调配基尼系数，参考经济学中"基尼系数"概念提出，用来衡量通过不同子系统间的水资源调配对缺水子系统缺水率改善的均衡程度，以评价水资源调配的公平性；$\Delta \alpha_j$ 是子系统 j 在协调供水情况下缺水率下降值，%；$\overline{\Delta \alpha}$ 表示缺水子系统缺水率下降值的平均值，%；n 为缺水子系统数量。

9.4.2.2　约束条件

1. 可供水量约束

$$\sum_{i=1}^{7} Q_{gij} \leqslant Q_{kgj} \tag{9.6}$$

式中：Q_{kgj} 为 j 子系统的可供水量，j 子系统的水源向各子系统的供水量之和的上限为 j 子系统水源的可供水量。

2. 用户需水能力约束

$$\sum_{j=1}^{7} (a_{ij} \times Q_{gij}) \leqslant W_{xi} \tag{9.7}$$

式中：W_{xi} 为 i 子系统的需水量，各子系统水源向 i 子系统的供水量之和，以 W_{xi} 为上限。

3. 防止极端缺水约束

$$\sum_{j=1}^{7} (a_{ij} \times Q_{gij}) \geqslant W_{sxi} \tag{9.8}$$

式中：W_{sxi} 为 i 子系统的生活需水量，各子系统水源向 i 子系统的供水量之和以 W_{sxi} 为下限。

4. 变量非负约束

$$Q_{gij} \geqslant 0 \qquad (9.9)$$

5. 各子系统供需平衡约束

9.4.2.3 平衡协调级

依据大系统递阶分析的关联预估原理，协调级根据各一级子系统的用水需求和该子系统的可供水量，预估各一级子系统调配水量；然后，将得到的各子系统的余缺水指标（余水量、缺水量及缺水率）反馈到协调级，协调级根据各子系统的反馈指标及目标函数（优先满足目标 1，在目标 1 的基础上满足目标 2），修正各子系统的调配水量。重复以上过程，直到该目标达到优化。此时，系统的供需状况即为供需模拟结果。

9.4.3 应急调配情景设计

在各分区（片区）的独立供需分析的基础上，考虑干旱条件下区域内各分区间的水资源调配进行新的供需模拟。

（1）现状独立供需方案。不考虑各分区间水资源调配，根据南昌市供水现状对南昌市各分区（片区）进行独立供需分析。

（2）限制协调供水方案。限制协调供水方案是考虑现状工程条件的限制，在干旱条件下进行部分分区（片区）间的水资源调配。限制协调供水条件下，分区九可向分区十供水，赣江水源可向分区一、分区三及分区六供水，抚河水源可向分区十一供水。

（3）非限制协调供水方案。根据全市水资源统一调配与管理原则，在不考虑工程限制的前提下，实现城市内（区域内）各分区（片区）间的水资源应急调配。

9.4.4 不同情境下的南昌市水资源供需模拟

采用南昌市各供水水源 1953—2010 年径流序列与上述模型方法，对全市各分区分别进行独立供需分析与限制协调供水、非限制协调供水等不同情景的水资源供需模拟计算，可得不同情景下南昌市各月不同干旱条件下的缺水量分布图，3 个水平年各分区（片区）不同干旱条件下的缺水分布图等。限于篇幅，这里仅列出独立供需条件下 95％特别干旱时南昌市各月缺水分布图（图 9.6），2010 年最枯月（9 月）南昌市各分区缺水分布规律（图 9.7）及其不同水平年不同干旱条件下水资源供需分析结果（表 9.5）；南昌市不同水平年特别干旱条件（95％、99％）时不同供水情景下的典型干旱季节（9 月）水资源供需模拟结果（表 9.6）。

表 9.5　南昌市干旱月（2010 年 9 月）在不同干旱条件下水资源供需
分析结果（独立供需条件）

干旱条件 $P/\%$	总需水量/万 m³	总供水量/万 m³	缺水量/万 m³	缺水率/％
75	69109.33	67228.17	1881.16	2.72
95	78309.57	53670.35	24639.23	31.46
99	78309.57	42403.02	35905.96	45.85

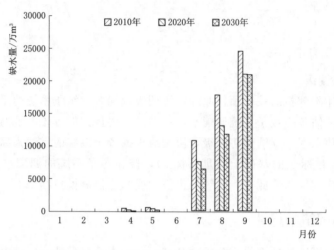

图 9.6　南昌市各水平年各月在特别干旱条件下（$P=95\%$）缺水量

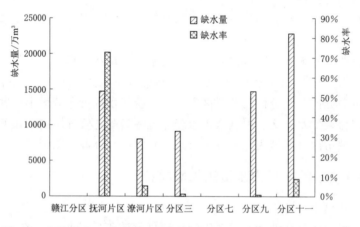

图 9.7　南昌市 2010 水平年 9 月各分区（片区）缺水情况（$P=95\%$）

表 9.6　　　限制协调供水和非限制协调供水方案下南昌市 9 月份水资源供需状况对比（$P=95\%$、$P=99\%$）

水平年	分析指标	干旱条件 $P=95\%$			干旱条件 $P=99\%$		
		独立供需	限制协调供水	非限制协调供水	独立供需	限制协调供水	非限制协调供水
2010	总需水量/万 m³	78309.57	78309.6	78309.6	78309.57	78309.6	78309.6
	总供水量/万 m³	53670.35	55956.4	57023.3	42403.02	44643.6	45710.5
	缺水量/万 m³	24639.22	22353.2	21286.3	35905.95	33666.0	32599.1
	缺水率/%	31.46	28.54	27.18	45.85	42.99	41.63
2020	总需水量/万 m³	80782.25	80782.2	80782.2	80782.25	80782.2	80782.2
	总供水量/万 m³	59598.93	70450.0	72497.8	48331.60	59137.2	61185.0
	缺水量/万 m³	21183.32	10332.2	8284.4	32450.65	21645.0	19597.2
	缺水率/%	26.22	12.79	10.26	40.17	26.79	24.26

水平年	分析指标	干旱条件 $P=95\%$			干旱条件 $P=99\%$		
		独立供需	限制协调供水	非限制协调供水	独立供需	限制协调供水	非限制协调供水
2030	总需水量/万 m^3	89128.77	89128.8	89128.8	89128.77	89128.8	89128.8
	总供水量/万 m^3	68003.46	80020.3	89128.8	56736.13	67931.4	83044.1
	缺水量/万 m^3	21125.31	9108.5	0.0	32392.64	21197.4	6084.7
	缺水率/%	23.70	10.22	0.00	36.34	23.78	6.83

9.4.5　成果分析

9.4.5.1　独立供需情景结果分析

（1）同等干旱条件下，南昌市9月份最易发生干旱缺水现象，8月和7月次之，4月、5月可能出现轻度供需失衡现象，这与南昌市干旱实际情况相吻合。在9月特别干旱与极端干旱条件下，南昌市可能因干旱，河流来水量明显减少，过境水水位偏低，可供水量减少，因而缺水量增大，约为21125.32万～35905.96万 m^3，缺水率为23.7%～45.85%。

（2）同等干旱条件下，干旱月份（9月）抚河片区和分区十一（主要依赖蓄水供水区）缺水较为严重。抚河片区主要水源抚河在 $P \geqslant 95\%$ 来水条件下，受上游水库调蓄和灌溉用水等因素影响，下游经常断流，可供水量受到极大影响；而分区十一的蓄水能力不足，因而，极易发生严重干旱缺水。

（3）从现状来看，南昌市极易干旱9月，在一般干旱条件（ $P=75\%$ ）下缺水率为2.72%，可通过节水基本实现供需平衡；特别干旱条件下（ $P=95\%$ ）南昌市缺水率为31.46%，极端干旱条件下（ $P=99\%$ ）缺水率45.85%，则需要解决现在供水工程建设中的薄弱环节，进一步调整供用水结构，加大后备水源建设与节水、非常规水利用的力度。

（4）同等干旱条件下，南昌市未来水平年缺水程度较现状水平年呈递减态势。以 $P=95\%$ 特别干旱条件9月为例，2010年、2020年、2030年缺水率分别为31.46%、26.22%、23.70%。未来水平年缺水率的下降，得益于新建工程带来的新增可供水量。

9.4.5.2　不同应急调配情景的供需模拟结果分析

（1）限制协调供水条件下南昌市水资源整体供需情况（ $P=95\%$ 缺水率为10.22%～28.54%）比独立供需情况（ $P=95\%$ 缺水率为23.70%～31.46%）有较大改善，而非限制协调供水条件下的水资源供需调配结果更好（ $P=95\%$ 条件下各月缺水率仅0.00%～21.78%）。

（2）通过协调供水，尤其是非限制协调供水，未来水平年的供需情况改善现象较现状水平年更为明显。以特别干旱 $P=95\%$ 为例，2010水平年，限制协调供水比独立供水下的南昌市缺水率最大下降2.92%，而非限制协调供水条件下的南昌市缺水率则可下降4.28%；2030年，限制协调供水下的南昌市缺水率最大下降13.48%，而非限制协调供水下的南昌市缺水率最大下降23.70%，实现供需平衡。

（3）非限制协调供水方案虽然有很好的干旱应急调配效果；但受目前南昌市地理条件与工程建设难度等众多因素影响，限制协调供水方案应该更符合现实条件，具有可操作性。

9.5　基于云模型的南昌市水资源优化配置

9.5.1　南昌市水资源优化分配数学模型

9.5.1.1　目标函数

水资源配置实质是多目标决策的大系统优化分配，以区域经济、社会、生态综合效益最大为区域水资源优化分配的目标，构建协调层总目标函数：

$$\max V = \mu_1 \times E - \mu_2 \times S + \mu_3 \times N \tag{9.10}$$

式中：V 为区域经济、社会、生态的综合效益；E 为区域供水效益（经济效益目标），经归一化处理后，值的范围是 $[0,1]$；S 为区域各行政区划供水满足的公平程度（社会公平目标），S 值越大，则各行政区划的供水越不公平，值的范围是 $[0,1]$；N 为区域的生态需水满足程度（生态环境目标），值的范围是 $[0,1]$；μ_1、μ_2、μ_3 分别为经济效益、社会公平、生态环境目标的权重系数。

1. 经济目标

水资源具有一定的价值，其内涵主要体现在劳动价值和产权价值上：人们在水资源的开发利用过程中付出了劳动，使水资源凝结了人类的劳动，因此具有劳动价值；水资源的产权归国家所有，国家对水资源的所有权与使用权实行了分离，因此在水资源的开发、使用过程中，均需要支付一定的费用，体现了水资源的产权价值。净效益系数是用来衡量水资源价值的主要指标，反映了各个地区、用水部门每立方米的水能够产生的经济净效益，在净效益计算时已扣除水资源的使用成本，即净效益系数＝效益系数－费用系数。本例选用水资源的经济净效益来度量水资源合理分配的经济效益目标。

以区域供水净效益最大为目标，目标函数表示为

$$\max E = \sum_{k=1}^{K} \sum_{i=1}^{I(k)} \sum_{j=1}^{J(k)} (v_{ij}^{k} - c_{ij}^{k}) x_{ij}^{k} \beta_j^k w_k \tag{9.11}$$

式中：E 为区域总供水净效益；x_{ij}^{k} 为分水量，万 m³；v_{ij}^{k} 为效益系数，元/m³；c_{ij}^{k} 为费用系数，元/m³；β_j^k 为用水公平系数；w_k 为子区 k 的权重系数。

由上述分析可知，$K=12$；当 $k=1,2,\cdots,12$ 时，$I(k)$ 均等于 4，$J(k)$ 均等于 7。

2. 社会目标

社会效益目标侧重于供水的公平性，包括部门供水公平性和区域供水公平性，可引进经济学有关公平性的理论建立社会效益目标的度量模型。

供水公平性可借用经济学中"基尼系数（Gini coefficient）"的概念来度量。基尼系数由意大利经济学家 Gini 于 1922 年提出，是国际上用来综合考察居民收入分配平均程度的一个重要指标。基尼系数的计算公式为

$$G = \frac{1}{N} \sum_{i=1}^{N} \sum_{j=2,j>i}^{N} \left(\frac{I_i}{I} - \frac{I_j}{I} \right) = \frac{1}{NI} \sum_{i=1}^{N} \sum_{j=2,j>i}^{N} (I_i - I_j) \tag{9.12}$$

式中：G 为基尼系数；N 为全社会成员或阶层总数；I 为全社会所有成员或阶层的收入之和；I_i、I_j 分别为第 i、j 个成员或阶层的收入。

其经济意义是通过计算全社会任何两个成员（或阶层）之间的收入比率之差，考察收入分配的差异程度。基尼系数的值域为 $[0，1]$，其值越小，表明收入分配越趋向平等，反之则表明收入分配趋向不平等。

由于用水部门或子区的需水量不同，其供水量一般也不同，若单纯采用供水量差异考察水资源合理分配的公平性，难以反映不同子区或不同用水部门的供需差异。根据基尼系数的含义，可以通过考察"缺水率"来反应，缺水率指用户需水量与供给该用户的水量的差值与该用户需水量的比值。通过考察子区内各用水部门缺水率的差异，反映子区内的部门供水公平；通过考察区域内所有子区缺水率的差异，反映子区间的供水公平。

定义部门供水基尼系数为

$$f_2' = \sum_{k=1}^{K} \omega_k \sigma_1^k \tag{9.13}$$

其中

$$\sigma_1^k = \sum_{j=1}^{J(k)} \sum_{j'=2, j'>j}^{J(k)} \left(\frac{x_j^k / d_j^k - x_{j'}^k / d_{j'}^k}{m \cdot r_k} \right) \tag{9.14}$$

$$r_k = \sum_{j=1}^{J(k)} \frac{x_j^k}{d_j^k} \tag{9.15}$$

式中：f_2' 为区域的部门供水基尼系数，其值越小，表明水资源合理分配的部门公平性越好；σ_1^k 为子区 k 的部门供水基尼系数；x_j^k 为子区 k 用水部门 j 的供水量；d_j^k 为子区 k 用水部门 j 的需水量；$x_{j'}^k$ 为子区 k 其他用水部门的供水量；$d_{j'}^k$ 为子区 k 其他用水部门的需水量；r_k 为子区 k 总供水量与需水量比值之和；m 为用水部分数。

定义区域供水基尼系数为

$$f_2'' = \sum_{k=1}^{K} \sum_{k'=2, k'>k}^{K} \left(\frac{x^k / d^k - x^{k'} / d^{k'}}{n \cdot r} \right) \tag{9.16}$$

其中

$$r = \sum_{k=1}^{K} r^k, x^k = \sum_{j=1}^{J(k)} x_j^k, d^k = \sum_{j=1}^{J(k)} d_j^k \tag{9.17}$$

式中：f_2'' 为区域供水基尼系数，其值越小，表明水资源合理分配的子区间公平性越好；r 为全部子区供水量与需水量比值之和；x^k 为子区 k 总供水量；d^k 为子区 k 总需水量；n 为分区数。

因此，定义社会效益目标为

$$\min S = \sqrt{f_2' \cdot f_2''} \tag{9.18}$$

式中：S 为社会效益目标，为逆向目标，值域为 $[0，1]$。

3. 生态环境目标

生态环境目标体现了水资源分配的生态平衡原则，以区域适宜生态需水的满足度作为生态环境目标的指标，生态需水满足度的计算公式如下：

$$\max N = \sum_{k=1}^{K} x_j^k / \sum_{k=1}^{K} d_j^k \quad (j=4)$$

（9.19）

式中：N 为区域的生态需水满足程度；x_j^k，$j=4$ 为 k 行政区的生态环境分配水量；d_j^k，$j=4$ 为 k 行政区生态需水的上限；K 为区域内共包含 K 个行政区。

9.5.1.2　约束条件

水资源优化分配模型的约束条件一般包括用户需水能力约束、水源可供水量约束、变量非负约束等。

1. 用户需水能力约束

$$0 \leqslant x_j^k \leqslant dh_j^k$$

（9.20）

式中：x_j^k 为分配给 k 子区 j 用水部门的总水量；dh_j^k 分别为 k 子区 j 用水部门的需水下限和上限，需水上限采用需水预测的结果，需水下限采用大于零。

2. 水源可供水量约束

$$\sum_{k} \sum_{j=1}^{J(k)} x_{ij}^k \leqslant DT_i$$

（9.21）

式中：x_{ij}^k 为 i 水源分配给 k 子区 j 用水部门的水量；DT_i 为南昌市总的可供水量。

可供水量是指在不同规划水平年和不同设计保证率条件下，考虑用户需水要求，通过一定的工程设施提供的用户可以使用的水量。

3. 水量平衡约束方程

$$\sum_{k} \sum_{j=1}^{J(k)} x_{ij}^k(t) = WQ_i(t)$$

（9.22）

式中：$x_{ij}^k(t)$ 为 t 时段 i 水源分配给 k 子区 j 用水部门的水量；$WQ_i(t)$ 为 t 时段各个水源供水量。

4. 引提水工程规模约束

$$0 \leqslant Ud_i(t) \leqslant D_i(t)\max$$

（9.23）

式中：$Ud_i(t)$ 为 t 时段各水源引提水需要的工程规模，分配给 k 子区 j 用水部门的水量；$D_i(t)\max$ 为 t 时段各个水源处的最大工程引提水能力。

5. 水库蓄水能力约束

$$VN_i(t) \leqslant V_i(t) \leqslant VX_i(t)$$

（9.24）

式中：$V_i(t)$ 为 t 时段各个水库蓄水量；$VN_i(t)$、$VX_i(t)$ 分别为 t 时段各个水库允许最小和最大需水量。

6. 变量非负约束

$$x_{ij}^k \geqslant 0$$

（9.25）

式中：x_{ij}^k 为 i 水源分配给 k 子区 j 用水部门的水量。

9.5.1.3 总体模型

将目标函数与约束条件组合在一起，构成干旱条件下南昌市水资源优化分配的总体模型：

目标函数：

$$V = opt\{\max V = \mu_1 \times E - \mu_2 \times S + \mu_3 \times N\}$$

$$= \begin{cases} \max E = \sum_{k=1}^{K} \sum_{i=1}^{I(k)} \sum_{j=1}^{J(k)} (v_{ij}^k - c_{ij}^k) x_{ij}^k \omega_k \\ \min S = \sqrt{f_2' \cdot f_2''} \\ \max N = \sum_{k=1}^{K} \frac{x_j^k}{d_j^k}, j = 4 \end{cases} \qquad (9.26)$$

约束条件：

$$\begin{cases} 0 \leqslant x_j^k \leqslant dh_j^k \\ \sum_k \sum_{j=1}^{J(k)} x_{ij}^k \leqslant DT_i \\ \sum_k \sum_{j=1}^{J(k)} x_{ij}^k(t) = WQ_i(t) \\ 0 \leqslant Ud_i(t) \leqslant D_i(t)\max \\ VN_i(t) \leqslant V_i(t) \leqslant VX_i(t) \\ x_{ij}^k \geqslant 0 \end{cases} \qquad (9.27)$$

式（9.10）～式（9.27）各符号的意义统一。

在总体模型中，x_{ij}^k 为决策变量，表示 i 水源分配给 k 子区 j 用水部门的水量。其子区数为 $k=12$，每个子区的水源由之前的配水矩阵确定，每个子区均有生活、工业、农业、生态 4 个用水部门。该模型共有 $7 \times 12 \times 4 = 336$ 个决策变量，$12 \times 4 + 1 + 12 \times 7 \times 4 = 385$ 个约束条件，是一个具有规模庞大、结构比较复杂、影响因素众多的多目标大系统。

9.5.2 模型求解方法

9.5.2.1 求解思路与步骤

使用 Matlab 语言编写基于云模型的全局优化算法程序，流程图如图 9.8 所示。其中，云大小 $Size = 60$（表示云包含 60 个云滴），迭代次数 $Ci = 30$（表示经历 30 次局部求精、局部求变、突变操作），求变阈值 $z1 = 2$（当连续两次迭代没出现更优秀的个体，就启动局部求变操作），变异阈值 $z2 = 5$（当连续 5 次迭代没出现更优秀的个体，并且局部求变操作改善优秀个体的效果不明显，就启动突变操作）。

1. 水资源优化分配模型预处理

（1）目标函数处理。

根据南昌市水资源分配模型的目标函数式（9.26），在算法中编写适应度函数 $V = fitness(x_{ij}^k) = \mu_1 \times E(x_{ij}^k) - \mu_2 \times S(x_{ij}^k) + \mu_3 \times N(x_{ij}^k)$，即目标函数。适应度函数的输入

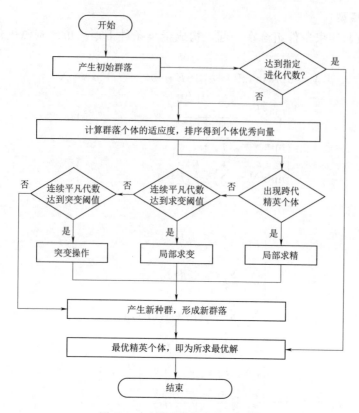

图 9.8　云模型优化求解过程图

包括前文定义的子区、目标权重系数、用水公平系数、效益系数、费用系数以及分水变量 x_{ij}^{k}，x_{ij}^{k} 表示 i 水源对 k 子区 j 用水部门的分水量。适应度函数中分别计算经济目标 E、社会公平目标 S 以及生态环境目标 N，最后对三个子目标加权求和，得到综合效益目标值 V，用于进行下一步的适应度评价操作。

（2）约束条件处理。

根据南昌市水资源分配模型的约束条件，在算法产生初始解（分水变量）x_{ij}^{k} 时，设定相应的条件，只有在满足所有条件下产生的初始解 x_{ij}^{k}，才用来进行下一步的优化操作。针对需水上下限及非负约束条件，定义 dl_{ij}^{k} 为 k 子区 j 用水部门的需水下限、dh_{ij}^{k} 为 k 子区 j 用水部门的需水上限，$unifrnd(0，1)$ 表示产生 0 到 1 之间的随机数，$(dh_{ij}^{k}-dl_{ij}^{k})\times unifrnd(0，1)$ 表示产生 0 到 $(dh_{ij}^{k}-dl_{ij}^{k})$ 之间的数，在算法中编写语句 $x_{ij}^{k}=dl_{ij}^{k}+(dh_{ij}^{k}-dl_{ij}^{k})\times unifrnd(0，1)$，使得每个 x_{ij}^{k} 都在 dl_{ij}^{k} 和 dh_{ij}^{k}（下限和上限）之间。针对可供水总量约束条件，在算法中编写对每组 60 个 x_{ij}^{k} 变量求和的语句，判断该和是否小于等于可供水总量，若条件成立，则该组 60 个 x_{ij}^{k} 变量符合所有约束条件要求，根据云模型的原理，该组 60 个 x_{ij}^{k} 变量组成了一个云滴。

（3）其他参数处理。

子区、目标权重系数、用水公平系数、效益系数、费用系数采用 9.5.1 中相关公式确定的值。

2. 云模型优化求解过程

（1）生成初始云块。

在约束条件范围内，随机产生 60 组符合条件的供水变量 X，每组包含 60 个 x_{ij}^k 变量，即产生 60 个维数为 60 的云滴，组成规模为 60 的云块，在 Matlab 中以一个 60×60 的矩阵 XT_0 表示。云块规模根据具体计算确定，云模型的寻优过程比较复杂、历时比较长，因此云块规模取值不宜过大。

（2）适应度评价。

将 60 组符合条件的供水变量 X 分别代入适应度函数 $V = fitness(X)$，得到 60 个目标函数值，对 60 个目标函数值进行由大到小的排序，60 组供水变量 X 按对应目标函数值的顺序进行排序，以 60×60 的矩阵 XT_1 表示。

（3）局部求精。

某一次迭代得到的最优秀个体称为当代精英，而跨代精英是指几次迭代的最佳精英。在模型求解过程中，程序运行完第 n 次迭代，若第 n 次迭代得到最优秀个体为前 n 次迭代的最优个体，即出现了跨代精英个体，算法极可能找到了新的极值邻域，此时需要启动局部求精操作，主要通过降低进化范围 En 和不稳定性 He，即收紧云滴产生的范围，从而达到加大搜索精度和稳定度、快速搜索到局部最优解的目的。

（4）局部求变。

局部求变是在局部求精效果不明显的情况下进行，每次迭代都能产生当代精英，但未必会产生跨代精英个体。如果程序在连续两次迭代中未产生跨代精英（求变阈值 $z1 = 2$），算法很可能已陷入一个局部最优邻域，此时需跳出这个小局部，在该局部附近重新寻找新的局部最优。具体方法是提高进化范围 En 和不稳定性 He，即扩大云滴产生的范围，从而增加搜索到新的最优解的机会。

（5）突变操作。

突变操作是在局部求精和局部求变的效果都不明显的情况下进行，是算法摆脱局部的保证。前面已启动局部求变操作，但搜索效果不明显，即连续 5 次迭代均未产生新的跨代精英个体（变异阈值 $z2 = 5$），算法已经陷入局部，需要进行一次突变操作。突变操作一般有两种方法：一是取历史跨代精英个体的平均值作为 Ex，二是取历史当代精英个体的平均值作为期望 Ex，熵 En 取为相应历史精英个体的方差，通过一维正向云算子将定性概念 $C(Ex, En, He)$ 转为定量的云滴。

（6）确定本次迭代的最优个体。

每进行一次迭代，程序都会产生一个当代最优秀个体，保存在变量 $best\_gen(i)$ 中，i 表示第 i 次迭代。编写语句 $global\_best = \max(best\_gen(1:i))$，用变量 $global\_best$ 保存前 i 次迭代的最优秀个体，即跨代精英个体，并记录是在哪一次迭代。

（7）终止条件判断。

本例以是否达到迭代次数（$Ci = 30$）作为终止判断条件，第 30 次迭代结束后，程序将输出 30 次迭代中的最优秀个体及目标函数值，寻优结束。

9.5.2.2　参数确定

1. 子区权重系数

根据南昌市水资源合理分配原则与指导思想，要充分考虑各子区间用水公平，故各子区的权重系数相同，都取为 1。

2. 目标权重系数

目标权重系数 μ_m 表示社会公平、经济效益、生态环境目标的相对重要程度，同样采用层次分析法（AHP）确定，采取专家座谈的方法，其判断矩阵如下：

$$P_2 = \begin{bmatrix} 1 & 2 & 4 \\ 1/2 & 1 & 2 \\ 1/4 & 1/2 & 1 \end{bmatrix}$$

最大特征值为 $\lambda_{\max} = 3$，相应的特征向量为（0.571，0.286，0.143）。因此，各目标的权重系数分别为

$$\begin{cases} \mu_1 = 0.571 \\ \mu_2 = 0.286 \\ \mu_3 = 0.143 \end{cases}$$

3. 用水公平系数

用水公平系数 β_j^k 是指 k 子区内的 j 用水部门相对其他用水部门优先得到供水的重要性程度。与用水部门优先得到供给的次序有关。根据用水部门的性质和重要性，确定用水部门得到供给的次序。β_j^k 的计算公式如下：

$$\beta_j^k = \frac{1 + n_{\max}^k - n_j^k}{\displaystyle\sum_{t=1}^{J(k)} (1 + n_{\max}^k - n_t^k)} \tag{9.28}$$

该研究中的水资源优化分配首先满足生活用水，故生活用水排在第一位，其次是工业、生态需水，最后满足农业，必要时将工农业与生态环境进行同等程度破坏。最后，确定 4 个用水部门的优先排序为：生活用水、工业用水、生态环境用水、农业用水。农业需水量占总需水量的比例较大，且农业需水保证程度可适当调整，故原则上首先满足生活、工业和生态用水，使得缺水尽可能地发生在农业中。

4. 效益系数

不同用水部门用水效益相差较大，在南昌市内，各分区间同一用水部门用水效益相差不大；因此，本研究中各分区近似采用南昌市整体的各部门用水效益系数。根据南昌市的相关情况，确定南昌市的效益系数及费用系数如下：

（1）生活和生态环境用水效益系数一般难以定量化，为保证生活、生态环境用水得到满足，其效益系数赋予较大值，南昌市的生活用水效益系数取 50 元/m³。生态用水效益系数定为 50 元/m³。

（2）农业用水效益系数按灌溉后的农业增产效益乘以效益分摊分摊系数而确定。农业用水的效益分摊系数一般为 0.25～0.6，本书中取 0.4。2010 年南昌市第一产业总产

值 120.72 亿元，在本研究中设定的不同来水频率的干旱条件下的农业用水量在前文中已有预测结果，由南昌市在某一水平年的第一产业总产值除以在该水平年的某一个来水频率下的农业用水量，得到南昌市在不同水平年不同来水频率下的农业用水效益系数。

（3）工业用水效益系数，由将万元工业产值除以万元工业增加值用水量，再乘以水利分摊系数得到。工业用水效益分摊系数常取 0.08~0.12，本书中取 0.1。如南昌市 2010 年万元工业增加值用水量为 79m³，所以工业用水效益系数为 12.66 元/m³。

5. 费用系数

南昌市 2010 年居民生活用水水价为 1.68，工业用水水价为 2.15，故认为南昌市居民生活用水的费用系数取 1.68 元/m³，工业用水的费用系数取 2.15 元/m³，根据我们调查得到的赣抚平原灌区的水费收缴及用水情况，平均约 20 元每亩，亩均灌溉用水量约 400~500m³。取农业用水的费用系数取 0.04 元/m³，生态环境用水的费用系数取 1.68 元/m³。对于未来水平年的费用系数，由于缺乏其他预测资料，假定费用系数随效益系数的增长速度增长。

由以上分析得到的南昌市用水效益系数及费用系数见表 9.7。

表 9.7　　　　　　　　　　南昌市用水效益系数及费用系数

水平年	用水部门	效　益　系　数				费用系数
		75%	95%	97%	99%	
2010	生活	50	50	50	50	1.68
	工业	12.66	12.66	12.66	12.66	2.15
	农业	1.07	0.82	0.80	0.78	0.04
	生态	50	50	50	50	1.68
2020	生活	50	50	50	50	1.68
	工业	15.15	15.15	15.15	15.15	2.57
	农业	2.28	1.75	1.71	1.67	0.09
	生态	50	50	50	50	1.68
2030	生活	50	50	50	50	1.68
	工业	25.00	25.00	25.00	25.00	4.25
	农业	4.20	3.21	3.13	3.05	0.16
	生态	50	50	50	50	1.68

6. 农业需水上下限

农业灌溉需水上下限按下式计算

$$\begin{cases} H_1^k = D_1^k \\ L_1^k = 0 \end{cases} \quad (k=1,2,\cdots,12) \tag{9.29}$$

式中：H_1^k、L_1^k 分别为农业灌溉需水的上下限；D_1^k 为规划水平年的农业需水量。

7. 工业需水上下限

考虑工业用水特性，其上下限按下式计算

$$\begin{cases} H_2^k = D_2^k \\ L_2^k = 0 \end{cases} \quad (k=1,2,\cdots,12) \tag{9.30}$$

式中：H_2^k 为工业用水的上限；L_2^k 为工业用水的下限；D_2^k 为规划水平年的工业需水量。

8. 生活需水上下限

根据首先保障人们生活需水的需要，生活需水上下限取等值，即

$$H_3^k = L_3^k = D_3^k \quad (k=1,2,\cdots,12) \tag{9.31}$$

式中：H_3^k 为居民生活用水的上限；L_3^k 为居民生活用水的下限；D_3^k 为规划水平年居民生活需水量。

值得说明的是，部分月份在极端干旱情况下某些分区的可供水量不及生活用水需求，则可供水量全部分配给生活用水。对于同时给两个及其以上分区供水的公共水源，则可供水量按各分区生活用水比例分配给其供水的分区。

9. 生态环境需水上下限

生态环境需水上下限按下式计算

$$\begin{cases} H_4^k = D_4^k \\ L_4^k = 0 \end{cases} \quad (k=1,2,\cdots,12) \tag{9.32}$$

式中：H_4^k、L_4^k 分别为生态环境需水量的上下限；D_4^k 为规划水平年的生态环境需水量。

9.5.3　不限制协调供水的南昌市干旱条件下水资源分配方案

9.5.3.1　不限制协调供水的南昌市干旱条件下水资源分配依据

（1）可供水量：根据可供水资源量进行本次的优化分配，根据供需平衡分析，可以发现抚河水源区、分区十一水源区在 95％ 及以上频率下水资源可利用量很小，故启用备用水源，即地下水和部分分区蓄水。

（2）分配模型：不限制协调供水的水资源优化分配数学模型，采用 9.5.1 节所构建的数学模型与参数；水资源系统递阶结构模型，采用递阶结构；用户与水源关系，采用 9.3.2 节所确定的供给关系。三者结合水资源多目标云优化算法构成基于多目标云优化算法的不限制协调供水条件下的南昌市水资源优化分配模型。

（3）约束变量：各分区、各用水部分供水量采用分区各部门的需水量为上限；各水源区供出的水量上限为该水源区可供水资源量的最大值，即当年某频率某月的可供水资源量。

9.5.3.2　不限制协调供水的南昌市干旱条件下水资源分配成果

在建立好模型，确定完参数之后，根据前文分配依据在 MATLAB 软件中编程求解。根据 9.5.2 节的模型求解方法和步骤进行求解，得到南昌市各月在不同来水频率下，2010 年、2020 年、2030 年的南昌市水资源分配成果，详见表 9.8～表 9.20，其中，未注明缺水量的月份代表不缺水，供需是平衡的。受篇幅限制，详细到各个部门的水资源优化分配成果，略去。

表 9.8   **不限制协调供水的南昌市各月 75% 频率下**

水资源优化分配成果（2010 年）   单位：万 m³

月份		1 月		2 月		3 月		4 月		5 月		6 月	
行政区划	分区	需水量	供水量	需水量	供水量	需水量	供水量	需水量	供水量	需水量	供水量	需水量	供水量
市区	一	273.0	273.0	273.0	273.0	273.0	273.0	971.4	971.4	1034.1	1034.1	811.4	811.4
	二	54.7	54.7	54.7	54.7	54.7	54.7	112.6	112.6	117.8	117.8	99.3	99.3
	三	230.4	230.4	230.4	230.4	230.4	230.4	549.5	549.5	578.1	578.1	476.4	476.4
	四	5626.9	5626.9	5626.9	5626.9	5626.9	5626.9	6625.2	6625.2	6714.8	6714.8	6396.5	6396.5
南昌县	五	44.3	44.3	44.3	44.3	44.3	44.3	2061.5	2061.5	2242.6	2242.6	1599.4	1599.4
	六	1150.4	1150.4	1150.4	1150.4	1150.4	1150.4	8280.9	8280.9	8921.0	8921.0	6647.3	6647.3
新建县	七	75.2	75.2	75.2	75.2	75.2	75.2	847.7	847.7	917.0	917.0	670.7	670.7
	八	911.6	911.6	911.6	911.6	911.6	911.6	6451.9	6451.9	6949.2	6949.2	5182.6	5182.6
安义县	九	1.5	1.5	1.5	1.5	1.5	1.5	205.9	205.9	224.2	224.2	159.1	159.1
	十	190.9	190.9	190.9	190.9	190.9	190.9	2029.0	2029.0	2194.0	2194.0	1607.9	1607.9
进贤县	十一	33.6	33.6	33.6	33.6	33.6	33.6	1117.5	1117.5	1214.8	1214.8	869.2	869.2
	十二	700.0	700.0	700.0	700.0	700.0	700.0	5945.8	5945.8	6416.8	6416.8	4744.0	4744.0
南昌市	合计	9292.5	9292.5	9292.5	9292.5	9292.5	9292.5	35198.9	35198.9	37524.5	37524.5	29263.7	29263.7

月份		7 月		8 月		9 月		10 月		11 月		12 月	
行政区划	分区	需水量	供水量	需水量	供水量	需水量	供水量	需水量	供水量	需水量	供水量	需水量	供水量
市区	一	1877.1	1877.1	1999.2	1999.2	1885.6	1885.6	482.5	482.5	273.0	273.0	273.0	273.0
	二	187.6	187.6	197.8	197.8	188.4	188.4	72.1	72.1	54.7	54.7	54.7	54.7
	三	963.1	963.1	1018.9	1018.9	967.0	967.0	326.1	326.1	230.4	230.4	230.4	230.4
	四	7919.6	7919.6	8094.2	8094.2	7931.9	7931.9	5926.3	5926.3	5626.9	5626.9	5626.9	5626.9
南昌县	五	4677.3	4677.3	5030.0	5030.0	4702.0	4702.0	649.3	649.3	44.3	44.3	44.3	44.3
	六	17527.0	17527.0	18773.7	18773.7	17614.5	17614.5	3289.0	3289.0	1150.4	1150.4	1150.4	1150.4
新建县	七	1849.4	1849.4	1984.4	1984.4	1858.8	1858.8	306.9	306.9	75.2	75.2	75.2	75.2
	八	13636.0	13636.0	14604.6	14604.6	13703.9	13703.9	2573.2	2573.2	911.6	911.6	911.6	911.6
安义县	九	470.9	470.9	506.6	506.6	473.4	473.4	62.8	62.8	1.5	1.5	1.5	1.5
	十	4412.5	4412.5	4733.8	4733.8	4435.0	4435.0	742.2	742.2	190.9	190.9	190.9	190.9
进贤县	十一	2523.0	2523.0	2712.5	2712.5	2536.3	2536.3	358.7	358.7	33.6	33.6	33.6	33.6
	十二	12748.2	12748.2	13665.4	13665.4	12812.5	12812.5	2273.3	2273.3	700.0	700.0	700.0	700.0
南昌市	合计	68791.7	68791.7	73321.2	73321.2	69109.3	69109.3	17062.3	17062.3	9292.5	9292.5	9292.5	9292.5

表 9.9　　　　　　　　　不限制协调供水的南昌市各月 95％频率下

水资源优化分配成果（2010 年）　　　　　　单位：万 m³

月份		1 月		2 月		3 月		4 月		5 月		6 月		7 月		
行政区划	分区	需水量	供水量	需水量	供水量	需水量	供水量	需水量	供水量	需水量	供水量	需水量	供水量	需水量	供水量	缺水量
市区	一	273.0	273.0	273.0	273.0	273.0	273.0	1097.1	1097.1	1171.4	1171.4	908.4	908.4	2166.3	1997.30	169.0
	二	54.7	54.7	54.7	54.7	54.7	54.7	123.0	123.0	129.2	129.2	107.4	107.4	211.6	199.47	12.1
	三	230.4	230.4	230.4	230.4	230.4	230.4	567.7	567.7	599.1	599.1	491.1	491.1	1005.3	949.54	55.8
	四	5626.9	5626.9	5626.9	5626.9	5626.9	5626.9	6804.9	6804.9	6910.5	6910.5	6535.1	6535.1	8332.7	8081.20	251.5
南昌县	五	44.3	44.3	44.3	44.3	44.3	44.3	2423.8	2423.8	2637.7	2637.7	1879.2	1879.2	5512.1	5079.13	433.0
	六	1150.4	1150.4	1150.4	1150.4	1150.4	1150.4	9565.6	9565.6	10321.6	10321.6	7638.0	7638.0	20479.1	19084.44	1394.6
新建县	七	75.2	75.2	75.2	75.2	75.2	75.2	892.8	892.8	967.3	967.3	705.6	705.6	1952.7	1808.98	143.7
	八	911.6	911.6	911.6	911.6	911.6	911.6	7134.9	7134.9	7694.8	7694.8	5708.7	5708.7	15204.3	14280.67	923.7
安义县	九	1.5	1.5	1.5	1.5	1.5	1.5	217.9	217.9	237.4	237.4	168.3	168.3	498.5	473.55	25.0
	十	190.9	190.9	190.9	190.9	190.9	190.9	2139.0	2139.0	2311.7	2311.7	1691.5	1691.5	4661.5	4406.44	255.0
进贤县	十一	33.6	33.6	33.6	33.6	33.6	33.6	1309.3	1309.3	1545.8	1545.8	968.7	968.7	2976.2	2851.41	124.8
	十二	700.0	700.0	700.0	700.0	700.0	700.0	6889.6	6889.6	7449.7	7449.7	5473.0	5473.0	14922.3	14132.05	790.3
南昌市	合计	9292.5	9292.5	9292.5	9292.5	9292.5	9292.5	39165.7	39165.7	41976.1	41976.1	32274.9	32274.9	77922.7	73344.2	4578.5

月份		8 月			9 月			10 月		11 月		12 月	
行政区划	分区	需水量	供水量	缺水量	需水量	供水量	缺水量	需水量	供水量	需水量	供水量	需水量	供水量
市区	一	2310.3	2131.5	178.8	2176.5	953.9	1222.7	520.2	520.2	273.0	273.0	273.0	273.0
	二	223.5	124.2	99.3	212.5	147.4	65.0	75.2	75.2	54.7	54.7	54.7	54.7
	三	1065.2	1052.1	13.0	1011.0	683.0	328.0	331.4	331.4	230.4	230.4	230.4	230.4
	四	8539.0	6020.9	2518.1	8347.7	6627.1	1720.5	5980.3	5980.3	5626.9	5626.9	5626.9	5626.9
南昌县	五	5930.5	5780.3	150.2	5543.6	4725.4	818.0	759.7	759.7	44.3	44.3	44.3	44.3
	六	21950.3	18232.4	3717.9	20582.8	14620.4	5962.4	3674.3	3674.3	1150.4	1150.4	1150.4	1150.4
新建县	七	2097.3	1826.4	271.0	1964.5	1474.3	490.2	320.5	320.5	75.2	75.2	75.2	75.2
	八	16295.2	13423.9	2871.4	15282.9	9303.0	5979.9	2778.5	2778.5	911.6	911.6	911.6	911.6
安义县	九	536.4	489.3	47.0	501.3	415.7	85.6	66.5	66.5	1.5	1.5	1.5	1.5
	十	5000.7	3721.9	1278.8	4683.1	4119.4	563.6	775.5	775.5	190.9	190.9	190.9	190.9
进贤县	十一	3658.3	3084.0	574.3	3002.2	2391.4	610.9	409.6	409.6	33.6	33.6	33.6	33.6
	十二	16006.6	14793.8	1212.8	15001.7	11562.4	3439.3	2556.7	2556.7	700.0	700.0	700.0	700.0
南昌市	合计	83613.4	70680.9	12932.5	78309.6	57023.3	21286.3	18248.3	18248.3	9292.5	9292.5	9292.5	9292.5

表 9.10　　　　　　**不限制协调供水的南昌市各月 97% 频率下**

水资源优化分配成果（2010 年）　　　　　　单位：万 m³

月份		1 月		2 月		3 月		4 月		5 月		6 月		7 月		
行政区划	分区	需水量	供水量	需水量	供水量	需水量	供水量	需水量	供水量	需水量	供水量	需水量	供水量	需水量	供水量	缺水量
市区	一	273.0	273.0	273.0	273.0	273.0	273.0	1097.1	1097.1	1171.4	1171.4	908.4	908.4	2166.3	1960.0	206.3
	二	54.7	54.7	54.7	54.7	54.7	54.7	123.0	123.0	129.2	129.2	107.4	107.4	211.6	116.0	95.5
	三	230.4	230.4	230.4	230.4	230.4	230.4	567.7	567.7	599.1	599.1	491.1	491.1	1005.3	772.9	232.4
	四	5626.9	5626.9	5626.9	5626.9	5626.9	5626.9	6804.9	6804.9	6910.5	6910.5	6535.1	6535.1	8332.7	7253.8	1078.9
南昌县	五	44.3	44.3	44.3	44.3	44.3	44.3	2423.8	2423.8	2637.7	2637.7	1879.2	1879.2	5512.1	5468.0	44.1
	六	1150.4	1150.4	1150.4	1150.4	1150.4	1150.4	9565.6	9565.6	10321.6	10321.6	7638.0	7638.0	20479.1	17790.8	2688.3
新建县	七	75.2	75.2	75.2	75.2	75.2	75.2	892.8	892.8	967.3	967.3	705.6	705.6	1952.6	1739.4	213.2
	八	911.6	911.6	911.6	911.6	911.6	911.6	7134.9	7134.9	7694.8	7694.8	5708.7	5708.7	15204.3	14134.7	1069.6
安义县	九	1.5	1.5	1.5	1.5	1.5	1.5	217.9	217.9	237.4	237.4	168.5	168.5	498.5	450.4	48.1
	十	190.9	190.9	190.9	190.9	190.9	190.9	2139.0	2139.0	2311.7	2311.7	1691.5	1691.5	4661.5	4047.6	613.9
进贤县	十一	33.6	33.6	33.6	33.6	33.6	33.6	1309.3	1309.3	1545.8	1545.8	968.7	968.7	2976.2	2330.2	646.0
	十二	700.0	700.0	700.0	700.0	700.0	700.0	6889.7	6889.7	7449.7	7449.7	5473.0	5473.0	14922.3	13496.2	1426.1
南昌市	合计	9292.5	9292.5	9292.5	9292.5	9292.5	9292.5	39165.7	39165.7	41976.1	41976.1	32274.9	32274.9	77922.7	69560.1	8362.6

月份		8 月			9 月			10 月		11 月		12 月	
行政区划	分区	需水量	供水量	缺水量	需水量	供水量	缺水量	需水量	供水量	需水量	供水量	需水量	供水量
市区	一	2310.3	1966.3	344.0	2176.5	1579.4	597.1	520.2	520.2	273.0	273.0	273.0	273.0
	二	223.5	147.9	75.7	212.5	170.9	41.5	75.2	75.2	54.7	54.7	54.7	54.7
	三	1065.2	397.9	667.2	1011.0	710.1	300.9	331.4	331.4	230.4	230.4	230.4	230.4
	四	8539.0	6612.5	1926.6	8347.7	6275.4	2072.3	5980.3	5980.3	5626.9	5626.9	5626.9	5626.9
南昌县	五	5930.5	4122.8	1807.7	5543.6	4479.5	1064.1	759.7	759.7	44.3	44.3	44.3	44.3
	六	21950.3	18816.1	3134.2	20582.8	13105.0	7477.8	3674.3	3674.3	1150.4	1150.4	1150.4	1150.4
新建县	七	2097.3	1575.9	521.4	1964.5	1721.9	242.5	320.5	320.5	75.2	75.2	75.2	75.2
	八	16295.2	12937.1	3358.2	15282.9	11004.9	4278.0	2778.5	2778.5	911.6	911.6	911.6	911.6
安义县	九	536.4	336.5	199.9	501.3	300.7	200.6	66.5	66.5	1.5	1.5	1.5	1.5
	十	5000.7	3969.9	1030.8	4683.1	3193.9	1489.2	775.5	775.5	190.9	190.9	190.9	190.9
进贤县	十一	3658.3	2184.6	1473.7	3002.2	1941.9	1060.3	409.6	409.6	33.6	33.6	33.6	33.6
	十二	16006.6	13461.5	2545.1	15001.7	8152.3	6849.4	2556.7	2556.7	700.0	700.0	700.0	700.0
南昌市	合计	83613.4	66528.8	17084.5	78309.6	52635.7	25673.9	18248.3	18248.3	9292.5	9292.5	9292.5	9292.5

表 9.11　　　　　　　　　不限制协调供水的南昌市各月 99％频率下

水资源优化分配成果（2010 年）　　　　　　单位：万 m³

月份		1月		2月		3月		4月		5月		6月		7月		
行政区划	分区	需水量	供水量	需水量	供水量	需水量	供水量	需水量	供水量	需水量	供水量	需水量	供水量	需水量	供水量	缺水量
市区	一	273.0	273.0	273.0	273.0	273.0	273.0	1097.1	1097.1	1171.4	1171.4	908.4	908.4	2166.3	1728.6	437.7
	二	54.7	54.7	54.7	54.7	54.7	54.7	123.0	123.0	129.2	129.2	107.4	107.4	211.6	171.3	40.3
	三	230.4	230.4	230.4	230.4	230.4	230.4	567.7	567.7	599.1	599.1	491.1	491.1	1005.3	856.4	149.0
	四	5626.9	5626.9	5626.9	5626.9	5626.9	5626.9	6804.9	6804.9	6910.5	6910.5	6535.1	6535.1	8332.7	7092.2	1240.5
南昌县	五	44.3	44.3	44.3	44.3	44.3	44.3	2423.8	2423.8	2637.7	2637.7	1879.2	1879.2	5512.1	4187.0	1325.1
	六	1150.4	1150.4	1150.4	1150.4	1150.4	1150.4	9565.6	9565.6	10321.6	10321.6	7638.0	7638.0	20479.1	17529.4	2949.6
新建县	七	75.2	75.2	75.2	75.2	75.2	75.2	892.8	892.8	967.3	967.3	705.6	705.6	1952.7	1495.7	457.0
	八	911.6	911.6	911.6	911.6	911.6	911.6	7134.9	7134.9	7694.8	7694.8	5708.7	5708.7	15204.3	13169.2	2035.2
安义县	九	1.5	1.5	1.5	1.5	1.5	1.5	217.9	217.9	237.4	237.4	168.3	168.3	498.5	493.3	5.3
	十	190.9	190.9	190.9	190.9	190.9	190.9	2139.0	2139.0	2311.7	2311.7	1691.5	1691.5	4661.5	3216.3	1445.2
进贤县	十一	33.6	33.6	33.6	33.6	33.6	33.6	1309.3	1309.3	1545.8	1545.8	968.7	968.7	2976.2	2432.0	544.2
	十二	700.0	700.0	700.0	700.0	700.0	700.0	6889.6	6889.6	7449.7	7449.7	5473.0	5473.0	14922.3	13003.7	1918.6
南昌市	合计	9292.5	9292.5	9292.5	9292.5	9292.5	9292.5	39165.7	39165.7	41976.1	41976.1	32274.9	32274.9	77922.7	65375.2	12547.5

月份		8月			9月			10月		11月		12月	
行政区划	分区	需水量	供水量	缺水量	需水量	供水量	缺水量	需水量	供水量	需水量	供水量	需水量	供水量
市区	一	2310.3	1306.2	1004.2	2176.5	1532.8	643.7	520.2	520.2	273.0	273.0	273.0	273.0
	二	223.5	102.5	121.0	212.5	126.5	86.0	75.2	75.2	54.7	54.7	54.7	54.7
	三	1065.2	954.9	110.3	1011.0	630.8	380.1	331.4	331.4	230.4	230.4	230.4	230.4
	四	8539.0	7593.0	946.0	8347.7	6679.0	1668.7	5980.3	5980.3	5626.9	5626.9	5626.9	5626.9
南昌县	五	5930.5	4616.4	1314.1	5543.6	2582.3	2961.3	759.7	759.7	44.3	44.3	44.3	44.3
	六	21950.3	13555.8	8394.5	20582.8	10506.5	10076.3	3674.3	3674.3	1150.4	1150.4	1150.4	1150.4
新建县	七	2097.3	1590.0	507.3	1964.5	1215.9	748.5	320.5	320.5	75.2	75.2	75.2	75.2
	八	16295.2	12046.7	4248.5	15282.9	9124.3	6158.6	2778.5	2778.5	911.6	911.6	911.6	911.6
安义县	九	536.4	367.6	168.7	501.3	144.0	357.3	66.5	66.5	1.5	1.5	1.5	1.5
	十	5000.7	3055.8	1944.9	4683.1	2196.1	2487.0	775.5	775.5	190.9	190.9	190.9	190.9
进贤县	十一	3658.3	3531.5	126.8	3002.2	1713.5	1288.7	409.6	409.6	33.6	33.6	33.6	33.6
	十二	16006.6	11757.2	4249.4	15001.7	9258.8	5742.9	2556.7	2556.7	700.0	700.0	700.0	700.0
南昌市	合计	83613.4	60477.7	23135.7	78309.6	45710.5	32599.0	18248.3	18248.3	9292.5	9292.5	9292.5	9292.5

表 9.12　　　不限制协调供水的南昌市各月 75% 频率下

水资源优化分配成果（2020 年）　　　　　单位：万 m³

月份		1 月		2 月		3 月		4 月		5 月		6 月	
行政区划	分区	需水量	供水量	需水量	供水量	需水量	供水量	需水量	供水量	需水量	供水量	需水量	供水量
市区	一	715.3	715.3	715.3	715.3	715.3	715.3	1290.4	1290.4	1342.0	1342.0	1158.6	1158.6
	二	93.6	93.6	93.6	93.6	93.6	93.6	141.1	141.1	145.4	145.4	130.2	130.2
	三	298.6	298.6	298.6	298.6	298.6	298.6	571.8	571.8	596.3	596.3	509.2	509.2
	四	12046.3	12046.3	12046.3	12046.3	12046.3	12046.3	12870.8	12870.8	12944.8	12944.8	12681.9	12681.9
南昌县	五	166.4	166.4	166.4	166.4	166.4	166.4	1838.9	1838.9	1989.0	1989.0	1455.7	1455.7
	六	4032.6	4032.6	4032.6	4032.6	4032.6	4032.6	9875.6	9875.6	10400.1	10400.1	8537.0	8537.0
新建县	七	290.0	290.0	290.0	290.0	290.0	290.0	940.0	940.0	998.4	998.4	791.1	791.1
	八	3188.1	3188.1	3188.1	3188.1	3188.1	3188.1	7739.0	7739.0	8147.5	8147.5	6696.3	6696.3
安义县	九	7.4	7.4	7.4	7.4	7.4	7.4	175.6	175.6	190.7	190.7	137.0	137.0
	十	551.1	551.1	551.1	551.1	551.1	551.1	2080.2	2080.2	2217.4	2217.4	1729.9	1729.9
进贤县	十一	143.7	143.7	143.7	143.7	143.7	143.7	1038.6	1038.6	1118.6	1118.6	833.3	833.3
	十二	2269.4	2269.4	2269.4	2269.4	2269.4	2269.4	6630.7	6630.7	7022.2	7022.2	5631.5	5631.5
南昌市	合计	23802.6	23802.6	23802.6	23802.6	23802.6	23802.6	45192.3	45192.3	47112.5	47112.5	40291.9	40291.9

月份		7 月		8 月		9 月		10 月		11 月		12 月	
行政区划	分区	需水量	供水量	需水量	供水量	需水量	供水量	需水量	供水量	需水量	供水量	需水量	供水量
市区	一	2036.1	2036.1	2136.6	2136.6	2043.1	2043.1	887.8	887.8	715.3	715.3	715.3	715.3
	二	202.8	202.8	211.1	211.1	203.3	203.3	107.8	107.8	93.6	93.6	93.6	93.6
	三	926.1	926.1	973.8	973.8	929.4	929.4	380.5	380.5	298.6	298.6	298.6	298.6
	四	13939.9	13939.9	14084.0	14084.0	13950.0	13950.0	12293.6	12293.6	12046.3	12046.3	12046.3	12046.3
南昌县	五	4007.5	4007.5	4299.9	4299.9	4028.0	4028.0	668.0	668.0	166.4	166.4	166.4	166.4
	六	17452.3	17452.3	18473.1	18473.1	17523.9	17523.9	5785.0	5785.0	4032.6	4032.6	4032.6	4032.6
新建县	七	1782.9	1782.9	1896.6	1896.6	1790.9	1790.9	485.0	485.0	290.0	290.0	290.0	290.0
	八	13640.1	13640.1	14435.7	14435.7	13695.8	13695.8	4553.0	4553.0	3188.1	3188.1	3188.1	3188.1
安义县	九	393.6	393.6	423.0	423.0	395.7	395.7	57.8	57.8	7.4	7.4	7.4	7.4
	十	4062.9	4062.9	4330.3	4330.3	4081.7	4081.7	1009.7	1009.7	551.1	551.1	551.1	551.1
进贤县	十一	2198.3	2198.3	2354.7	2354.7	2209.3	2209.3	412.0	412.0	143.7	143.7	143.7	143.7
	十二	12286.0	12286.0	13048.5	13048.5	12339.4	12339.4	3577.5	3577.5	2269.4	2269.4	2269.4	2269.4
南昌市	合计	72928.4	72928.4	76668.2	76668.2	73190.7	73190.7	30217.7	30217.7	23802.6	23802.6	23802.6	23802.6

表 9.13　　不限制协调供水的南昌市各月 95% 频率下水资源优化分配成果（2020 年）　　单位：万 m³

行政区划	分区	1月 需水量	1月 供水量	2月 需水量	2月 供水量	3月 需水量	3月 供水量	4月 需水量	4月 供水量	5月 需水量	5月 供水量	6月 需水量	6月 供水量
市区	一	715.3	715.3	715.3	715.3	715.3	715.3	1393.9	1393.9	1455.0	1455.0	1238.5	1238.5
	二	93.6	93.6	93.6	93.6	93.6	93.6	149.7	149.7	154.7	154.7	136.8	136.8
	三	298.6	298.6	298.6	298.6	298.6	298.6	587.3	587.3	614.4	614.4	521.9	521.9
	四	12046.3	12046.3	12046.3	12046.3	12046.3	12046.3	13019.2	13019.2	13106.4	13106.4	12796.4	12796.4
南昌县	五	166.4	166.4	166.4	166.4	166.4	166.4	2139.0	2139.0	2316.3	2316.3	1687.6	1687.6
	六	4032.6	4032.6	4032.6	4032.6	4032.6	4032.6	10928.2	10928.2	11547.8	11547.8	9348.7	9348.7
新建县	七	290.0	290.0	290.0	290.0	290.0	290.0	977.8	977.8	1040.8	1040.8	820.5	820.5
	八	3188.1	3188.1	3188.1	3188.1	3188.1	3188.1	8299.9	8299.9	8759.9	8759.9	7128.4	7128.4
安义县	九	7.4	7.4	7.4	7.4	7.4	7.4	185.5	185.5	201.5	201.5	144.6	144.6
	十	551.1	551.1	551.1	551.1	551.1	551.1	2172.0	2172.0	2315.3	2315.2	1799.5	1799.5
进贤县	十一	143.7	143.7	143.7	143.7	143.7	143.7	1196.6	1196.6	1390.6	1390.6	916.0	916.0
	十二	2269.4	2269.4	2269.4	2269.4	2269.4	2269.4	7415.0	7415.0	7881.2	7881.2	6237.6	6237.6
南昌市	合计	23802.6	23802.6	23802.6	23802.6	23802.6	23802.6	48464.1	48464.1	50783.8	50783.8	42776.5	42776.5

行政区划	分区	7月 需水量	7月 供水量	8月 需水量	8月 供水量	9月 需水量	9月 供水量	9月 缺水量	10月 需水量	10月 供水量	11月 需水量	11月 供水量	12月 需水量	12月 供水量
市区	一	2274.3	2274.3	2392.8	2392.8	2282.7	1964.8	317.9	918.8	918.8	715.3	715.3	715.3	715.3
	二	222.4	222.4	232.2	232.2	223.2	194.9	28.2	110.4	110.4	93.6	93.6	93.6	93.6
	三	962.1	962.1	1013.4	1013.4	967.2	953.5	13.7	385.0	385.0	298.6	298.6	298.6	298.6
	四	14281.0	14281.0	14451.5	14451.5	14293.4	13686.1	607.4	12338.2	12338.2	12046.3	12046.3	12046.3	12046.3
南昌县	五	4699.4	4699.4	5046.6	5046.6	4725.9	3886.6	839.3	759.9	759.9	166.4	166.4	166.4	166.4
	六	19871.3	19871.3	21076.9	21076.9	19956.4	17292.1	2664.3	6100.7	6100.7	4032.6	4032.6	4032.6	4032.6
新建县	七	1869.7	1869.7	1991.6	1991.6	1879.9	1426.9	453.0	496.4	496.4	290.0	290.0	290.0	290.0
	八	14928.2	14928.2	15824.6	15824.6	14992.9	13400.6	1592.6	4721.6	4721.6	3188.1	3188.1	3188.1	3188.1
安义县	九	416.3	416.3	447.5	447.5	418.6	318.9	99.8	60.9	60.9	7.4	7.4	7.4	7.4
	十	4270.2	4270.2	4552.2	4552.2	4287.7	3520.0	767.6	1037.5	1037.5	551.1	551.1	551.1	551.1
进贤县	十一	2572.4	2572.4	3130.6	3130.6	2593.9	2435.7	158.1	454.1	454.1	143.7	143.7	143.7	143.7
	十二	14094.0	14094.0	14995.4	14995.4	14160.4	13417.6	742.8	3813.1	3813.1	2269.4	2269.4	2269.4	2269.4
南昌市	合计	80461.3	80461.3	85155.3	85155.3	80782.2	72497.8	8284.5	31196.1	31196.1	23802.6	23802.6	23802.6	23802.6

表 9.14　　　　　　不限制协调供水的南昌市各月 97％频率下
水资源优化分配成果（2020 年）　　　　　　单位：万 m³

月份		1 月		2 月		3 月		4 月		5 月		6 月	
行政区划	分区	需水量	供水量	需水量	供水量	需水量	供水量	需水量	供水量	需水量	供水量	需水量	供水量
市区	一	715.3	715.3	715.3	715.3	715.3	715.3	1393.9	1393.9	1455.0	1455.0	1238.5	1238.5
	二	93.6	93.6	93.6	93.6	93.6	93.6	149.7	149.7	154.7	154.7	136.8	136.8
	三	298.6	298.6	298.6	298.6	298.6	298.6	587.3	587.3	614.4	614.4	521.9	521.9
	四	12046.3	12046.3	12046.3	12046.3	12046.3	12046.3	13019.2	13019.2	13106.4	13106.4	12796.4	12796.4
南昌县	五	166.4	166.4	166.4	166.4	166.4	166.4	2139.0	2139.0	2316.3	2316.3	1687.6	1687.6
	六	4032.6	4032.6	4032.6	4032.6	4032.6	4032.6	10928.2	10928.2	11547.8	11547.8	9348.7	9348.7
新建县	七	290.0	290.0	290.0	290.0	290.0	290.0	977.8	977.8	1040.8	1040.8	820.5	820.5
	八	3188.1	3188.1	3188.1	3188.1	3188.1	3188.1	8299.9	8299.9	8759.9	8759.9	7128.4	7128.4
安义县	九	7.4	7.4	7.4	7.4	7.4	7.4	185.5	185.5	201.5	201.5	144.6	144.6
	十	551.1	551.1	551.1	551.1	551.1	551.1	2172.0	2172.0	2315.2	2315.2	1799.5	1799.5
进贤县	十一	143.7	143.7	143.7	143.7	143.7	143.7	1196.6	1196.6	1390.6	1390.6	916.0	916.0
	十二	2269.4	2269.4	2269.4	2269.4	2269.4	2269.4	7415.0	7415.0	7881.2	7881.2	6237.6	6237.6
南昌市	合计	23802.6	23802.6	23802.6	23802.6	23802.6	23802.6	48464.1	48464.1	50783.8	50783.8	42776.5	42776.5

月份		7 月		8 月		9 月			10 月		11 月		12 月	
行政区划	分区	需水量	供水量	需水量	供水量	需水量	供水量	缺水量	需水量	供水量	需水量	供水量	需水量	供水量
市区	一	2274.3	2274.3	2392.8	2392.8	2282.7	1850.2	432.5	918.8	918.8	715.3	715.3	715.3	715.3
	二	222.4	222.4	232.2	232.2	223.2	198.8	24.3	110.4	110.4	93.6	93.6	93.6	93.6
	三	962.1	962.1	1013.4	1013.4	967.2	839.8	127.3	385.0	385.0	298.6	298.6	298.6	298.6
	四	14281.0	14281.0	14451.5	14451.5	14293.4	12631.9	1661.5	12338.2	12338.2	12046.3	12046.3	12046.3	12046.3
南昌县	五	4699.4	4699.4	5046.6	5046.6	4725.9	4639.6	86.0	759.6	759.6	166.4	166.4	166.4	166.4
	六	19871.3	19871.3	21076.9	21076.9	19956.6	17506.9	2449.8	6100.7	6100.7	4032.6	4032.6	4032.6	4032.6
新建县	七	1869.7	1869.7	1991.6	1991.6	1879.9	1611.2	268.7	496.4	496.4	290.0	290.0	290.0	290.0
	八	14928.2	14928.2	15824.6	15824.6	14992.9	11593.6	3399.3	4721.6	4721.6	3188.1	3188.1	3188.1	3188.1
安义县	九	416.3	416.3	447.5	447.5	418.6	350.7	68.0	60.9	60.9	7.4	7.4	7.4	7.4
	十	4270.2	4270.2	4552.2	4552.2	4287.7	2224.0	2063.6	1037.5	1037.5	551.1	551.1	551.1	551.1
进贤县	十一	2572.4	2572.4	3130.6	3130.6	2593.9	2262.6	331.2	454.1	454.1	143.7	143.7	143.7	143.7
	十二	14094.0	14094.0	14995.4	14995.4	14160.4	12400.8	1759.6	3813.1	3813.1	2269.4	2269.4	2269.4	2269.4
南昌市	合计	80461.3	80461.3	85155.3	85155.3	80782.2	68110.2	12672.1	31196.1	31196.1	23802.6	23802.6	23802.6	23802.6

表 9.15　　　　　　　　不限制协调供水的南昌市各月 99% 频率下

水资源优化分配成果（2020 年）　　　　　单位：万 m³

月份		1 月		2 月		3 月		4 月		5 月		6 月	
行政区划	分区	需水量	供水量	需水量	供水量	需水量	供水量	需水量	供水量	需水量	供水量	需水量	供水量
市区	一	715.3	715.3	715.3	715.3	715.3	715.3	1393.9	1393.9	1455.0	1455.0	1238.5	1238.5
	二	93.6	93.6	93.6	93.6	93.6	93.6	149.7	149.7	154.7	154.7	136.8	136.8
	三	298.6	298.6	298.6	298.6	298.6	298.6	587.3	587.3	614.4	614.4	521.9	521.9
	四	12046.3	12046.3	12046.3	12046.3	12046.3	12046.3	13019.2	13019.2	13106.4	13106.4	12796.4	12796.4
南昌县	五	166.4	166.4	166.4	166.4	166.4	166.4	2139.0	2139.0	2316.3	2316.3	1687.6	1687.6
	六	4032.6	4032.6	4032.6	4032.6	4032.6	4032.6	10928.2	10928.2	11547.8	11547.8	9348.7	9348.7
新建县	七	290.0	290.0	290.0	290.0	290.0	290.0	977.8	977.8	1040.8	1040.8	820.5	820.5
	八	3188.1	3188.1	3188.1	3188.1	3188.1	3188.1	8299.9	8299.9	8759.9	8759.9	7128.4	7128.4
安义县	九	7.4	7.4	7.4	7.4	7.4	7.4	185.5	185.5	201.5	201.5	144.6	144.6
	十	551.1	551.1	551.1	551.1	551.1	551.1	2172.0	2172.0	2315.2	2315.2	1799.5	1799.5
进贤县	十一	143.7	143.7	143.7	143.7	143.7	143.7	1196.6	1196.6	1390.6	1390.6	916.0	916.0
	十二	2269.4	2269.4	2269.4	2269.4	2269.4	2269.4	7415.0	7415.0	7881.2	7881.2	6237.6	6237.6
南昌市	合计	23802.6	23802.6	23802.6	23802.6	23802.6	23802.6	48464.1	48464.1	50783.8	50783.8	42776.5	42776.5

月份		7 月		8 月			9 月			10 月		11 月		12 月	
行政区划	分区	需水量	供水量	需水量	供水量	缺水量	需水量	供水量	缺水量	需水量	供水量	需水量	供水量	需水量	供水量
市区	一	2274.3	2274.3	2392.8	2237.4	155.4	2282.7	1808.9	473.8	918.8	918.8	715.3	715.3	715.3	715.3
	二	222.4	222.4	232.2	219.4	12.9	223.2	166.1	57.1	110.4	110.4	93.6	93.6	93.6	93.6
	三	962.1	962.1	1013.4	996.5	16.9	967.2	761.3	205.8	385.0	385.0	298.6	298.6	298.6	298.6
	四	14281.0	14281.0	14451.5	14129.7	321.7	14293.4	13055.4	1238.1	12338.2	12338.2	12046.3	12046.3	12046.3	12046.3
南昌县	五	4699.4	4699.4	5046.6	4743.1	303.4	4725.9	3143.2	1582.7	759.6	759.6	166.4	166.4	166.4	166.4
	六	19871.3	19871.3	21076.9	20038.1	1038.9	19956.0	13545.5	6410.5	6100.7	6100.7	4032.6	4032.6	4032.6	4032.6
新建县	七	1869.7	1869.7	1991.6	1862.5	129.1	1879.9	1148.4	731.5	496.4	496.4	290.0	290.0	290.0	290.0
	八	14928.2	14928.2	15824.6	14077.7	1746.9	14992.9	11519.6	3473.4	4721.6	4721.6	3188.1	3188.1	3188.1	3188.1
安义县	九	416.3	416.3	447.5	413.0	34.5	418.6	360.1	58.6	60.9	60.9	7.4	7.4	7.4	7.4
	十	4270.2	4270.2	4552.2	4289.6	262.5	4287.7	3501.7	785.9	1037.5	1037.5	551.1	551.1	551.1	551.1
进贤县	十一	2572.4	2572.4	3130.6	2966.1	164.5	2593.9	1429.1	1164.6	454.1	454.1	143.7	143.7	143.7	143.7
	十二	14094.0	14094.0	14995.4	14078.2	917.3	14160.4	10745.6	3414.9	3813.1	3813.1	2269.4	2269.4	2269.4	2269.4
南昌市	合计	80461.3	80461.3	85155.3	80051.8	5104.8	80782.2	61185.0	19597.3	31196.1	31196.1	23802.6	23802.6	23802.6	23802.6

表 9.16 　　　　不限制协调供水的南昌市各月 75% 频率下

水资源优化分配成果（2030 年） 　　　　　　　单位：万 m³

月份	分区	1 月		2 月		3 月		4 月		5 月		6 月	
行政区划		需水量	供水量	需水量	供水量	需水量	供水量	需水量	供水量	需水量	供水量	需水量	供水量
市区	一	1093.6	1093.6	1093.6	1093.6	1093.6	1093.6	1632.0	1632.0	1680.3	1680.3	1508.6	1508.6
	二	133.0	133.0	133.0	133.0	133.0	133.0	177.3	177.3	181.3	181.3	167.2	167.2
	三	398.8	398.8	398.8	398.8	398.8	398.8	667.0	667.0	691.1	691.1	605.5	605.5
	四	18364.1	18364.1	18364.1	18364.1	18364.1	18364.1	19138.6	19138.6	19208.2	19208.2	18961.2	18961.2
南昌县	五	232.0	232.0	232.0	232.0	232.0	232.0	1789.5	1789.5	1929.4	1929.4	1432.7	1432.7
	六	6281.3	6281.3	6281.3	6281.3	6281.3	6281.3	11647.7	11647.7	12129.5	12129.5	10418.3	10418.3
新建县	七	440.3	440.3	440.3	440.3	440.3	440.3	1056.8	1056.8	1112.1	1112.1	915.6	915.6
	八	5003.6	5003.6	5003.6	5003.6	5003.6	5003.6	9195.2	9195.2	9571.5	9571.5	8234.9	8234.9
安义县	九	8.7	8.7	8.7	8.7	8.7	8.7	161.9	161.9	175.7	175.7	126.8	126.8
	十	822.3	822.3	822.3	822.3	822.3	822.3	2233.1	2233.1	2359.8	2359.8	1909.9	1909.9
进贤县	十一	213.8	213.8	213.8	213.8	213.8	213.8	1031.7	1031.7	1105.1	1105.1	844.3	844.3
	十二	3499.6	3499.6	3499.6	3499.6	3499.6	3499.6	7521.7	7521.7	7882.7	7882.7	6600.2	6600.2
南昌市	合计	36491.1	36491.1	36491.1	36491.1	36491.1	36491.1	56252.6	56252.6	58026.6	58026.6	51725.2	51725.2

月份	分区	7 月		8 月		9 月		10 月		11 月		12 月	
行政区划		需水量	供水量	需水量	供水量	需水量	供水量	需水量	供水量	需水量	供水量	需水量	供水量
市区	一	2330.0	2330.0	2424.1	2424.1	2336.6	2336.6	1255.1	1255.1	1093.6	1093.6	1093.6	1093.6
	二	234.9	234.9	242.6	242.6	235.4	235.4	146.3	146.3	133.0	133.0	133.0	133.0
	三	1014.7	1014.7	1061.6	1061.6	1018.0	1018.0	479.2	479.2	398.8	398.8	398.8	398.8
	四	20143.0	20143.0	20278.4	20278.4	20152.5	20152.5	18596.4	18596.4	18364.1	18364.1	18364.1	18364.1
南昌县	五	3809.3	3809.3	4081.6	4081.6	3828.4	3828.4	699.1	699.1	232.0	232.0	232.0	232.0
	六	18606.3	18606.3	19544.6	19544.6	18672.1	18672.1	7890.8	7890.8	6281.3	6281.3	6281.3	6281.3
新建县	七	1856.1	1856.1	1963.9	1963.9	1863.7	1863.7	625.2	625.2	440.3	440.3	440.3	440.3
	八	14630.5	14630.5	15363.4	15363.4	14681.9	14681.9	6260.7	6260.7	5003.6	5003.6	5003.6	5003.6
安义县	九	360.6	360.6	387.4	387.4	362.5	362.5	54.7	54.7	8.7	8.7	8.7	8.7
	十	4062.5	4062.5	4309.2	4309.2	4079.8	4079.8	1245.5	1245.5	822.3	822.3	822.3	822.3
进贤县	十一	2092.2	2092.2	2235.2	2235.2	2102.2	2102.2	459.1	459.1	213.8	213.8	213.8	213.8
	十二	12737.2	12737.2	13440.4	13440.4	12786.5	12786.5	4705.9	4705.9	3499.6	3499.6	3499.6	3499.6
南昌市	合计	81877.4	81877.4	85332.5	85332.5	82119.7	82119.7	42417.9	42417.9	36491.1	36491.1	36491.1	36491.1

表 9.17　　　　　　　　　不限制协调供水的南昌市各月 95% 频率下

水资源优化分配成果（2030 年）　　　　　　　单位：万 m³

月份		1月		2月		3月		4月		5月		6月	
行政区划	分区	需水量	供水量	需水量	供水量	需水量	供水量	需水量	供水量	需水量	供水量	需水量	供水量
市区	一	1093.6	1093.6	1093.6	1093.6	1093.6	1093.6	1728.8	1728.8	1786.0	1786.0	1583.4	1583.4
	二	133.0	133.0	133.0	133.0	133.0	133.0	185.3	185.3	190.1	190.1	173.3	173.3
	三	398.8	398.8	398.8	398.8	398.8	398.8	682.1	682.1	708.9	708.9	618.0	618.0
	四	18364.1	18364.1	18364.1	18364.1	18364.1	18364.1	19278.1	19278.1	19359.9	19359.9	19068.7	19068.7
南昌县	五	232.0	232.0	232.0	232.0	232.0	232.0	2069.0	2069.0	2233.9	2233.9	1648.6	1648.6
	六	6281.3	6281.3	6281.3	6281.3	6281.3	6281.3	12614.4	12614.4	13183.5	13183.5	11163.8	11163.8
新建县	七	440.3	440.3	440.3	440.3	440.3	440.3	1092.4	1092.4	1152.4	1152.4	943.4	943.4
	八	5003.6	5003.6	5003.6	5003.6	5003.6	5003.6	9711.7	9711.7	10135.5	10135.5	8632.6	8632.6
安义县	九	8.7	8.7	8.7	8.7	8.7	8.7	171.0	171.0	185.6	185.6	133.7	133.7
	十	822.3	822.3	822.3	822.3	822.3	822.3	2318.2	2318.2	2449.9	2449.9	1974.2	1974.2
进贤县	十一	213.8	213.8	213.8	213.8	213.8	213.8	1176.3	1176.3	1352.4	1352.4	920.5	920.5
	十二	3499.6	3499.6	3499.6	3499.6	3499.6	3499.6	8244.5	8244.5	8675.3	8675.3	7159.1	7159.1
南昌市	合计	36491.1	36491.1	36491.1	36491.1	36491.1	36491.1	59271.7	59271.7	61413.3	61413.3	54019.4	54019.4

月份		7月		8月		9月		10月		11月		12月	
行政区划	分区	需水量	供水量	需水量	供水量	需水量	供水量	需水量	供水量	需水量	供水量	需水量	供水量
市区	一	2552.9	2552.9	2664.0	2664.0	2560.9	2560.9	1284.1	1284.1	1093.6	1093.6	1093.6	1093.6
	二	253.2	253.2	262.4	262.4	253.9	253.9	148.7	148.7	133.0	133.0	133.0	133.0
	三	1050.0	1050.0	1100.4	1100.4	1055.1	1055.1	483.5	483.5	398.8	398.8	398.8	398.8
	四	20463.4	20463.4	20623.7	20623.7	20475.2	20475.2	18638.2	18638.2	18364.1	18364.1	18364.1	18364.1
南昌县	五	4453.5	4453.5	4777.1	4777.1	4478.6	4478.6	784.3	784.3	232.0	232.0	232.0	232.0
	六	20828.0	20828.0	21935.2	21935.2	20906.3	20906.3	8180.7	8180.7	6281.3	6281.3	6281.3	6281.3
新建县	七	1938.2	1938.2	2054.0	2054.0	1948.3	1948.3	635.9	635.9	440.3	440.3	440.3	440.3
	八	15816.8	15816.8	16642.8	16642.8	15876.7	15876.7	6416.0	6416.0	5003.6	5003.6	5003.6	5003.6
安义县	九	381.3	381.3	409.6	409.6	383.5	383.5	57.5	57.5	8.7	8.7	8.7	8.7
	十	4253.9	4253.9	4513.9	4513.9	4269.5	4269.5	1271.1	1271.1	822.3	822.3	822.3	822.3
进贤县	十一	2434.2	2434.2	2939.3	2939.3	2453.8	2453.8	497.6	497.6	213.8	213.8	213.8	213.8
	十二	14405.2	14405.2	15236.4	15236.4	14466.9	14466.9	4923.3	4923.3	3499.6	3499.6	3499.6	3499.6
南昌市	合计	88830.6	88830.6	93158.8	93158.8	89128.8	89128.8	43321.0	43321.0	36491.1	36491.1	36491.1	36491.1

表 9.18　　　　**不限制协调供水的南昌市各月 97％频率下**
水资源优化分配成果（2030 年）　　　　　单位：万 m³

月份		1 月		2 月		3 月		4 月		5 月		6 月	
行政区划	分区	需水量	供水量	需水量	供水量	需水量	供水量	需水量	供水量	需水量	供水量	需水量	供水量
市区	一	1093.6	1093.6	1093.6	1093.6	1093.6	1093.6	1728.8	1728.8	1786.0	1786.0	1583.4	1583.4
	二	133.0	133.0	133.0	133.0	133.0	133.0	185.3	185.3	190.1	190.1	173.3	173.3
	三	398.8	398.8	398.8	398.8	398.8	398.8	682.1	682.1	708.9	708.9	618.0	618.0
	四	18364.1	18364.1	18364.1	18364.1	18364.1	18364.1	19278.1	19278.1	19359.9	19359.9	19068.7	19068.7
南昌县	五	232.0	232.0	232.0	232.0	232.0	232.0	2069.0	2069.0	2233.9	2233.9	1648.6	1648.6
	六	6281.3	6281.3	6281.3	6281.3	6281.3	6281.3	12614.4	12614.4	13183.5	13183.5	11163.8	11163.8
新建县	七	440.3	440.3	440.3	440.3	440.3	440.3	1092.4	1092.4	1152.4	1152.4	943.4	943.4
	八	5003.6	5003.6	5003.6	5003.6	5003.6	5003.6	9711.7	9711.7	10135.5	10135.5	8632.6	8632.6
安义县	九	8.7	8.7	8.7	8.7	8.7	8.7	171.0	171.0	185.6	185.6	133.7	133.7
	十	822.3	822.3	822.3	822.3	822.3	822.3	2318.2	2318.2	2449.9	2449.9	1974.2	1974.2
进贤县	十一	213.8	213.8	213.8	213.8	213.8	213.8	1176.3	1176.3	1352.4	1352.4	920.5	920.5
	十二	3499.6	3499.6	3499.6	3499.6	3499.6	3499.6	8244.5	8244.5	8675.3	8675.3	7159.1	7159.1
南昌市	合计	36491.1	36491.1	36491.1	36491.1	36491.1	36491.1	59271.7	59271.7	61413.3	61413.3	54019.4	54019.4

月份		7 月		8 月		9 月		10 月		11 月		12 月	
行政区划	分区	需水量	供水量	需水量	供水量	需水量	供水量	需水量	供水量	需水量	供水量	需水量	供水量
市区	一	2552.9	2552.9	2664.0	2664.0	2560.9	2560.9	1284.1	1284.1	1093.6	1093.6	1093.6	1093.6
	二	253.2	253.2	262.4	262.4	253.9	253.9	148.7	148.7	133.0	133.0	133.0	133.0
	三	1050.0	1050.0	1100.4	1100.4	1055.1	1055.1	483.5	483.5	398.8	398.8	398.8	398.8
	四	20463.4	20463.4	20623.7	20623.7	20475.2	20475.2	18638.2	18638.2	18364.1	18364.1	18364.1	18364.1
南昌县	五	4453.5	4453.5	4777.1	4777.1	4478.6	4478.6	784.3	784.3	232.0	232.0	232.0	232.0
	六	20828.0	20828.0	21935.2	21935.2	20906.3	20906.3	8180.7	8180.7	6281.3	6281.3	6281.3	6281.3
新建县	七	1938.2	1938.2	2054.0	2054.0	1948.3	1948.3	635.9	635.9	440.3	440.3	440.3	440.3
	八	15816.8	15816.8	16642.8	16642.8	15876.7	15876.7	6416.0	6416.0	5003.6	5003.6	5003.6	5003.6
安义县	九	381.3	381.3	409.6	409.6	383.5	383.5	57.5	57.5	8.7	8.7	8.7	8.7
	十	4253.9	4253.9	4513.9	4513.9	4269.5	4269.5	1271.1	1271.1	822.3	822.3	822.3	822.3
进贤县	十一	2434.2	2434.2	2939.3	2939.3	2453.8	2453.8	497.6	497.6	213.8	213.8	213.8	213.8
	十二	14405.2	14405.2	15236.4	15236.4	14466.9	14466.9	4923.3	4923.3	3499.6	3499.6	3499.6	3499.6
南昌市	合计	88830.6	88830.6	93158.8	93158.8	89128.8	89128.8	43321.0	43321.0	36491.1	36491.1	36491.1	36491.1

表 9.19　　　　　　　　不限制协调供水的南昌市各月 99% 频率下
水资源优化分配成果（2030 年）　　　　　单位：万 m³

月份		1月		2月		3月		4月		5月		6月	
行政区划	分区	需水量	供水量	需水量	供水量	需水量	供水量	需水量	供水量	需水量	供水量	需水量	供水量
市区	一	1093.6	1093.6	1093.6	1093.6	1093.6	1093.6	1728.8	1728.8	1786.0	1786.0	1583.4	1583.4
	二	133.0	133.0	133.0	133.0	133.0	133.0	185.3	185.3	190.1	190.1	173.3	173.3
	三	398.8	398.8	398.8	398.8	398.8	398.8	682.1	682.1	708.9	708.9	618.0	618.0
	四	18364.1	18364.1	18364.1	18364.1	18364.1	18364.1	19278.1	19278.1	19359.9	19359.9	19068.7	19068.7
南昌县	五	232.0	232.0	232.0	232.0	232.0	232.0	2069.0	2069.0	2233.9	2233.9	1648.6	1648.6
	六	6281.3	6281.3	6281.3	6281.3	6281.3	6281.3	12614.4	12614.4	13183.5	13183.5	11163.8	11163.8
新建县	七	440.3	440.3	440.3	440.3	440.3	440.3	1092.4	1092.4	1152.4	1152.4	943.4	943.4
	八	5003.6	5003.6	5003.6	5003.6	5003.6	5003.6	9711.7	9711.7	10135.5	10135.5	8632.6	8632.6
安义县	九	8.7	8.7	8.7	8.7	8.7	8.7	171.0	171.0	185.6	185.6	133.7	133.7
	十	822.3	822.3	822.3	822.3	822.3	822.3	2318.2	2318.2	2449.9	2449.9	1974.2	1974.2
进贤县	十一	213.8	213.8	213.8	213.8	213.8	213.8	1176.3	1176.3	1352.4	1352.4	920.5	920.5
	十二	3499.6	3499.6	3499.6	3499.6	3499.6	3499.6	8244.5	8244.5	8675.3	8675.3	7159.1	7159.1
南昌市	合计	36491.1	36491.1	36491.1	36491.1	36491.1	36491.1	59271.7	59271.7	61413.3	61413.3	54019.4	54019.4

月份		7月		8月		9月			10月		11月		12月	
行政区划	分区	需水量	供水量	需水量	供水量	需水量	供水量	缺水量	需水量	供水量	需水量	供水量	需水量	供水量
市区	一	2552.9	2552.9	2664.0	2664.0	2560.9	2076.0	484.9	1284.1	1284.1	1093.6	1093.6	1093.6	1093.6
	二	253.2	253.2	262.4	262.4	253.9	212.0	41.9	148.7	148.7	133.0	133.0	133.0	133.0
	三	1050.0	1050.0	1100.4	1100.4	1055.1	981.5	73.6	483.5	483.5	398.8	398.8	398.8	398.8
	四	20463.4	20463.4	20623.7	20623.7	20475.2	19356.7	1118.3	18638.2	18638.2	18364.1	18364.1	18364.1	18364.1
南昌县	五	4453.5	4453.5	4777.1	4777.1	4478.6	3990.4	488.3	784.3	784.3	232.0	232.0	232.0	232.0
	六	20828.0	20828.0	21935.2	21935.2	20906.6	19108.8	1797.5	8180.7	8180.7	6281.3	6281.3	6281.3	6281.3
新建县	七	1938.2	1938.2	2054.0	2054.0	1948.3	1588.3	360.0	635.9	635.9	440.3	440.3	440.3	440.3
	八	15816.8	15816.8	16642.8	16642.8	15876.7	15146.5	730.2	6416.0	6416.0	5003.6	5003.6	5003.6	5003.6
安义县	九	381.3	381.3	409.6	409.6	383.5	304.8	78.6	57.5	57.5	8.7	8.7	8.7	8.7
	十	4253.9	4253.9	4513.9	4513.9	4269.6	3761.2	508.3	1271.1	1271.1	822.3	822.3	822.3	822.3
进贤县	十一	2434.2	2434.2	2939.6	2939.6	2453.8	2430.1	23.6	497.6	497.6	213.8	213.8	213.8	213.8
	十二	14405.2	14405.2	15236.4	15236.4	14466.9	14087.5	379.4	4923.3	4923.3	3499.6	3499.6	3499.6	3499.6
南昌市	合计	88830.6	88830.6	93158.8	93158.8	89128.8	83044.1	6084.6	43321.0	43321.0	36491.1	36491.1	36491.1	36491.1

表 9.20　不限制协调供水的南昌市水资源合理优化前后缺水率变化情况对比分析

合 理 分 配 前

水平年	频率	1月	2月	3月	4月	5月	6月	7月	8月	9月	10月	11月	12月
2010年	75%				0.13%			1.57%	1.52%	2.72%	0.13%		
	95%				1.53%	1.69%		14.64%	21.50%	31.46%	1.53%		
	97%				1.59%	1.75%		19.40%	26.37%	37.04%	1.59%		
	99%				5.39%	6.68%		24.65%	33.47%	45.85%	5.39%		
2020年	75%							0.16%	0.42%	1.58%			
	95%				0.71%	1.09%		9.60%	15.60%	26.22%	0.71%		
	97%				0.75%	1.13%		14.19%	20.37%	31.63%	0.75%		
	99%				3.95%	5.23%		19.23%	27.31%	40.17%	3.95%		
2030年	75%							0.00%	0.00%	0.93%			
	95%				0.22%	0.53%		7.47%	12.85%	23.70%	0.22%		
	97%				0.26%	0.57%		11.62%	17.20%	28.60%	0.26%		
	99%				3.18%	4.26%		16.19%	23.55%	36.34%	3.18%		

合 理 分 配 后

水平年	频率	1月	2月	3月	4月	5月	6月	7月	8月	9月	10月	11月	12月
2010年	75%												
	95%							5.88%	15.47%	27.18%			
	97%							10.73%	20.43%	32.79%			
	99%							16.10%	27.67%	41.63%			
2020年	75%												
	95%									0.10%			
	97%									15.69%			
	99%								5.99%	24.26%			
2030年	75%												
	95%												
	97%												
	99%									6.83%			

从诸成果表中可以看出：

（1）不同水平年条件下，各用水部门的分水比例各不相同，但趋势基本一致，即：生活、工业和生态环境需水量的比例呈上升趋势，农业需水总量呈下降趋势。干旱月份（9月）各水平年水资源在生活、工业、农业、生态环境之间的分配比例：

来水频率为75%时，2010年为4.12∶9.14∶86.71∶0.03；2020年为4.54∶27.77∶67.65∶0.04；2030年为4.91∶39.32∶55.73∶0.04。

来水频率为95%时，2010年为4.99∶11.08∶83.90∶0.03；2020年为4.59∶28.03∶67.34∶0.04；2030年为4.59∶35.20∶60.18∶0.04。

来水频率为97%时，2010年为5.41∶12.00∶82.56∶0.03；2020年为4.88∶29.84∶65.24∶0.04；2030年为4.51∶36.23∶59.22∶0.04。

来水频率为99%时，2010年为6.23∶13.82∶79.91∶0.04；2020年为5.43∶33.22∶61.30∶0.04；2030年为4.85∶38.89∶56.23∶0.04。

（2）不同水平年各供水分区的水资源配置方案比例虽有差异，但趋势基本相同。干旱月份（9月）各水平年水资源在十二个供水分区之间的分配比例：

来水频率为75%时，2010年为2.73∶0.27∶1.40∶11.48∶6.80∶25.49∶2.69∶19.83∶0.69∶6.42∶3.67∶18.54；2020年为2.79∶0.28∶1.27∶19.06∶5.50∶23.94∶2.45∶18.71∶0.54∶5.58∶3.02∶16.86；2030年为2.85∶0.29∶1.24∶24.54∶4.66∶22.74∶2.27∶17.88∶0.44∶4.97∶2.56∶15.57。

来水频率为95%时，2010年为1.67∶0.26∶1.20∶11.62∶8.29∶25.64∶2.59∶16.31∶0.73∶7.22∶4.19∶20.28；2020年为2.71∶0.27∶1.32∶18.88∶5.36∶23.85∶1.97∶18.48∶0.44∶4.86∶3.36∶18.51；2030年为2.87∶0.28∶1.18∶22.97∶5.02∶23.46∶2.19∶17.81∶0.43∶4.79∶2.75∶16.23。

来水频率为97%时，2010年为3.00∶0.32∶1.35∶11.92∶8.51∶24.90∶3.27∶20.91∶0.57∶6.07∶3.69∶15.49；2020年为2.72∶0.29∶1.23∶18.55∶6.81∶25.70∶2.37∶17.02∶0.51∶3.27∶3.32∶18.21；2030年为2.87∶0.28∶1.18∶22.97∶5.02∶53.46∶2.19∶17.81∶0.43∶4.79∶2.75∶16.23。

来水频率为99%时，2010年为3.35∶0.28∶1.38∶14.61∶5.65∶22.98∶2.66∶19.96∶0.31∶4.80∶3.75∶20.26；2020年为2.96∶0.27∶1.24∶21.34∶5.14∶22.14∶1.88∶18.83∶0.59∶5.72∶2.34∶17.56；2030年为2.50∶0.26∶1.18∶26.31∶4.81∶23.01∶1.91∶18.24∶0.37∶4.53∶2.93∶16.96。

9.5.3.3 成果分析

通过不限制协调供水条件下的水资源优化分配，使得南昌市在干旱时期有限的水资源可供水量发挥最大的效益；通过分配方案研究，提高水资源利用的公平性，同时也提高了用水效率，使得供需更加合理。

（1）通过分配结果中缺水率情况可以看出，通过优化分配之后，缺水率较大的7—9月缺水率有所降低，其他缺水率相对较小的月份通过优化分配后缺水率有所降低甚至基本不缺水，水资源利用更加高效。水资源合理分配前，4—5月会出现缺水情况，经过水资源优化分配都不再缺水；10月情况相同。详见表9.20。

（2）通过水资源优化分配，水资源利用公平性提高明显，由图9.9和图9.10可以看出，通过水资源优化分配，缺水较严重的地方缺水率减小，南昌市区域内缺水率整体上处于一种协调的状态，这样更加体现了模型的公平性。将各分区水资源优化分配前后的缺水率进行对比，可以发现：在干旱月份，缺水比较集中；在非干旱月份也会出现局部分区缺水的情况。通过水资源优化分配后，干旱月份，缺水降低；非干旱月份不再缺水，体现了分区间的水资源分配在优化分配后更加公平。2020年、2030年9月水资源优化分配前后缺水率情况对比如图9.9和图9.10所示。

（3）随着社会的发展，南昌市供水工程日益完善，供水能力逐渐提高，农业上采取节

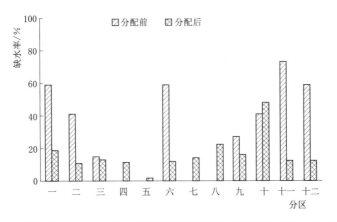

图 9.9　南昌市 2020 年 9 月 97％频率下水资源优化分配前后缺水率对比图

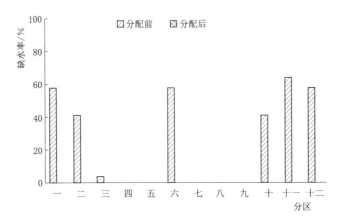

图 9.10　南昌市 2030 年 9 月 97％频率下水资源优化分配前后缺水率对比图

水改造，使得农业需水量逐渐减少，但工业更加发达，工业需水量逐渐增加，供需仍然存在矛盾。根据上述水资源分配结果可以看出，各水平年相同频率的干旱月份缺水率在逐渐减小。9 月 99％频率下，南昌市缺水率由 2010 年的 41.63％降至 2020 年的 24.26％，再到 2030 年的 6.83％。详见表 9.20。

9.6　小结

本章简要介绍了南昌市概况与干旱特征，分析了干旱条件下南昌市水资源特点以及水资源配置中的需要解决的几个问题；详细介绍了基于二层大系统分解协调的水资源应急调配模型和南昌市水资源优化配置云模型的建模与求解过程，结合用水需求调查、预测，可供水量分析，以及应急调配情景设计，模拟不同情境下的南昌市水资源供需平衡情况，从而针对非限制协调供水条件，开展了不同应急调配情景的水资源分配方案设计，以及干旱应急调配效果分析。相关研究成果实现了干旱条件下南昌市水资源的优化分配，使得干旱期的有限水资源发挥出最大的效益；同时，也提高水资源利用的公平性与用水效率，使得干旱期的供需水量更加合理，为编制《干旱条件下的南昌市水资源优化配置方案》提供技术支撑。

参 考 文 献

第 1 章

[1] 孙成权，高峰，曲建升. 全球气候变化的新认识——IPCC 第三次气候变化评价报告概览 [J]. 自然杂志，2002（02）：114 – 122.

[2] IPCC. Climate Change 2001：The Scientific Basis，Contribution of Working Group I to the Third Assessment Report of the Intergovernmental Panel on Climate Change [M]. UK：Cambridge University Press，2001.

[3] 沈永平. IPCC WGI 第四次评估报告：关于全球气候变化的科学要点 [J]. 冰川冻土，2007（01）：156.

[4] 王伟中，王文远. 对当前全球气候变化问题的思考 [J]. 中国人口·资源与环境，2005（05）：83 – 86.

[5] ACIA. Arctic Climate Impact Assessment [M]. London：Cambridge University Press，2004.

[6] LIN W，HUANG G，CHEN W，et al. Super Drought under Global Warming：Concept，Monitoring Index，and Validation [J]. Bulletin of the American Meteorological Society，2023，104（5）：E943 – E969.

[7] 马占云，任佳雪，陈海涛，等. IPCC 第一工作组评估报告分析及建议 [J]. 环境科学研究，2022，35（11）：2550 – 2558.

[8] 李茂松，李森，李育慧. 中国近 50 年旱灾灾情分析 [J]. 中国农业气象，2003（01）：8 – 11.

[9] 国家统计局，民政部. 中国灾情报告 [M]. 北京：中国统计出版社，1995.

[10] 朱祥瑞. 中国气象灾害年鉴（2000）[M]. 北京：气象出版社，2001.

[11] 田以堂. 中国水旱灾害公报（2009）[M]. 北京：中国水利水电出版社，2010.

[12] 夏军，陈进，佘敦先. 2022 年长江流域极端干旱事件及其影响与对策 [J]. 水利学报，2022，53（10）：1143 – 1153.

[13] LIU C，LI W，LU P，et al. Susceptibility Evaluation and Mapping of China's Landslide Disaster Based on Multi – Temporal Ground and Remote Sensing Satellite Data. International Archives of the Photogrammetry [R]，Remote Sensing and Spatial Information Sciences. XXXIX – B8. XXII ISPRS Congress，25 August – 1 September 2012. Melbourne，Australia.

[14] ASIAN DEVELOPMENT BANK. Water – Related Disasters and Disaster Risk Management in the People's Republic of China [M]. Mandaluyong City，Philippines，2015.

[15] 《气候变化国家评估报告》编写委员会. 气候变化国家评估报告 [M]. 北京：科学出版社，2007.

[16] 鄂竟平. 树立科学发展观 稳步推进两个转变 [R]. 2004 年全国防办主任会议，2004 – 02 – 10.

[17] 张志彤. 实施水旱灾害风险管理 大力推进"两个转变" [A]. //水旱灾害风险管理 [C]. 北京：中国水利水电出版社，2005.

[18] 田以堂. 我国水旱灾害防御工作成就辉煌 [J]. 中国水利，2019，29（10）：1 – 5.

[19] 吕娟. 我国干旱问题及干旱灾害管理思路转变 [J]. 中国水利，2013，23（8）：7 – 13.

[20] 唐明. 旱灾风险管理理论方法及应用 [D]. 武汉：武汉大学，2008.

[21] 章国材. 自然灾害风险评估与区划原理和方法 [M]. 北京：气象出版社，2014.

[22] MISHRA A K，SINGH V P. A Review of Drought Concepts [J]. Journal of Hydrology，2010，391（1）：202 – 216.

［23］ 倪长健. 自然灾害风险评估途径的进一步探讨［J］. 灾害学，2014，29（3）：11-14.

［24］ 金菊良，宋占智，崔毅，等. 旱灾风险评估与调控关键技术研究进展［J］. 水利学报，2016，47（3）：398-412.

［25］ 金菊良，郦建强，周玉良，等. 旱灾风险评估的初步理论框架［J］. 灾害学，2014，29（3）：1-10.

［26］ 张强，韩兰英，张立阳，等. 论气候变暖背景下干旱和干旱灾害风险特征与管理策略［J］. 地球科学进展，2014，29（1）：80-91.

［27］ 孙芙蓉. 综合灾害风险管理刻不容缓——访北京师范大学史培军教授［J］. 中国金融，2007，3：24-25.

［28］ 科罗赫. M，加莱. D，马克. R，等. 风险管理［M］. 北京：中国财政经济出版社，2005.

［29］ 顾孟迪，雷鹏. 风险管理［M］. 北京：清华大学出版社，2005.

［30］ 刘燕华，葛全胜，吴文祥. 风险管理：新世纪的挑战［M］. 北京：气象出版社，2005.

［31］ 许谨良，周江雄. 风险管理［M］. 北京：中国金融出版社，1998.

［32］ NULLET D, GIAMBELLUCA T W. Risk Analysis of Seasonal Agricultural Drought on Low Pacific Islands［J］. Agricultural and Forest Meteorology，1988，42（2）：229-239.

［33］ GILLARD P, MONYPENNY R. A Decision Support Model to Evaluate the Effects of Drought and Stocking Rate on Beef Cattle Properties in Northern Australia［J］. Agricultural Systems，1990，34（1）：37-52.

［34］ ODHIAMBO T R. Managing Drought and Locust Invasions in Africa［J］. Land Use Policy，1991，8（4）：348-353.

［35］ TARBOTON D G. The Source Hydrology of Severe Sustained Drought in the Southwestern United States［J］. Journal of Hydrology，1994 161（1）9：31-69.

［36］ HENRIQUES A G, SANTOS M J J. Regional Drought Distribution Model［J］. Physics and Chemistry of the Earth，Part B：Hydrology，Oceans and Atmosphere，1999，24（1）：19-22.

［37］ SMITH S M, GAWLIK D E, RUTCHEY K, et al. Assessing Drought-Related Ecological Risk in the Florida Everglades［J］. Journal of Environmental Management，2003，68（4）：355-366.

［38］ CODY KNUTSON, MIKE HAYES, TOM PHILLIPS. How to Reduce Drought［M］. Risk Preparedness and Mitigation Working Group，1998.

［39］ THOMPSON D, POWELL R. Exceptional Circumstances Provisions in Australia—Is There Too Much Emphasis on Drought?［J］. Agricultural Systems，1998，57（3）：469-488.

［40］ 王石立，娄秀荣. 华北地区冬小麦干旱风险评估的初步研究［J］. 自然灾害学报，1997，3：63-68.

［41］ 朱琳，叶殿秀，陈建文，等. 陕西省冬小麦干旱风险分析及区划［J］. 应用气象学报，2002，4：201-206.

［42］ 王素艳. 北方冬小麦干旱风险评估及风险区划研究［D］. 北京：中国农业大学，2004.

［43］ ZHANG J Q. Risk Assessment of Drought Disaster in the Maize-growing Region of Songliao Plain，China［J］. Agriculture，Ecosystems & Environment，2004，102（2）：133-153.

［44］ 王晓红，乔云峰，沈荣开，等. 灌区干旱风险评估模型研究［J］. 水科学进展，2004，1：77-81.

［45］ 雷治平. 陕西农业干旱灾害评估及影响因子分析研究［D］. 杨凌：西北农林科技大学，2005.

［46］ 黄崇福，王家鼎. 模糊信息优化处理技术及应用［M］. 北京：北京航空航天大学出版社，1995.

［47］ KITE G. W. Frequency and Risk Analysis in Hydrology［M］. Colorad：Water Resources Publication，1978.

［48］ HUANG CHONGFU. Fuzziness of Incompleteness and Information Diffusion Principle［A］. Proeeedings of Fuzz-IEEE/IFES/95. YoKohama. Japan，1995：1605-1622.

[49] 王积全，李维德. 基于信息扩散理论的干旱区农业旱灾风险分析——以甘肃省民勤县为例 [J]. 中国沙漠，2007（05）：826-830.

[50] HUANG W C, CHOU C C. Risk-based Drought Early Warning System in Rreservoir Operation [J]. Advances in Water Resources, 2008, 31（4）：649-660.

[51] 李昌志，黄朝忠. 水旱灾害风险管理刍议 [A]//水旱灾害风险管理 [M]. 北京：中国水利水电出版社，2005：9-16.

[52] 成福云，朱云. 对我国干旱风险管理的思考 [A]//水旱灾害风险管理 [M]. 北京：中国水利水电出版社，2005：17-22.

[53] 桑国庆. 区域干旱风险管理研究 [D]. 济南：山东大学，2006.

[54] 黄崇福. 自然灾害风险分析与管理 [M]. 北京：科学出版社，2012.

[55] 屈艳萍. 旱灾风险评估理论及技术研究 [D]. 北京：中国水利水电科学研究院，2018.

[56] 倪长健. 论自然灾害风险评估的途径 [J]. 灾害学，2013，28（2）：1-5.

[57] 张继权，刘兴明，严登华. 综合灾害风险管理导论 [M]. 北京：北京大学出版社，2012.

[58] 赵思健，黄崇福，郭树军. 情景驱动的区域自然灾害风险分析 [J]. 自然灾害学报，2012，21（1）：9-17.

[59] 孟祥军. 基于农作物受灾损失情景分析的辽宁省农业旱灾风险动态实时评估研究 [J]. 水利规划与设计，2020（5）：29-34.

[60] 孙可可，陈进，金菊良，等. 实际抗旱能力下的南方农业旱灾损失风险曲线计算方法 [J]. 水利学报，2014，45（7）：809-814.

[61] 尹占娥，许世远. 城市自然灾害风险评估研究 [M]. 北京：科学出版社，2012.

第2章

[62] 王栋，朱元甡. 防洪系统风险分析的研究评述 [J]. 水文，2003，4：15-20.

[63] KAPLAN S, GARRICK B J. On the Quantitative Definition of Risk [J]. Risk Analysis, 1981, 1（1）：11-27.

[64] KAPLAN S. The Words of Risk Analysis [J]. Risk Analysis. 1997, 17（4）：407-417.

[65] 风险管理编写组. 风险管理 [M]. 成都：西南财经大学出版社，1994.

[66] 张继权，冈田宪夫，多多纳裕一. 综合自然灾害风险管理——全面整合的模式与中国的战略选择 [J]. 自然灾害学报，2006（01）：29-37.

[67] 成福云. 推进风险管理减轻旱灾损失 [J]. 中国减灾，2005，10：46-47.

[68] 张成福. 公共危机管理：全面整合的模式与中国的战略选择 [J]. 中国行政管理，2003，7：6-11.

[69] 曹宝石，丁道韧. 系统论对行政管理实践的挑战 [J]. 经济与社会发展，2005（04）：32-34.

[70] 王维国. 协调发展的理论与方法研究 [M]. 北京：中国财政经济出版社，2000.

[71] H. 哈肯. 信息与自组织：复杂系统的宏观方法 [M]. 成都：四川教育出版社，1988.

[72] H. 哈肯. 协同学：理论与应用 [M]. 杨炳奕，译. 北京：中国科学技术出版社，1990.

[73] 吴大进. 协同学原理和应用 [M]. 武汉：华中理工大学出版社，1991.

[74] 杨达源，闾国年. 自然灾害学 [M]. 北京：测绘出版社，1993.

[75] NATIONAL RESEARCH COUNCIL, NATIONAL ACADEMY OF SCIENCE. Risk Assessment in the Federal Government: Managing the Prosess [M]. Washington: National Academy Press, 1983.

[76] 刘新立. 区域水灾风险评估的理论与实践 [M]. 北京：北京大学出版社，2005.

[77] 金冬梅，张继权，韩俊山. 吉林省城市旱灾缺水风险评价体系与模型研究 [J]. 自然灾害学报，2005（06）：100-104.

[78] SHOOK G. An Assessment of Disaster Risk and Its Management in Thailand [J]. Disasters, 1997, 21（1）：77-88.

［79］ 杨帅英，郝芳华，宁大同. 干旱灾害风险评估的研究进展［J］. 安全与环境学报，2004（02）：
　　　 79－82.

［80］ 魏一鸣，金菊良等. 洪水灾害风险管理理论［M］. 北京：科学出版社，2002.

［81］ 金菊良，魏一鸣，付强，等. 洪水灾害风险管理的理论框架探讨［J］. 水利水电技术，2002，9：
　　　 40－42.

［82］ 叶笃正，符淙斌，季劲钧，等. 有序人类活动与生存环境［J］. 地球科学进展，2001（04）：
　　　 453－460.

第 3 章

［83］ 陈菊英. 中国旱涝分析和长期预报研究［M］. 北京：农业出版社，1991.

［84］ 商彦蕊，史培军. 人为因素在农业旱灾形成过程中所起作用的探讨：以河北省旱灾脆弱性研究
　　　 为例［J］. 自然灾害学报，1998（04）：35－43.

［85］ 闫淑春. 我国干旱灾害影响及抗旱减灾对策研究［D］. 北京：中国农业大学，2005.

［86］ 刘颖秋. 干旱灾害对我国社会经济影响研究［M］. 北京：中国水利水电出版社，2005.

［87］ 张凯. 水资源循环经济理论与技术［M］. 北京：科学出版社，2007.

［88］ 王静爱，孙恒，徐伟，等. 近50年中国旱灾的时空变化［J］. 自然灾害学报，2002（02）：1－6.

［89］ 国家防汛抗旱指挥部办公室，水利部南京水文水资源研究所. 中国水旱灾害［M］. 北京：中国
　　　 水利水电出版社，1997.

［90］ 中央气象局气象科学院. 中国近五百年旱涝图集［M］. 北京：北京地图出版社，1981.

［91］ 林一山. 再觅淮河治本之策（上）［J］. 瞭望新闻周刊，2004，23：29－31.

［92］ 林一山. 再觅淮河治本之策（下）［J］. 瞭望新闻周刊，2004，24：19－21.

第 4 章

［93］ UNISDR. Living with Risk：A Global Review of Disaster Reduction Initiatives［R］. Geneva,
　　　 Switzerland，2004.

［94］ 唐明，邵东国，姚成林，等. 改进的突变评价法在旱灾风险评价中的应用［J］. 水利学报，
　　　 2009，40（07）：858－862，869.

［95］ 李娜，霍治国，钱锦霞，等. 山西省干旱灾害风险评估与区划［J］. 中国农业资源与区划，
　　　 2021，42（05）：100－107.

［96］ 金菊良，周亮广，蒋尚明，等. 基于链式传递结构的旱灾实际风险定量评估方法与应用模式
　　　 ［J］. 灾害学，2023，38（01）：1－8.

［97］ Leščešen I，DOLINAJ D，Pantelić M，et al. Drought Assessment in Vojvodina（Serbia）Using k－
　　　 means Cluster Analysis［J］. Journal of the Geographical Institute "Jovan Cvijić" SASA，2019，
　　　 69（1）：17－27.

［98］ 潘正君，康立山，陈毓萍. 演化计算［M］. 北京：清华大学出版社，1998.

［99］ 米凯利维茨 Z. 演化程序——遗传算法和数据编码的结合［M］. 周家驹，何险峰，译. 北京：
　　　 科学出版社，2000.

［100］ KANG L S，LI Y，CHEN Y P. A Tentative Research on Complexity of Automatic Programming
　　　 ［J］. Wuhan University Journal of Natural Science，2001，6（1/2）：59－62.

［101］ 周爱民，曹宏庆，康立山，等. 用遗传程序设计实现复杂函数的自动建模［J］. 系统仿真学报，
　　　 2003，15（6）：797－799.

第 5 章

［102］ BANVILLE C，LANDRY M，MARTEL J M，et al. A Stakeholder Approach to MCDA［J］. Be-
　　　 havioral Science，1998，15（15）：15－32.

［103］ 王璐. 能源系统可持续性综合评价方法及其应用研究［D］. 北京：北京理工大学，2018.

［104］ 刘丙军，邵东国，谈采田，等. 水库移民可持续发展模糊综合评价方法［J］. 武汉大学学

报（工学版），2004（03）：35－39.

[105] 吴冲，吕静杰，潘启树，等. 基于模糊神经网络的商业银行信用风险评估模型研究 [J]. 系统工程理论与实践，2004（11）：1－8.

[106] 唐明. 中、小型泵站拍门优化选型问题的探讨 [J]. 安徽水利科技，1997，2：13－15.

[107] 赵宗权，周亮广. 江淮分水岭地区旱灾风险评估 [J]. 水土保持研究，2017，24（01）：370－375.

[108] 龚娟，何柳月，王素芬. 基于模糊粗糙集模型的农业旱灾风险评估：以河套灌区为例 [J]. 自然灾害学报，2021，30（02）：147－158.

[109] 薛惠锋，陶建格，卢亚丽，等. 资源系统工程 [M]. 北京：国防工业出版社，2007.

[110] RAFTOYIANNIS I G，CONSTANTAKOPOULOS T G，MICHALTSOS G T，et al. Dynamic Buckling of a Simple Geometrically Imperfect Frame Using Catastrophe Theory [J]. International Journal of Mechanical Sciences，2006，48（10）：1021－1030.

[111] DOU W，GHOSE S. A Dynamic Nonlinear Model of Online Retail Competition Using Cusp Catastrophe Theory [J]. Journal of Business Research. 2006，59（7）：838－848.

[112] 陈云峰，孙殿义，陆根法. 突变级数法在生态适宜度评价中的应用：以镇江新区为例 [J]. 生态学报，2006（08）：2587－2593.

[113] 李继清，张玉山，纪昌明，等. 突变理论在长江流域洪灾综合风险社会评价中的应用 [J]. 武汉大学学报（工学版），2007（04）：26－30.

[114] 史志富，张安，刘海燕，等. 基于突变理论与模糊集的复杂系统多准则决策 [J]. 系统工程与电子技术，2006（07）：1010－1013.

[115] 邓丽华. 多目标决策中的突变理论方法研究 [J]. 科技信息（学术研究），2007（21）：92－94.

[116] 周绍江. 突变理论在环境影响评价中的应用 [J]. 人民长江，2003（02）：52－54.

[117] 施玉群，刘亚莲，何金平. 关于突变评价法几个问题的进一步研究 [J]. 武汉大学学报（工学版），2003（04）：132－136.

[118] 周燕华. 突变理论 [M]. 北京：高等教育出版社，1990.

[119] ARNOLD V I. Catastrophe Theory [M]. Berlin：Spring Verlag Press，1986.

[120] 托姆. 突变论 [M]. 周仲良，译. 上海：上海译文出版社，1989.

第 6 章

[121] TORIKIAN，KUMRAL. Analyzing Reproduction of Correlations in Monte Carlo Simulations：Application to Mine Project Valuation [J]. Georisk：Assessment and Management of Risk for Engineered Systems and Geohazards，2014，8（4）：235－249.

[122] 黄宇，张冰哲，庞慧珍，等. 基于混合 Copula 优化算法的风速预测方法研究 [J]. 太阳能学报，2022，43（10）：192－201.

[123] 陈琼，李国芳，包瑾. 基于 Copula 函数的景德镇市区暴雨与昌江干流洪水遭遇概率分析 [J]. 水电能源科学，2022，40（12）：125－128，151.

[124] 赵梦龙. 黑河干流梯级水电站水库多目标优化调度研究 [D]. 西安：西安理工大学，2019.

[125] 白夏. 基于云模型理论及 Copula 函数的区域干旱危险性量化分析及应用 [D]. 西安：西安理工大学，2020.

[126] WU C G，ZHOU L Y，ZHANG L B，et al. Precondition Cloud Algorithm and Copula Coupling Model－Based Approach for Drought Hazard Comprehensive Assessment [J]. International Journal of Disaster Risk Reduction，2019，38：101220－10122.

[127] RAZMI A，MARDANI－FARD H A，GOLIAN S，et al. Time－Varying Univariate and Bivariate Frequency Analysis of Nonstationary Extreme Sea Level for New York City [J]. Environmental Processes，2022，9（1）：1－27.

[128] García－Alonso C R，Arenas－Arroyo E，Pérez－Alcalá G M，et al. A Macro－Economic Model to

Forecast Remittances Based on Monte – Carlo Simulation and Artificial Intelligence [J]. Expert Systems With Applications，2012，39（9）：7929 – 7937.

[129] 苏志伟，吴元梅，张丽娟，等. 基于 MEA – GA – BP 耦合模型的城市需水量预测 [J]. 水电能源科学，2022，40（11）：31 – 34.

[130] 廖志豪，陈志钦，王长龙. 基于 GA – BP 神经网络的广东淮山产量预测分析 [J]. 农机化研究，2023，45（08）：183 – 187.

[131] 孙李丽，郭琳，文旭，等. 一种 BP 神经机器英语翻译自动化评判系统的设计 [J]. 信息技术，2020，44（08）：12 – 16，22.

[132] XIAO R G，LI K，SUN L Y，et al. The Prediction of Liquid Holdup in Horizontal Pipe With BP Neural Network [J]. Energy Science & Engineering，2020，8（6）：2159 – 2168.

[133] XU D Y，DING S. Research on Improved GWO – Optimized SVM – Based Short – Term Load Prediction for Cloud Computing [J]. Computer Engineering and Applications，2017，53（07）：68 – 73.

[134] MIRJALILI S，MIRJALILI S M，LEWIS A. et al. Grey Wolf Optimizer [J]. Advances in Engineering Software，2014，69：46 – 61.

[135] 王海峰，李萍，王博，等. 灰狼算法优化 BP 神经网络的图像去模糊复原 [J]. 液晶与显示，2019，34（10）：992 – 999.

[136] TIAN Y，YU J Q，ZHAO A J. et al. Predictive Model of Energy Consumption for Office Building by Using Improved GWO – BP [J]. Energy Reports，2020，6：620 – 627.

[137] 中国标准化研究院. GB/T 27921—2011 风险管理风险评估技术 [S]. 中国国家标准化管理委员会，2011.

第 7 章

[138] 王卓甫. 工程项目风险管理 [M]. 北京：中国水利水电出版社，2003.

[139] 胡杨. 危机管理的理论困境与范式转换：兼论我国政府应急管理制度创新的路径选择 [J]. 郑州大学学报（哲学社会科学版），2007（02）：26 – 30.

[140] 沈满洪. 中国水资源安全保障体系构建 [J]，中国地质大学学报（社会科学版），2006（01）：30 – 34.

[141] 孙才志，杨俊，王会. 面向小康社会的水资源安全保障体系研究 [J]，中国地质大学学报（社会科学版），2007（01）：52 – 56，62.

[142] 王浩，秦大庸. 黄淮海流域水资源合理配置 [M]. 北京：科技出版社，2003.

[143] DINAR A，ROSEGRANT M W，MEINZEN – DICK R S. Water Allocation Mechanisms – Principles and Examples [R]. The World Bank，1995.

[144] HOWE C W，SCHURMEIER D R，SHAW JR W D. Innovative Approaches to Water Allocation：The Potential for Water Markets [J]. Water Resources Research，1986，26：61 – 64.

[145] 鲍卫锋，黄介生. 基于全属性的水资源合理配置原则探讨 [J]. 中国农村水利水电，2005，8：13 – 15.

[146] 涂序彦. 大系统控制论 [M]. 北京：国防大学出版社，1994.

[147] 阳书敏，邵东国，沈新平. 南方季节性缺水河流生态环境需水量计算方法 [J]. 水利学报，2005（11）：72 – 77.

[148] LIU B J，SHAO D G. Asset Liability Analysis Method for Carrying Capacity of the Region Water Resources [J]. Advances in Water Science，2005，16（2）：250 – 254.

[149] 席少霖，赵凤治. 最优化计算方法 [M]. 上海：上海科学技术出版社，1983.

[150] 邵东国，沈佩君，郭元裕. 一种交互式模糊多目标协商分水决策方法 [J]. 水电能源科学，1996（01）：22 – 26.

[151] 赵丹，邵东国，刘丙军. 灌区水资源优化配置方法及应用 [J]. 农业工程学报，2004 (04)：69－73.

[152] 赵丹，邵东国，刘丙军. 西北灌区水资源优化配置模型研究 [J]. 水利水电科技进展，2004 (04)：5－7，69.

[153] 邵东国，贺新春，黄显峰，等. 基于净效益最大的水资源优化配置模型与方法 [J]. 水利学报，2005 (09)：1050－1056.

[154] 邵东国. 多目标水资源系统自优化模拟实时调度模型研究 [J]. 系统工程，1998 (05)：19－24，66.

[155] 阿佛里耳. 非线性规划——分析与方法 [M]. 李元熹，等，译. 上海：上海科学技术出版社，1979.

[156] M·詹姆希迪. 大系统建模与控制 [M]. 北京：科学出版社，1986.

[157] 胡恒章，傅丽. 分散递阶控制 [M]. 北京：宇航出版社，1991.

[158] 陈赞成. 大系统分解协调算法及其应用研究 [D]. 厦门：厦门大学，2001.

[159] 袁宏源，邵东国，郭宗楼. 水资源系统分析理论与应用 [M]. 武汉：武汉水利电力大学出版社，2000.

[160] 邵东国. 跨流域调水工程规划调度决策理论与应用 [M]. 武汉：武汉大学出版社，2001.

[161] 冯尚友. 水资源系统工程 [M]. 武汉：湖北科学技术出版社，1991.

[162] 李德毅，杜益. 不确定性人工智能 [M]. 北京：国防工业出版社，2005.

[163] 张光卫，康建初，李鹤松，等. 基于云模型的全局最优化算法 [J]. 北京航空航天大学学报，2007，33 (4)：486－490.

[164] 粟晓玲，康绍忠，石培泽. 干旱区面向生态的水资源合理配置模型与应用 [J]. 水利学报，2008，39 (9)：1111－1117.

[165] 张成凤. 基于遗传算法的榆林市水资源优化配置的研究 [D]. 杨凌：西北农林科技大学，2008.

[166] KURATA K，TAKAKURA T. Underground Storage of Solar Energy for Greenhouses Heating. I. Analysis of Seasonal Storage System by Scale and Numerical Models [J]. Transactions of the ASAE，1991，34 (5)：563－569.